——— 空间技术与科学研究丛书 ———

主编 叶培建　　副主编 张洪太 余后满

卫星遥感技术

SATELLITE REMOTE SENSING TECHNOLOGY

（下册）

李劲东　等 编著

北京理工大学出版社
BEIJING INSTITUTE OF TECHNOLOGY PRESS

国家出版基金项目

《空间技术与科学研究丛书》
编写委员会

主　编　叶培建

副主编　张洪太　余后满

编　委（按姓氏笔画排序）
　　　　王大轶　王华茂　王海涛　王　敏
　　　　王耀兵　尤　睿　邢　焰　孙泽洲
　　　　李劲东　杨　宏　杨晓宁　张　华
　　　　张庆君　陈　琦　苗建印　赵和平
　　　　荣　伟　柴洪友　高耀南　谢　军
　　　　解永春

《空间技术与科学研究丛书》
组织工作委员会

主　任　　张洪太

副主任　　余后满　李　明

委　员　　（按姓氏笔画排序）
　　　　　马　强　王永富　王　敏　仇跃华
　　　　　卢春平　邢　焰　乔纪灵　向树红
　　　　　杨　宏　宋燕平　袁　利　高树义

办公室　　梁晓珩　梁秀娟

《空间技术与科学研究丛书》
出版工作委员会

主　任　　林　杰　焦向英

副主任　　樊红亮　李炳泉

委　员　　（按姓氏笔画排序）
　　　　　王佳蕾　边心超　刘　派　孙　澍
　　　　　李秀梅　张海丽　张慧峰　陈　竑
　　　　　国　珊　孟雯雯　莫　莉　徐春英
　　　　　梁铜华

序言一

中国空间技术研究院到如今已经走过五十年,在五十年的发展历程中,从无到有,从小到大,从东方红一号到各类应用卫星,从近地到月球探测,从卫星到载人飞船,形成了完整、配套的空间飞行器系统和分系统的规划、研制、设计、生产、测试及运行体系,培养造就了一支高水平、高素质的空间飞行器研制人才队伍,摸索出了一套行之有效的工程管理方法和国际合作路子,可以说,中国空间技术研究院已经成为了中国空间技术事业的主力军、中流砥柱。

在中国空间技术研究院成立五十周年之际,院领导和专家们觉得很有必要把几十年来的技术、管理成果进行系统地梳理、凝练、再创作,写出一套丛书,用于指导空间工程研制和人才培养,为国家,为航天事业,也为参与者留下宝贵的知识财富和经验沉淀。

在各位作者的努力之下,由北京理工大学出版社协助,这套丛书得以出版了,这是一件十分可喜可贺的大事!丛书由中国空间事业实践者们亲自书写,他们当中的许多人,我们都一起工作过,都已从一个个年轻的工程师成长为某个专业的领军人物、某个型号系列的总设计师,他们在航天科研实践中取得了巨大成就并积累了丰富的经验,现在他们又亲自动手写书,真为他们高兴!更由衷地感谢他们的巨大付出,由这些人所专心写成的著作,一定是含金量十足的!再加之这套丛书的倡议者一开始就提出了要注意的几个要素:理论与实践相结合;处理好过去与现在的关系;处理好别人与自己成果的关系,所以,我相信这套丛书一定是有鲜明的中国特色的,一定是质量上乘的,一定是会经得起历史检验的。

我一辈子都在航天战线工作,虽现已年过八旬,但仍愿为中国航天如何从航天大国迈向航天强国而思考和实践。和大家想的一样,我也觉得人才是第一

等重要的事情，现在出了一套很好的丛书，会有助于人才培养。我推荐这套书，并希望从事这方面工作的工程师、管理者，乃至在校师生能读好这套书，它一定会给你启发、给你帮助、有助于你的进步与成长，从而能为中国空间技术事业多做一点贡献。

中国科学院院士

孙家栋

序言二

以 1968 年中国空间技术研究院创立为起点,中国空间技术的发展经历了波澜壮阔、气势磅礴的五十年。五十年来,我国空间技术的决策者、研究者和实践者为发展空间技术、探索浩瀚宇宙、造福人类社会付出了巨大努力,取得了举世瞩目的光辉成就。

中国空间技术研究院作为中国空间技术的主导性、代表性研制中心和发展基地,在五十年的发展历程中,从无到有,从小到大,形成了完整、配套的空间飞行器系统和分系统的规划、研制、设计、生产、试验体系,培养造就了一支高水平、高素质的空间飞行器研制人才队伍,摸索出了一套行之有效的系统工程管理方法,成为中国空间技术事业的中流砥柱。

薪火相传、历久弥新。中国空间技术研究院勇挑重担,以自身的空间学术地位和深厚积累为依托,肩负起总结历史、传承经验、问路未来的使命,组织一批空间技术专家和优秀人才,共同编写了《空间技术与科学研究丛书》,共计 23 分册。这套丛书较为客观地回顾了空间技术发展的历程,系统梳理、凝练了空间技术主要领域、专业的理论和实践成果,勾勒出空间技术、空间应用与空间科学未来的发展方向。

中国空间技术研究院领导对丛书的出版寄予厚望,精心组织、高标准、严要求。《空间技术与科学研究丛书》编写团队主要吸收了中国空间技术研究院方方面面的型号骨干和一线研究人员。他们既有丰富的工程实践经验,又有深厚的理论功底;他们是在中国空间技术发展中历练、成长起来的一代新人,也是支撑我国空间技术持续发展的核心力量。在丛书编写过程中,编写队伍克服时间紧、任务重、资料分散、协调复杂等困难,兢兢业业、精益求精,以为国家、为事业留下成果,传承航天精神的高度责任感开展工作,共同努力完成了

这套系统性强、技术水平高、内容丰富多彩的空间技术权威著作,值得称赞!

我一辈子都在从事空间技术研究和管理工作,深为中国空间事业目前的成就而感到欣慰,也确信将来会取得更大的成果,一代更比一代强。作为航天战线上的一名老战士,希望大家能够"读好书、好读书",通过阅读像《空间技术与科学研究丛书》这样的精品,承前启后、再接再厉,为我国航天事业和空间技术的后续发展做出更大的贡献。

中国科学院院士　中国工程院院士

闵桂荣

序言三

　　1970年4月24日,中国成功发射了第一颗人造地球卫星,进入了世界航天国的行列。我国空间技术这几十年来取得了发射多种航天器、载人航天、深空探测等领域的多项成就。通信、导航、遥感、空间科学、新技术试验等卫星,已广泛应用于经济、政治、军事等各个领域,渗透到人们日常生活的每一个角落。从首次载人航天飞行到出舱活动,从绕月探测到月球表面着陆、巡视,空间技术以丰富多彩的形式扩大了中国人的生活空间和活动范围,进一步激发了中国人探索、创新、发展的勇气,展现了中国人的智慧和才智。

　　对未知领域的不断探索是知识的积累和利用效率的提高,是人类社会发展的不竭动力。空间活动从来就不仅仅是单纯的科学或技术活动,其中包含着和被赋予了更多的内涵。从科学角度看,它研究的是宇宙和生命起源这一类最根本也是最前沿的问题;从人才角度看,它能够吸引、培养和锻炼一大批顶尖人才;从经济角度看,它立足非常雄厚的经济实力,并能够创造新的经济增长点;从政治角度看,它争取的是未来的领先地位和国际影响力;从思想角度看,它代表的是人类追求更强能力、更远到达、更广视野、更深认知的理想。空间技术的发展可对一个国家产生多方面、多维度、综合性影响,促进多个领域的进步,这正是开展空间活动的意义所在。

　　当前我国空间技术发展势头强劲,处于从航天大国向航天强国迈进的重要阶段、战略机遇期和上升期。空间技术的发展,特别是一系列航天重大工程和型号任务的实施,不仅突破了一大批具有自主知识产权的核心技术和关键技术,也取得了一系列科技创新成果。系统总结空间技术发展经验和规律,探索未来发展技术路线,是航天人的重要使命。丛书作者团队对长期从事技术工作的体会进行系统总结,使之上升为知识和理论,既可以指导未来空间技术的发

 卫星遥感技术

展,又可成为航天软实力的重要组成部分。

我衷心祝贺,这套内容丰富、资料翔实、思维缜密、结构合理、数据客观的丛书得以出版。这套丛书有许多新观点和新结论,既有广度又有深度。丛书具有较好的工程实践参考价值,会对航天领域管理决策者、工程技术人员,以及高等院校相关专业师生有所启发和帮助,助推我们事业的发展!

空间技术对富民强军、强国有重要的支撑作用,世上未有强国而不掌握先进空间技术者。深邃宇宙,无尽探求。相信这套丛书的出版能够承载广大空间技术工作者孜孜探索的累累硕果,推动我国空间技术不断向前发展,丰富对客观世界的认知,促进空间技术更好地服务国家、服务人民、服务人类。

中国科学院院士

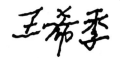

主编者序

2018年,中国的空间事业已经走过了六十多年!这些年来,中国的空间事业从无到有、由小到大、正在做强!以东方红一号卫星、神舟五号载人飞船、嫦娥一号月球探测器为代表的三大里程碑全方位代表了200余个空间飞行器的研制历程和丰富内涵。这个内涵既是人文的,又是技术的,也是管理的。从人文角度看,"两弹一星"精神在新一代航天人身上传承、发扬,他们在推动中国空间技术发展和壮大的道路上留下了锐意进取、顽强拼搏、砥砺前行的清晰足迹;从技术角度看,一批新理论、新技术和新方法不断被提出、被验证和被采用,一次又一次提升了我国空间技术水平的高度;从管理角度看,中国空间事业孕育了中国特色的管理理念与方法。这些年,产生了一大批科技报告、学术著作与论文、管理规范、软件著作权、技术专利等。但遗憾的是这些成果分散在各个不同的单位、不同的研制队伍、不同的专业里,有待进一步提高其系统性、完整性和受益面。中国空间技术研究院的领导和专家们认为很有必要进行系统地梳理、凝练、再创作,编写出一套丛书,用于指导空间工程系统研制和人才培养,为国家,为航天事业,也为参与者留下宝贵的知识财富和经验沉淀。

基于此,在中国空间技术研究院与北京理工大学的共同推动下,决定由中国空间技术研究院第一线工作团队和专家们亲自撰写,北京理工大学出版社负责编辑,合力出版《空间技术与科学研究丛书》。这是我国学术领域和航天界一件十分重要而有意义的事!这套丛书的出版也将成为纪念中国空间技术研究院成立五十周年的一份厚礼!

如此一套丛书,涉及了空间技术、空间科学、空间应用等许多学科和专业,如何策划丛书框架和结构就成为首要问题。经对空间技术发展历史、现状

和未来综合考虑，结合我国实际情况和已有的相关著作，几经讨论、增删、合并，确定了每分册一定要有精干专家主笔的原则，最后形成了由23分册构成的《空间技术与科学研究丛书》。具体名称如下：《宇航概论》《航天器系统设计》《空间数据系统》《航天器动力学与控制》《航天器结构与机构》《航天器热控制技术》《航天器电源技术》《航天器天线工程设计技术》《航天器材料》《航天器综合测试技术》《航天器空间环境工程》《航天器电磁兼容性技术》《航天器进入下降与着陆技术》《航天器项目管理》《航天器产品保证》《卫星通信技术》《卫星导航技术》《卫星遥感技术（上下册）》《载人航天器技术》《深空探测技术》《卫星应用技术》《空间机器人》《航天器多源信息融合自主导航技术》，丛书围绕中国空间事业的科学技术、工业基础和工程实践三条主线，几乎贯穿了空间科学、空间技术和空间应用的所有方面，并尽量反映当前"互联网＋"对航天技术的促进及航天技术对"互联网＋"的支持这两方面所取得的成果。正因为如此，它也被优选为"'十三五'国家重点出版物出版规划项目"和"国家出版基金项目"。

如此一套丛书，参与单位众多，主笔者20余人，参与写作百人以上，时间又较紧迫，还必须保证高质量，精心组织和科学管理一定是必需的。我们用管理航天工程的方法来管理写作过程，院领导亲自挂帅、院士专家悉心指导，成立以总体部科技委为主的日常工作班子，院科技委和所、厂科技委分级把关，每一分册都落实责任单位，突出主笔者负责制，建立工作信息交流平台，定期召开推进会以便交流情况、及时纠正问题、督促进度，出版社同志进行培训和指导等。这些做法极大地凝聚了写作队伍的战斗力，优化了写作过程，从而保证了丛书的质量和进度。

如此一套丛书，我们期望它成为可传世的作品，所以它一定要是精品。如何保证出精品，丛书编委会一开始就拟定了基本思路：一是理论与实践相结合，它不是工程师们熟悉的科技报告，更不是产品介绍，应是从实践中总结出来，经过升华和精炼的结晶，一定要有新意、有理论价值、有较好的普适性。二是要处理好过去和现在的关系，高校及航天部门都曾有过不少的空间技术方面的相关著作，但这十年来空间技术发展很快，进步很大，到2020年，随着我国空间站、火星探测、月球采样返回和月球背面探测、全球导航等重大工程相继完成，我们可以说，中国进入了航天强国的行列。在这个进程中，有许多新理论、新技术和新事物就已呈现，所以丛书要反映最新成果。三是处理好别人和自己成果的关系，写书时为了表达的完整性、系统性，不可避免要涉及一些通用、基础知识和别人已发表的成果，但我们这次的作品应主要反映主笔者为主的团队在近年来为中国空间事业发展所获的成果，以及由这些成果总结出

主编者序

来的理论、方法与技术，涉及他人的应尽可能分清、少用，也可简并。作品要有鲜明的团队特点，而团队特点应是某一领域、某一专业的中国特点，是"中国货"。从写作结果来看，我认为，丛书作者们努力实践了这一要求，丛书的质量是有保证的，可经得起历史的检验。

丛书可以为本科生、研究生，以及科研院所和工业部门中的专业人士或管理人员提供一系列涵盖空间技术主要学科和技术的专业参考，它既阐述了基本的科学技术概念，又涵盖了当前工程中的实际应用，并兼顾了今后的技术发展，是一套很好的教科书、工具书，也一定会成为书架的亮点。

在此，作为丛书主编者，一定要向为这套丛书出版而付出辛勤劳动的所有人员表示衷心感谢！尤其是中国空间技术研究院张洪太院长、余后满副院长，北京理工大学胡海岩校长和张军校长，北京理工大学出版社社长林杰副研究员，各分册主笔者和参与写作的同志们。没有中国空间技术研究院总体部科技委王永富主任和秘书处团队、北京理工大学出版社社长助理李炳泉女士和出版团队的辛勤、高效工作，丛书也不可能这么顺利地完成。

谢谢！

中国科学院院士

前 言

《卫星遥感技术》是《空间技术与科学研究丛书》23本分册之一。按照丛书"面向空间领域一线科研人员、相关领域的研究者和高校专业学生的一套既有理论高度又有实践指导意义的权威著作"的总定位,本书立足于航天遥感系统总体设计,强调遥感领域航天器系统性技术和工程应用经验的凝练和总结。

随着我国空间技术的不断发展,特别是启动高分辨率对地观测系统重大科技专项以来,卫星遥感技术取得了举世瞩目的成就。在可见光、红外、高光谱、微波遥感等种类遥感卫星的总体设计,高速图像数据处理与传输,以及高精度控制等方面取得了重大突破,先后发射了高分一号、高分二号、高分三号、高分四号、高分八号、高分九号等高分辨率遥感卫星。上述卫星在国土资源监测、矿产资源开发、城市精细化管理、交通设施监测、农林业资源调查、灾区恢复重建等方面发挥着重要作用,使我国卫星遥感技术水平实现了跨越式发展。作者以上述卫星的总体设计和飞行验证为基础编著本书,对当前卫星遥感技术最新发展进行了总结。

本书的重点是遥感卫星系统的任务分析与总体设计,从用户提出的任务目标与需求(使命任务、功能性能等)出发,通过任务分析与设计,转化为遥感卫星系统总体设计要求和约束,如卫星轨道、载荷配置、系统构成等。同时,也包括运载火箭和发射场的选择。最后通过梳理未来航天遥感技术的发展,给出了未来航天遥感系统发展趋势。

全书共20章,分为上、下两册。上册包含第1章至第9章,主要介绍各种遥感卫星任务分析及技术指标论证等总体设计方法;下册包含第10章至第20章,主要介绍遥感卫星系统构建、控制推进、热控、数据处理、微振动抑制等各分系统总体设计,以及未来技术展望等。其中,第1章介绍了卫星遥感系统

工程总体构成、卫星遥感物理基础和近地空间环境及其效应等基础知识。第 2 章介绍了遥感卫星任务特点及其轨道设计方法。第 3 章介绍了可见光全色/多光谱遥感卫星系统的总体设计方法。第 4 章介绍了红外遥感卫星系统的总体设计方法。第 5 章介绍了高光谱遥感卫星系统的总体设计方法。第 6 章介绍了高精度立体测绘卫星系统的总体设计方法。第 7 章介绍了合成孔径雷达遥感卫星系统的总体设计方法。第 8 章介绍了微波遥感卫星系统的总体设计方法。第 9 章介绍了地球同步轨道光学遥感卫星系统的总体设计方法。第 10 章介绍了遥感卫星系统构建、总体构型布局、飞行程序等总体设计方法。第 11 章介绍了遥感卫星高速图像处理与传输系统设计方法。第 12 章介绍了遥感卫星控制与推进系统设计方法。第 13 章介绍了遥感卫星信息与数据管理系统设计方法。第 14 章介绍了遥感卫星测控与导航定位系统设计方法。第 15 章介绍了遥感卫星供配电系统设计方法。第 16 章介绍了大型遥感卫星结构与机构系统设计方法。第 17 章介绍了大型遥感卫星热控系统设计方法。第 18 章介绍了大型遥感卫星微振动抑制与在轨监测技术。第 19 章介绍了大型遥感卫星总装集成、测试与试验技术。第 20 章介绍了未来卫星遥感技术发展趋势。

本书由李劲东为主编著。李劲东、李婷、李享负责全书统稿和审校。其中，第 1 章由倪辰、张志平、李劲东撰写；第 2 章由黄美丽、赵峭、冯昊撰写；第 3 章由李婷、李贞、李劲东撰写；第 4 章由倪辰、李劲东撰写；第 5 章由李贞、姚磊、李劲东撰写；第 6 章由张新伟撰写；第 7 章由吕争撰写；第 8 章由徐明明撰写；第 9 章由孔祥皓撰写；第 10 章由郝刚刚、王宇飞、胡太彬撰写；第 11 章由王中果、乔凯、李劲东撰写；第 12 章由崔晓婷撰写；第 13 章由王宇飞、李劲东撰写；第 14 章由汪大宝、李劲东撰写；第 15 章由林文立、李劲东撰写；第 16 章由张立新、商红军、李劲东撰写；第 17 章由何治、江利锋、李劲东撰写；第 18 章由王光远、李劲东撰写；第 19 章由赵文、郝刚刚、王光远撰写；第 20 章由杨冬撰写。

本书编写历时两年多，得到了叶培建院士、中国空间技术研究院张洪太院长和总体部科技委王永富主任等专家的精心指导和鼎力支持。参加本书审稿工作的还有陈世平、常际军、郝修来、马世俊、蔡伟、韩国经、李果、蔡振波、金涛、贾宏、李延、曹京、汤海涛、余雷等，他们提出了大量的宝贵意见。总体部梁晓珩、梁秀娟，以及北京理工大学出版社各位编辑同志对本书的出版做了大量工作。在此，作者一并表示诚挚的谢意。

由于本书内容涉及的知识较广，限于作者水平，本书难免会有一些疏漏和不足之处，恳请广大读者和专家批评指正。

作者
2017 年 12 月

目 录

上 册

第1章 卫星遥感技术基础 ………………………………………………… 001
    1.1 引言 ………………………………………………………………… 002
    1.2 卫星遥感物理基础 ………………………………………………… 003
    1.3 近地空间环境 ……………………………………………………… 019
    1.4 卫星遥感工程系统简介 …………………………………………… 028
    参考文献 ………………………………………………………………… 031

第2章 遥感卫星空间轨道设计 …………………………………………… 032
    2.1 概述 ………………………………………………………………… 033
    2.2 遥感卫星轨道设计需求与特点 …………………………………… 036
    2.3 光学遥感卫星多任务轨道设计分析 ……………………………… 043
    2.4 微波成像遥感卫星轨道设计分析 ………………………………… 054
    参考文献 ………………………………………………………………… 060

第3章 高分辨率可见光遥感卫星系统设计与分析 ……………………… 061
    3.1 概述 ………………………………………………………………… 062
    3.2 需求分析及技术特点 ……………………………………………… 065
    3.3 可见光遥感系统成像质量关键性能指标内涵 …………………… 068

3.4 高分辨率可见光相机成像质量设计与分析 …………………… 071
3.5 高分辨率可见光相机方案描述 …………………………………… 090
3.6 卫星在轨成像模式设计 …………………………………………… 096
3.7 卫星在轨动态成像质量设计与分析 …………………………… 099
3.8 几何定位精度分析 ………………………………………………… 116
3.9 谱段配准分析 ……………………………………………………… 120
3.10 实验室定标技术 …………………………………………………… 122
3.11 可见光遥感卫星应用 ……………………………………………… 125
3.12 小结 ………………………………………………………………… 129
参考文献 ………………………………………………………………… 130

第 4 章　红外遥感卫星系统设计与分析 ……………………………… 131

4.1 概述 ………………………………………………………………… 132
4.2 需求分析及任务技术特点 ……………………………………… 135
4.3 红外遥感系统成像质量关键性能指标及内涵 ………………… 140
4.4 高分辨率红外相机成像质量设计与分析 ……………………… 142
4.5 红外摆扫相机系统方案描述 …………………………………… 151
4.6 红外遥感卫星在轨动态成像质量设计与分析 ………………… 157
4.7 红外遥感系统定标技术 ………………………………………… 170
4.8 红外遥感卫星应用 ……………………………………………… 172
4.9 小结 ………………………………………………………………… 177
参考文献 ………………………………………………………………… 178

第 5 章　高光谱遥感卫星系统设计与分析 …………………………… 179

5.1 概述 ………………………………………………………………… 180
5.2 需求分析及技术特点 …………………………………………… 184
5.3 高光谱遥感系统成像质量关键性能指标及内涵 ……………… 188
5.4 高光谱成像仪成像质量设计与分析 …………………………… 191
5.5 高分辨率干涉型成像光谱仪方案描述 ………………………… 204
5.6 卫星在轨成像模式设计 ………………………………………… 210
5.7 卫星在轨动态成像质量设计与分析 …………………………… 212
5.8 高光谱成像系统定标技术 ……………………………………… 225
5.9 高光谱遥感卫星应用 …………………………………………… 227
5.10 小结 ………………………………………………………………… 232
参考文献 ………………………………………………………………… 233

第 6 章	高精度立体测绘卫星系统设计与分析	235
6.1	概述	236
6.2	需求分析	238
6.3	光学测绘系统关键性能指标及内涵	239
6.4	卫星测绘体制分析	243
6.5	内方位元素要求与稳定性	245
6.6	外方位元素测量与稳定性	246
6.7	高精度时间同步技术	254
6.8	同名点匹配技术	257
6.9	三线阵立体相机方案设计	260
6.10	几何标定技术	265
6.11	高精度测绘处理技术与飞行试验结果	271
6.12	立体测绘卫星应用	273
6.13	小结	276
参考文献		277

第 7 章	高分辨率合成孔径雷达遥感卫星系统设计与分析	278
7.1	概述	279
7.2	需求分析及技术特点	282
7.3	星载 SAR 成像质量关键设计要素	285
7.4	星载 SAR 载荷设计与分析	287
7.5	星载 SAR 成像模式设计	299
7.6	星载 SAR 载荷系统方案描述	302
7.7	星载 SAR 成像质量分析与设计	308
7.8	星载 SAR 成像定位精度分析	321
7.9	星载 SAR 数据处理与反演技术	324
7.10	SAR 遥感卫星应用	326
7.11	小结	333
参考文献		334

第 8 章	高精度微波遥感卫星系统设计与分析	335
8.1	概述	336
8.2	任务需求及其载荷配置分析	339
8.3	雷达高度计设计与分析	343

8.4 微波散射计设计与分析 ·· 359
8.5 微波辐射计设计与分析 ·· 367
8.6 校正辐射计设计与分析 ·· 375
8.7 微波遥感卫星数据处理与应用 ···································· 380
8.8 小结 ··· 384
参考文献 ·· 385

第 9 章 地球同步轨道光学遥感卫星系统设计与分析 ···················· 387
9.1 概述 ··· 388
9.2 需求分析及技术特点 ·· 391
9.3 高轨光学遥感系统覆盖特性与时间分辨率分析 ······················ 393
9.4 高轨光学遥感卫星成像质量关键性能指标 ·························· 397
9.5 高轨光学遥感卫星系统成像质量设计与分析 ························ 398
9.6 在轨成像模式设计 ·· 406
9.7 高轨高分辨率成像仪方案描述 ···································· 408
9.8 卫星在轨动态成像质量设计与分析 ································ 415
9.9 高轨光学遥感系统在轨标定分析 ·································· 429
9.10 高轨光学遥感卫星应用 ·· 433
9.11 小结 ·· 437
参考文献 ·· 438

缩略词 ·· 440

下　　册

第 10 章 遥感卫星系统构建与总体构型布局设计 ························ 443
10.1 卫星系统使命任务与使用要求 ·································· 444
10.2 卫星系统构建与组成 ·· 446
10.3 卫星遥感任务的关键能力设计 ·································· 450
10.4 卫星总体设计原则 ·· 454
10.5 卫星总体构型与布局设计 ······································ 455
10.6 卫星飞行程序设计 ·· 474
10.7 卫星工作模式设计 ·· 477
10.8 卫星可靠性设计与分析 ·· 482

10.9 整星安全性设计 …………………………………………………… 490

  参考文献 ……………………………………………………………………… 492

第11章 高速图像数据处理与传输系统设计与分析 ………………………… 493

  11.1 概述 ………………………………………………………………… 494

  11.2 任务需求分析 ……………………………………………………… 497

  11.3 星上数据源及其数据率分析 ……………………………………… 499

  11.4 高速数据处理与传输系统设计与分析 …………………………… 504

  11.5 系统工作模式及其数据流设计 …………………………………… 509

  11.6 多源高速数据处理与存储系统设计与分析 ……………………… 513

  11.7 高速数据传输系统设计与分析 …………………………………… 520

  11.8 系统仿真分析与验证 ……………………………………………… 527

  11.9 与卫星工程其他大系统接口设计 ………………………………… 533

  参考文献 ……………………………………………………………………… 535

第12章 遥感卫星控制与推进系统设计与分析 ………………………………… 536

  12.1 概述 ………………………………………………………………… 537

  12.2 任务需求分析 ……………………………………………………… 539

  12.3 系统设计分析 ……………………………………………………… 541

  12.4 基于CMG+动量轮配置的快速姿态机动及稳定成像

     控制方案 …………………………………………………………… 545

  12.5 基于全-CMG群配置的快速姿态机动及稳定成像控制

     方案设计 …………………………………………………………… 557

  12.6 系统故障诊断与应急处理 ………………………………………… 577

  参考文献 ……………………………………………………………………… 580

第13章 遥感卫星信息管理与数管系统设计与分析 …………………………… 581

  13.1 概述 ………………………………………………………………… 582

  13.2 需求分析 …………………………………………………………… 583

  13.3 卫星信息系统架构与信息流管理设计 …………………………… 585

  13.4 卫星自主任务管理设计 …………………………………………… 598

  13.5 星上自主健康管理设计 …………………………………………… 603

  13.6 星上数据管理系统设计与分析 …………………………………… 607

  参考文献 ……………………………………………………………………… 615

第14章 遥感卫星测控与导航定位系统设计与分析 …… 616
14.1 概述 …… 617
14.2 需求分析与技术特点 …… 620
14.3 测控系统设计与分析 …… 623
14.4 导航定位系统设计与分析 …… 642
14.5 与测控大系统接口设计及验证 …… 651
参考文献 …… 655

第15章 遥感卫星供配电系统设计与分析 …… 656
15.1 概述 …… 657
15.2 需求分析与技术特点 …… 659
15.3 光学遥感卫星供配电系统设计 …… 662
15.4 SAR卫星供配电系统设计 …… 683
参考文献 …… 694

第16章 遥感卫星结构与机构分系统设计与分析 …… 695
16.1 概述 …… 696
16.2 需求分析及技术特点 …… 699
16.3 系统设计约束分析 …… 701
16.4 卫星结构传力设计 …… 703
16.5 卫星结构与机构系统组成 …… 706
16.6 对接段设计 …… 707
16.7 星箭解锁装置设计 …… 711
16.8 推进舱结构设计 …… 714
16.9 电子舱结构设计 …… 718
16.10 载荷适配结构设计 …… 721
16.11 太阳翼机械部分设计 …… 724
16.12 分析与试验验证 …… 728
参考文献 …… 738

第17章 遥感卫星热控系统设计与分析 …… 739
17.1 概述 …… 740
17.2 需求分析和技术特点 …… 741
17.3 空间外热流特性 …… 744
17.4 空间外热流分析 …… 746

17.5 太阳同步轨道的特性分析及计算 …………………………… 749
17.6 卫星内部热源分析及布局设计 …………………………… 755
17.7 卫星散热面选择与散热能力分析 ………………………… 757
17.8 遥感卫星热控系统设计 …………………………………… 759
17.9 微波遥感卫星恒温舱设计 ………………………………… 777
17.10 大型光学相机热控设计 ………………………………… 780
17.11 大型微波载荷热控设计 ………………………………… 788
参考文献 …………………………………………………………… 793

第18章 遥感卫星微振动抑制与在轨监测技术 …………………… 794

18.1 概述 ……………………………………………………… 795
18.2 需求分析 ………………………………………………… 796
18.3 载荷成像敏感度分析 …………………………………… 799
18.4 星上微振动源特性分析 ………………………………… 802
18.5 微振动抑制设计 ………………………………………… 809
18.6 微振动在轨监测技术 …………………………………… 814
18.7 微振动仿真分析与试验验证 …………………………… 820
参考文献 …………………………………………………………… 825

第19章 遥感卫星总装集成、测试与验证技术 …………………… 826

19.1 系统总装集成方案设计 ………………………………… 827
19.2 遥感卫星电性能综合测试技术 ………………………… 834
19.3 遥感卫星系统级试验验证技术 ………………………… 852
参考文献 …………………………………………………………… 865

第20章 发展展望 …………………………………………………… 866

20.1 未来"互联网+卫星遥感+大数据+数字地球"新体系 …… 867
20.2 低、中、高轨结合的高分辨对地观测卫星系统 ………… 870
20.3 未来新型遥感技术 ……………………………………… 872
参考文献 …………………………………………………………… 875

缩略词 …………………………………………………………………… 876

索引 ……………………………………………………………………… 879

第 10 章

遥感卫星系统构建与总体构型布局设计

 卫星遥感技术

10.1 卫星系统使命任务与使用要求

高分辨率遥感卫星由于所获取的地表数据细致,可以对地面观测带来十分有价值的信息。在灾难预防监测方面,可实现森林火灾火情的面积温度监视,水灾洪涝灾害范围破坏程度监视,地下煤层自燃、火山活动、热带风暴、山体滑坡、泥石流等地质灾害监视等任务。在国土资源普查方面,可实现地下矿产勘查、放射性物质勘探、油气勘查、地面植被监视、土地利用监视、水污染监视、大气污染监视等任务。在国家安全方面,可完成城市交通路网状态监视,重点战略目标、战场环境的精确动态感知,揭露隐蔽目标等任务。

高分辨率遥感卫星能够按照指令要求对遥感目标进行成像,获取高分辨率全色、多光谱、高光谱、红外和SAR影像,卫星具有延时指令控制和即时指令控制两种方式,通过地面测控站或中继星发送指令改变工作状态,具备快速反应能力和一定的抗干扰能力。

卫星具备星上自主管理能力,可实时调整成像参数,实现目标成像的精确对准;可根据轨道高度调整相机焦面,实现最佳成像质量。卫星在地面接收站接收范围内时,可边成像记录边下传侦察数据;在地面站接收范围外时,可采取星上存储再回放方式下传数据,也可通过中继卫星下传。卫星可通过轨道机动实现平时和应急轨道转换。平常运行在平时轨道,必要时可迅速转入应急轨道获取更高分辨率影像或实现更快时间重访,卫星具备俯仰及滚动方向的快速

第 10 章 遥感卫星系统构建与总体构型布局设计

指向调节能力，扩展观测范围，实施多目标、多角度观测。卫星可适应不同降交点地方时要求，具备多星组网侦察能力。

同时，卫星对大系统也有一定的要求。运控系统要具备成像任务规划、业务管理、数据接收与传输等能力。应用系统要具备成像数据处理、图像与遥感产品生成、定标与质量评定、信息共享服务、地理信息产品修测等能力。

10.2 卫星系统构建与组成

卫星由多个系统组成，以满足任务要求。典型遥感卫星组成如图 10-1 所示。

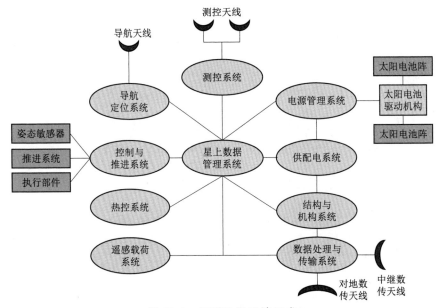

图 10-1 遥感卫星系统组成

这些系统可分为两大类：卫星的有效载荷和支持平台。对于遥感卫星，其有效载荷指遥感卫星的光学相机、SAR载荷和数据处理与传输系统。除有效载荷外的设备组成了各个功能系统，用以支持有效载荷工作，统称为卫星平台。卫星平台主要由控制与推进、星上数据管理、测控、能源、结构、热控等分系统构成，形成一个有机整体，保障有效载荷工作和卫星正常运行。一般卫星的系统配置及其拓扑结构如图10-2所示。

1．遥感载荷系统

遥感载荷系统主要包括可见光相机、红外相机、微波辐射计、雷达成像仪等。可见光相机由折射、折反射或全反射形式的光学系统、焦面接收器、电子线路、调焦机构等组成，通过对可见光的反射光进行接收，完成较大范围地物的成像。红外相机由光学系统、定标装置、制冷器等组成，可以对地物红外线进行接收，在昼夜都能成像。微波辐射计可以看做对地观察的射电望远镜，主要对毫米波进行观测，雷达成像机利用物体对微波的反射和透射特性进行遥感，由卫星向地面发射无线电波，再接收被观察景物反射回来的回波信号，获取目标图像。

2．处理与传输系统

数据处理与传输系统执行3个独立功能：接收和解调从地面站通过指令链路发射给卫星的信息；通过数据链路发送记录（遥控）数据或实时数据至地面接收站；通过遥测链路发送平台设备数据和其他遥测数据至地面站。

3．控制与推进系统

姿态和轨道控制系统用以确定卫星相对于当地法线的精准位置，为通信天线、图像敏感器和其他任务敏感器提供精确指向。姿态控制系统可以接收误差信号，据此基本的或精确的姿态确定系统通过3个反作用飞轮产生三轴姿态控制。基本的姿态确定功能系统从地球敏感器获取俯仰角和滚动角数据，从经太阳敏感器校正的陀螺仪获取偏航角信息，可提供精度在0.1°内的基本三轴指向。精确的姿态控制函数可通过经3个恒星敏感器校正的陀螺仪实现精度在0.01°之内的三轴指向。

推进系统在星箭分离后产生三轴推进控制力矩，在任务过程中保持卫星的动量不超过最大值。通过推进系统卫星也可获得用于变轨和轨道修正的速度变量 Δu。

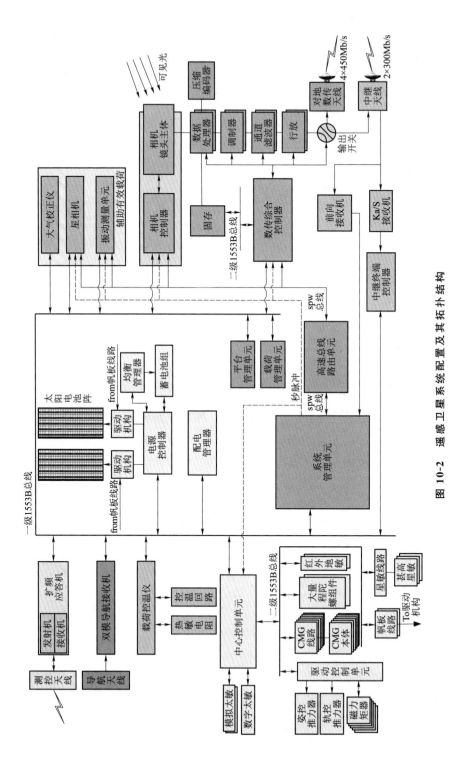

图 10-2 遥感卫星系统配置及其拓扑结构

4. 数据管理系统

数据管理系统（数管系统）主要对星上的数据信息流进行管理，对其产生、传输、存储进行统一的调度，产生卫星的遥测信息，通过接收地面发送的遥控指令，指挥控制星上各分系统进行协同工作。同时作为卫星的中枢，对卫星的安全进行实时监视和管理。

5. 测控与导航定位系统

测控系统接收来自数管分系统组织的遥测 PCM 码流，将其处理为连续数据流，然后传输至地面，为地面人员提供监视卫星的依据。测控系统可接收来自地面和来自中继星的数据，进行解调等处理后，发送给数管分系统，进而完成对卫星的控制和轨道位置的确定。测控系统主要由应答机和双模导航接收机组成。

6. 供配电系统

电源系统在额定电压范围内产生、储存、调节、控制和分配电能，为所有平台和有效载荷供电，并在出现可靠性故障时对电源系统所有部件提供保护。电源系统基本组成有太阳电池阵、驱动装置、蓄电池组、充电/放电调节器、母线电压调节器、负载开关、熔断器、配电器和电缆。

7. 结构与机构系统

结构与机构系统主要提供固定和连接各个机械部件的框架。展开机构的电源电路和装置都采取了电磁屏蔽措施，以避免发生误展开。展开动作由装有弹簧的旋转机构完成，由充满黏性液态硅的旋转叶片阻尼器控制旋转速率。太阳电池阵展开机构一般还包括绳切割器和/或杆切割器，结构材料通常选用镁和铝，复合材料也很常见。

8. 热控系统

热控系统在卫星正常和非正常的运行状态下，确保所有仪器的温度在规定的范围内。根据需要可提供被动冷却和主动冷却两种降温方法。该系统的典型组成部分包括：固定辐射器、热控百叶窗、多层隔热材料、热涂层、热控带、加热器、自动调温器、温度敏感器和控制电子电路。其中，热敏电阻被广泛用做温度传感器。热控系统部件的规格根据电源平均热耗、来自太阳的外部热量输入、地球反射的太阳光以及长波（红外）辐射热量确定。

卫星遥感技术

10.3 卫星遥感任务的关键能力设计

遥感卫星总体指标体系由任务层面指标、卫星总体及分系统指标,以及卫星工程约束等不同层级指标体系构成。本节重点介绍涉及卫星遥感任务层面的关键能力设计,其他层级的指标体系由其他章节论述。遥感卫星的关键能力主要体现在观测重访能力、轨道机动能力、覆盖范围、空间分辨率及成像质量、定位精度、指向调节成像能力、成像时长、高速数据处理与传输能力、应急测控与任务快速响应能力、自主健康管理能力等方面。

1. 卫星运行轨道与重访周期和轨道机动能力设计

卫星轨道是决定遥感卫星效能的关键要素之一,目前大部分遥感卫星选择太阳同步轨道,其关键设计要素为轨道类型、轨道高度和降交点地方时。

目前,大部分遥感卫星选择轨道高度主要集中在 450～800 km 范围。对于轨道高度 500 km 左右的轨道,其重访周期为 4 天,卫星通常配置有应急变轨能力,可机动变轨到 568 km 天重访轨道,实现对固定目标天重访能力。对于轨道高度 700 km 左右的轨道,加上卫星大角度姿态机动,可实现天重访能力。

对于可见光遥感卫星,由于受光照条件的制约,卫星降交点地方时通常在 9:00—15:00 内选择;对于微波遥感卫星,考虑到能源的特殊需求,卫星降交点地方时通常在 4:00—8:00 内选择。

2. 遥感成像覆盖范围设计

遥感卫星主要任务是对全球大陆及海洋进行观测,观测范围和重访周期是卫星任务指标。对于光学遥感卫星,观测范围通常在南北纬80°之间。

3. 空间分辨率、成像幅宽与成像质量设计

空间分辨率、成像幅宽与成像质量是遥感卫星核心指标,决定卫星应用效能,也是遥感卫星总体设计关键依据。

1) 可见光遥感成像系统

其指标主要包括空间分辨率、成像幅宽、在轨动态调制传递函数(MTF)、信噪比(SNR)和动态范围,其中动态MTF、信噪比和动态范围是评价其成像质量的关键指标。通常,卫星在轨成像质量的影响因素非常复杂,要求在轨动态MTF指标优于0.1(奈奎斯特频率)、典型信噪比优于39 dB(太阳高度角30°,目标反射率0.3)。

2) 红外遥感成像系统

其指标主要包括空间分辨率、成像幅宽、在轨动态调制传递函数(MTF)、温度分辨率、星上定标精度和动态范围,其中动态MTF、温度分辨率、星上定标精度和动态范围是评价其成像质量的关键指标。通常,要求在轨动态MTF指标优于0.1(奈奎斯特频率)、温度分辨率优于0.2 K(300 K黑体)。

3) 高光谱遥感成像系统

其指标主要包括空间分辨率、成像幅宽、在轨动态调制传递函数(MTF)、信噪比和动态范围,其中动态MTF、信噪比和动态范围是评价其成像质量的关键指标。通常,要求在轨动态MTF指标优于0.1(奈奎斯特频率)、可见光光谱(VNIR)平均信噪比优于120、短波红外光谱(SWIR)平均信噪比优于70(目标反射率0.2,太阳高度角30°时,工作谱段范围内各通道信噪比的平均)。

4) SAR成像系统

其指标主要包括空间分辨率、成像幅宽、峰值旁瓣比、积分旁瓣比、成像幅宽、噪声等效后向散射系数($NE\sigma^0$)、距离和方位模糊度、绝对辐射精度等,其中噪声等效后向散射系数、距离和方位模糊度、绝对辐射精度是评价其成像质量的关键指标。通常要求$NE\sigma^0$小于-20 dB,方位模糊度小于-22 dB,距离模糊度小于-20 dB,绝对辐射精度优于2 dB。

4. 几何定位精度

几何定位精度是遥感卫星应用的核心指标,决定卫星应用效能,由于其影

响因素很多、关系复杂,是遥感卫星总体设计关键设计依据,也是遥感成像质量的评价依据。随着高分辨率遥感卫星技术的发展,几何定位精度得到很大提高。目前,国内遥感卫星的绝对精度要求优于 $10\sim15$ m(rms),景内相对精度优于 $1\sim3$ 像元(rms)。

5. 卫星指向调节成像能力设计与在轨每天成像目标数

对于高分辨率遥感卫星,成像目标的快速访问是通过姿态机动进行快速指向调节,进而实现对目标的访问,即卫星在滚动、俯仰±60°的范围内连续可调。因此,卫星快速姿态机动和快速稳定能力是高分辨率遥感卫星一项重要指标,典型值 25°/(20~50 s),稳定度满足成像质量要求。该能力决定卫星在轨每天成像目标数和每轨成像目标数,目前国外先进的高分辨率光学遥感卫星可做到 100 个/日以上。

6. 在轨每天成像累计时长

遥感卫星门类很多,其成像时间要求差异很大,主要由其任务特点决定。对于高轨气象、海洋环境和对地观察卫星,通常 24 h 不间断工作;对于低轨气象、海洋等中低分辨率遥感卫星,其成像时间也很长。然而,对于高分辨率遥感卫星,其成像特点是间断性,由于受到成像载荷连续成像能力、卫星能源平衡、星上数据存储和星地传输能力等条件的限制,高分辨率遥感卫星单圈可成像时间达到 15 min,日累计可成像时间达到 40 min。单日点目标成像数量可在 100 个以上。对于应急任务要求,高分辨率遥感卫星自主任务规划系统,可对应急上注任务进行快速规划,建立新任务状态,一般对地成像任务应急准备时间达到分钟级。

7. 高速数据处理与传输能力设计

卫星在成像期间需要实时记录高速图像数据、辅助数据、卫星工程参数等。辅助数据包括精密轨道数据、卫星姿态数据、角位移数据和大气校正数据等,用于图像处理。卫星工程参数包括各分系统工作参数、状态参数和工程遥测等。高分辨率遥感卫星的原始图像数据率可达到 80 Gb/s 以上。

对于低轨遥感卫星,其高速图像数据传输有两种方式,即对地传输模式和对中继卫星传输模式,其主要指标包括频段、传输数据率、误码率和传输时长。目前,国内高分辨率遥感卫星要求具备 X 频段 2×450 Mb/s 对地传输能力,同时具备 Ka 频段 2×300 Mb/s 对中继传输能力,误码率优于 1×10^{-7}。

8. 应急测控与任务快速响应能力设计

对于低轨遥感卫星，由于其轨道和多任务特点决定了对卫星的测控具有很高的要求。为了克服地面布站的限制，卫星除了具备常规对地测控外，还要考虑北极、南极测控和中继测控，以提高卫星任务快速响应能力。测控主要指标包括频段、体制、传输数据率、误码率和轨道预报精度等。目前，国内高分辨率遥感卫星可以采用S波段对地/中继一体化扩频测控＋北斗卫星导航定位体制，实现了在全球范围内对卫星的应急操控，能够响应境外应急任务、摆脱长期以来我国遥感卫星对美国GPS卫星的依赖。对于南北纬80°的卫星成像区域，可测控时间由6%提高到了100%的水平，境外应急测控响应时间由数小时缩短到分钟级。遥测码速率8～16 kb/s、误码率优于1×10^{-5}，遥控上行码速率4～8 kb/s、误码率优于1×10^{-6}，轨道预报位置精度优于10 m（1σ）。

9. 自主健康管理能力设计

遥感卫星地面及中继测控资源少，长时间处于无法监视状态，因此要求卫星能够对自己的健康状态进行建设，同时对影响卫星安全以及载荷工作的故障进行安全处理。星上能够实现对星载设备的应急健康监视，向地面提供健康报告。能够自主对星地测控链路进行诊断和快速恢复、自主对星上能源进行保护、载荷设备未安全关机时能够自主关闭设备、姿态异常时能够自主转入安全模式。

10. 卫星寿命与可靠性设计

卫星轨道、运载火箭和发射场是卫星总体设计最重要的制约条件，因此，卫星发射质量和寿命是工程大系统关键技术指标。通常，对于低轨遥感卫星，卫星的设计寿命不小于5年、寿命末期可靠度不小于0.65；对于高轨遥感卫星，卫星的设计寿命不小于8年、寿命末期可靠度不小于0.65。

卫星遥感技术

10.4 卫星总体设计原则

在全面满足作战使用要求和战术应用要求的前提下，总体设计以提高卫星在轨侦查能力和综合效能为目标，全面优化卫星平台电子产品的配置和设计，从面向产品实现向"端到端"服务效能最优转变，为用户作战使用提供完整、高效、及时的应用服务。

卫星设计时立足于使用国内成熟技术，特别是立足于成功在轨卫星平台已验证的技术和国产产品。系统、分系统和部件方案不但要考虑到产品制造、生产、试验、在轨运行等各环节的技术可行性，而且还要考虑到与后续星技术状态的一致性和适应性。

在顶层设计时，贯彻"先高后低、先外后内、难新先行"和"快、好、省"的原则，采用系统工程方法，加强系统总体设计。同时加强卫星优化设计，充分利用卫星的有限资源，提高卫星的使用效能。

10.5 卫星总体构型与布局设计

卫星构型设计是对飞行器的外形、结构型式、总体布局、设备布局模块化设计，以及运载和地面机械设备接口关系等进行设计和技术协调的过程。构型布局的基本任务是把卫星各仪器设备组合成一个内部和外部空间尺寸协调、满足设备安装要求、保证卫星功能实现、能承受运载火箭主动段力学环境，有利于卫星研制和有效载荷能力发挥的有机整体。目前国外高分辨率遥感卫星主要发展趋势有以下几个方面。

1. 载荷种类多样化，大承载和高集成需求迫切

遥感卫星的主流向着空间分辨率越来越高的方向发展，表 10-1 给出了国外典型高分辨率光学遥感卫星的部分指标参数。由此可见，长焦距、大口径光学载荷的应用已成为高分辨率光学遥感卫星的发展趋势；而对于高分辨率 SAR 卫星而言，如表 10-2 所示，SAR 天线质量的增加及天线质量占比的增大较为明显，卫星对于平台的高承载需求愈发强烈。

表 10-1　国外典型高分辨率光学遥感卫星部分指标参数比对

卫星	空间分辨率/m	相机			卫星质量/kg	相机质量占比
		焦距/m	口径/m	质量/kg		
GeoEye-1	0.41	13.5	1.12	452	1 955	0.23
WorldView-2	0.46	13.3	1.1	680	2 800	0.24
WorldView-3	0.31	13.3	1.1	690	2 810	0.24
Pleiades	0.70	12.9	0.65	195	1 015	0.19

表 10-2　SAR 天线质量对卫星总质量的影响分析表

卫星名称	空间分辨率/m	SAR 天线质量/kg	卫星质量/kg	天线质量占比
Light-SAR	1.6	150	1 000	0.15
SAR-lupe	0.5	100	770	0.13
Cosmo-Skymed	1.0	200	1 700	0.12
TerraSAR-X	1.0	394	1 230	0.32
Risat-1	2.0	950	1 850	0.51

2. 平台高精度、高稳定度要求不断提高

高精度、高稳定度是提升高分辨率遥感卫星辐射和几何精度的有效手段。Pleiades-HR 和 GeoEye-1 等卫星将高精度的姿态测量部件陀螺和星敏与相机进行一体化、等温化布局设计，以减小在轨期间温度场变化引起的两者之间夹角的变化；WorldView-1 和 WorldView-2 卫星通过采用超静 SADA 和高刚度的太阳翼，以减小太阳翼大挠性对平台稳定度的影响。

3. 载荷-平台呈现模块化、一体化设计趋势

采用 BCP-5000 平台的 WorldView 卫星通过标准化、模块化构型设计实现了系列化，如图 10-3 所示。CMG 模块可以根据卫星姿态机动要求进行执行机构配置的增减，推进模块可以根据卫星调姿变轨需求进行推进系统的扩展，载荷模块可以提高载荷的适应性。

第 10 章 遥感卫星系统构建与总体构型布局设计

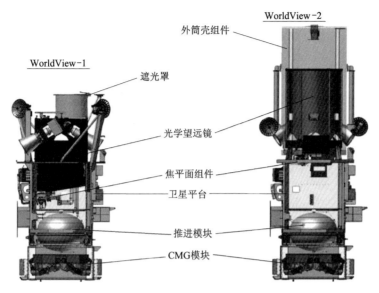

图 10-3 WorldView 系列卫星模块化设计示意

近年来,欧美发射的高分辨率遥感卫星多采用载荷-平台一体化的构型形式,如法国的 Pleiades-HR,相机与整星的主结构互相加强,成为一个整体,卫星平台与相机载荷已经没有了明确的分界线,见图 10-4(a)。美国的 WorldView-1 卫星,相机结构沉入到整星结构中,在内部完成相机与整星的安装,卫星的主结构得到简化、质量减小,如图 10-4(b)所示。

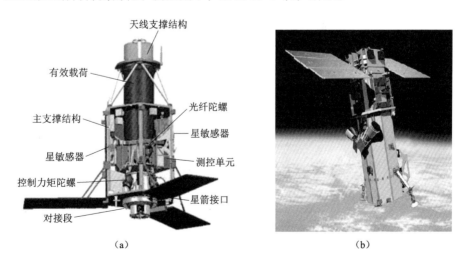

图 10-4 卫星一体化设计示意

(a) Pleiades-HR 一体化设计;(b) WorldView-1 一体化设计

4. 敏捷机动与强机动性能不断增强，以适应在轨多种工作任务的需求

国外分辨率优于 1 m 的高分辨率光学遥感卫星都采用了更加灵活的在轨飞行模式，可大范围快速姿态机动并且快速稳定、强轨道机动，以提高成像效能。如 Pleiades - HR，可沿俯仰和滚动方向进行最大 60°的姿态机动，姿态机动时间为 5°/6 s，60°/25 s，可实现多种成像模式。WorldView - 2 具有偏离星下点±40°的快速姿态机动能力，姿态机动角加速度 $1.5°/s^2$，角速度 $3.5°/s$，相机指向侧摆 300 km 耗时仅 9 s。美国著名的 KH - 12 卫星最突出的特点除了高成像分辨率外，就是强轨道机动能力。因此，高分辨率遥感卫星的敏捷机动应用需求，对其卫星构型布局设计提出了更高的要求，特别是质量特性控制、强轨道机动的推进模块及其他可扩展性等任务需求。

5. 成像质量要求不断提升，对星上扰动抑制需求不断提高

对于高分辨率遥感卫星而言，运动部件的微振动是影响成像质量的重要因素。WorldView - 1 卫星为了减小扰动对成像质量的影响，对星上主要振源——控制力矩陀螺采取了隔振措施，如图 10-5 所示；WorldView - 2 卫星在控制力矩陀螺隔振的基础上，在光学相机与星体之间也安装了隔振装置。GeoEye - 1 卫星同样采用了相机隔振装置来减小星上微振动对成像质量的影响。

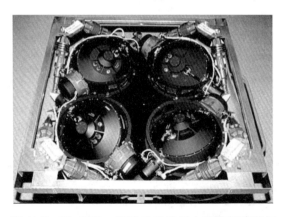

图 10-5 WorldView 系列卫星控制力矩陀螺减隔振

10.5.1　任务需求分析

高分辨率遥感卫星载荷规模不断增大、种类不断增加，对遥感卫星构型布

局设计提出了更高要求。

(1) 基于大型载荷的一体化、高承载、轻量化结构设计：遥感卫星载荷规模的不断增大，对卫星平台承载能力提出了更高的需求，但若一味通过牺牲质量、加强设计来提升结构承载又会导致卫星规模的恶性增长，对卫星发射成本、力学性能和在轨机动能力产生影响。因此采用轻质量、高性能的复合材料及蜂窝夹层结构成为高分辨率遥感卫星平台结构发展的方向，同时通过平台-载荷的一体化设计，可提升卫星平台的整体刚度。

(2) 基于高几何定位精度需求的平台高精度、高稳定度布局设计：高分辨率遥感卫星除了获取清晰的图像外，还需要图像具有较好的几何质量。一是将姿态测量部件与主载荷进行一体化、等温化安装设计，以减少在轨温度场和结构变形对两者之间夹角稳定性的影响；二是减少大挠性部件和运动部件对平台稳定度的影响，尽可能提高挠性部件的刚度，如采用高刚度 SADA 或固定式太阳翼。

(3) 面向"一星多用"的模块化构型设计：强轨道机动是发挥高分辨率遥感卫星使用效能的重要手段。需求决定配置，推进的配置与卫星的任务需求和规划有直接的关系，因此卫星构型时通过设计模块化或者独立的推进舱，一方面可根据任务需求进行推进配置的裁剪，另一方面便于实现卫星的并行总装和测试。

(4) 基于提升系统性能的载荷-平台多专业一体化设计：随着高分辨率遥感卫星技术的发展和性能指标的提升，载荷的体积和规模日益增大，采用传统独立化设计思维会导致卫星整体规模变大，同时也造成了卫星资源不必要的浪费。载荷与平台的一体化设计基于一体化构型设计且突破了单一的技术界面，在机械、电子、热学等方面统筹设计，整星以载荷为中心按系统需求形成多层次、多专业、多维度的综合接口，进而实现整体集成化设计。一体化设计可以显著减小卫星规模、提高整星刚度、优化系统资源、降低卫星成本。

(5) 基于高成像质量的星上扰动抑制和隔离设计：随着分辨率的提高，光学类、SAR 类和干涉类等高分辨率成像载荷对微振动环境的要求越来越严格，扰动不仅会对成像质量造成不良影响，严重时甚至会导致无法成像。扰动抑制和隔离通常的解决方法主要有三个方面：一是对扰振源进行微振动隔离，即对控制力矩陀螺等扰振部件进行隔振安装；二是对成像部件进行扰动隔离，即在光学相机和平台之间增加隔振装置；三是增大扰动传递过程中的衰减，如应用刚度较低、柔度较大的复合材料杆件及蜂窝夹层结构等。

10.5.2 构型设计约束分析

1. 任务层面设计约束

(1) 运行轨道选择约束：针对不同的任务轨道类型，需根据轨道特点分析这些特殊性对构型的影响。如针对低轨大气产生的阻力对任务的影响，构型设计应考虑减少迎风面积，进而减少轨道保持对燃料的消耗；针对高轨太阳光压对卫星姿态的影响，构型设计应考虑尽可能将太阳翼布置于卫星纵向质心附近；针对不同轨道条件下太阳光对光学敏感器的影响，布局设计应考虑进行规避。

(2) 在轨工作模式约束：高遥感卫星发射、分离、展开部件动作及在轨的工作任务规划和模式等，将直接决定是否需要将卫星进行功能模块的划分。如有强轨道机动能力需求的高分辨率遥感卫星可配置具备燃料扩展能力的独立的推进舱或推进模块。

(3) 大型成像载荷约束：对于遥感卫星而言，相机和SAR类有效载荷的体积、形状、大小是决定卫星构型的首要考虑因素，其指向（视场、波束）要求、在轨工作要求、散热要求等也是构型设计时必须考虑的。

2. 工程大系统设计约束

运载火箭约束包括运载静包络和动包络要求、主动段环境条件、星箭机械接口要求、星箭透波窗要求。发射场约束包括厂房条件约束、加注条件约束、地面及塔上测试条件约束。测控约束包括主动段及长期在轨正常和故障情况对天线布局的约束。

3. 卫星产品设计约束

(1) 太阳翼构型需求：依据轨道光照条件分析和卫星飞行指向，选择太阳电池阵布置方向；依据卫星的任务以及太阳翼面积需求，选择太阳翼的工作方式，完成太阳翼构型设计（固定式还是可展开式、展开方式、单轴旋转或双轴旋转、基板尺寸和数量等）。对于高分辨率遥感卫星而言，太阳翼构型一方面需关注太阳翼大挠性对卫星姿态的影响，另一方面需关注太阳翼展开状态对卫星转动惯量的影响。

(2) 携带燃料（种类、质量）需求：推进剂的种类和携带量将直接影响推进剂贮箱的选型，而推进剂贮箱的外形、大小和数量对卫星主结构的受力状态有较大影响，因此在卫星外形确定后，应与主结构内部配置、传力路线设计一同考虑。高分辨率遥感卫星根据其敏捷机动和强轨道机动任务需求，一般需配置较多的燃料，通常的做法是通过设置独立的推进舱或推进模块以适应不同燃料的携带需求。

（3）大型展开部件需求：太阳翼、数传天线、拉杆组件等展开组件、活动部件的安装、固定、解锁、分离与展开都需要一定的空间，在进行构型和布局设计时不仅要能容纳这些部件的原始安装空间，更要检查操作、工作时的动态包络是否会与主结构或其他设备干涉，同时还要考虑地面展开试验验证的需求。

（4）质量特性需求：卫星的质量特性包括质心、质量、转动惯量等，这些要求主要来自运载火箭和卫星的控制分系统，但卫星姿态控制的精度要求更高、项目更多。这一方面决定了卫星的构型状态，同时也决定了设备的布局方式。对于高分辨率遥感卫星而言，需严格控制卫星的转动惯量，大质量部件应尽量靠近纵轴布置，贮箱、气瓶等有质量消耗的部件应尽量使其质心过卫星的纵轴或沿横向对称布置。

（5）设备指向需求：遥感卫星指向类要求包括主载荷、推力矢量、设备视场、天线波束等。原则上主载荷、推力矢量、设备视场、天线波束内应无障碍物，天线、姿态敏感器、遥感器等在视场内应无反射光和热辐射等影响。天线布局应考虑主要覆盖区的要求，同时应考虑天线主瓣外的辐射和接收电平的影响，对不同天线之间的电磁兼容性干扰进行有效的空间隔离，尽量远离星表其他突出设备。

（6）推力器羽流约束：卫星推力器布局应尽可能远离敏感器等设备，推力张角范围内应进行羽流热、污染和干扰力矩的影响评估，对污染敏感的设备布局时应考虑推力器羽流污染。

（7）安装精度需求：精度类要求主要影响设备布局，个别情况也会对构型或结构局部产生影响。通常，有精度要求的设备尽量布置在结构刚度较好、AIT过程中较稳定且在AIT过程中具备可测试性的部位，也可通过加强局部刚度或改变构型提高设备的精度稳定性，如增加主结构承力点等；姿态测量部件与主载荷应共基准测量，同时应保证其相对夹角关系的稳定性；此外，还需合理选择整星安装和测量基准，整星测量基准在各状态下应能够保持稳定性。

（8）设备热控需求：热控类需求主要影响设备布局，镉镍蓄电池、放电调节器和分流器一般布置在卫星热流相对稳定的位置。结合整星温控要求，大发热量设备靠近散热面，并尽可能保证较大的辐射角系数，高发热量、低发热量设备间隔布置，以实现在轨工作期间热量补偿。同时根据星上仪器功耗情况，确定整星散热通道和部位，应避免局部过冷或过热，必要时采取局部热控措施。

(9) AIT过程需求：卫星AIT是装配、集成和测试的统称。AIT过程约束主要从几个方面考虑：一是考虑厂房的场地空间因素，二是AIT过程温度、湿度、洁净度等环境条件，三是总装集成过程中涉及力学、热、天线展开等专项试验的设备状态，四是卫星起吊、翻转、转运、运输等条件限制和地面支持设备状态。另外，设备布局设计应满足地面测试状态要求、操作方便性要求、操作空间的要求、操作安全性要求等。

10.5.3 卫星构型布局设计思路

高分辨率遥感卫星构型布局通过多专业融合的一体化设计，合理调配星上各种资源，节约整星资源的同时提升卫星综合性能和使用效能。通常，遥感卫星构型设计主要思路包括：

(1) 一体化设计：平台与主载荷一体化设计，星敏等姿态测量部件与主载荷进行高精度、高稳定度一体化集成，有效保证卫星定位精度；对地测控天线与主载荷一体化布局，减小大型光学载荷遮光罩对对地通信链路的遮挡影响。

(2) 模块化设计：将功能相对独立的系统模块化设计，设置独立的推进模块，可根据任务需求进行燃料携带量的增减，从而利于平台的灵活配置。

(3) 通用化设计：减小主载荷与卫星平台的空间耦合，从而提高平台对主载荷几何形状和重量的适应性，有利于提升平台的通用性。

(4) 小惯量设计：控制整星规模、优化设备布局，将质量较大的设备尽量靠近中心布局，采用高刚度的太阳翼，减小整星转动惯量，提高卫星姿态机动能力。

(5) 微振动抑制设计：扰动源隔振安装，从源头端对微振动进行抑制；光学载荷主体隔振安装，从载荷端减小微振动影响。

10.5.4 卫星构型设计

1. 卫星飞行指向选择

遥感载荷有对地指向要求，目前遥感卫星典型的飞行姿态有纵轴对地、纵轴向前或纵轴垂直轨道面等飞行姿态，如图10-6所示。纵轴对地能够满足大口径、长焦距光学载荷的布局要求，是高分辨率遥感卫星的主要选择，但对地、对天面较小，星表设备布局相对困难，见图10-6 (a)。纵轴向前能够获得较大的对地、对天面布局空间,但是在限定的整流罩包络内难以满足较大规模载荷的布局要求,见图10-6(b)。受能源需求影响,纵轴垂直轨道面多用于晨昏轨道微波类遥感卫星,见图10-6(c)。

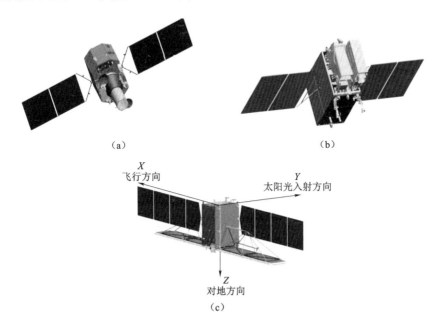

图10-6 遥感卫星载荷指向与飞行姿态关系

(a) GF-4卫星纵轴对地;(b) ZY-1-02D卫星纵轴向前;(c) GF-3卫星纵轴垂直轨道面

2. 卫星结构型式选择与外形设计

遥感卫星的结构型式选择应结合卫星任务需求,考虑星上仪器尤其是有效载荷的数量、尺寸、形状、安装和精度要求,能源需求与电源种类,姿态控制方式,运载火箭的运载能力和整流罩有效包络,分系统及单机的某些特殊要求。

遥感卫星多采用三轴姿态稳定控制方式,其外形设计是比较自由的。多数是采用长方体或多面棱柱体外形,主要目的是使结构设计简单、工艺性好,有利于热控散热面设计,另外也便于太阳翼和天线等部件布局。

3. 卫星主承力体系设计

主承力体系设计是卫星构型设计的关键,主承力体系传力路线的好坏直接影响卫星发射和长期在轨力学特性。主承力体系应根据运载能力、有效载荷特点、卫星产品化和通用化等因素确定,其设计需满足结构传力路线合理要求,满足全任务周期力学环境要求,包括运输环境、发射环境、在轨结构稳定性等。遥感卫星主承力结构常用形式包括承力筒式结构、箱板式结构、桁架式结构和混合式结构。

（1）承力筒式结构：以筒壳式结构作为主承力结构。其扭转、抗弯和剪切的强度和刚度较好，载荷传递好；筒内便于安装质量较大的推进剂贮箱；易实现与运载火箭圆形对接结构的匹配。为了减少质量，现代承力筒式构件都采用碳纤维复合材料。

（2）箱板式结构：以结构板搭建成某一空间形状的箱体，作为卫星的主承力结构。该类型结构能为星上设备提供较好的安装面，易于实现模块化；但承载集中能力差。一般多用于载荷规模不大的中小型遥感卫星。

（3）桁架式结构：以杆系搭建成的结构作为主承力结构。易于实现较大跨度的结构主体，具有较好的空间环境稳定性，结构开敞性好；利于集中载荷的传递。

（4）混合式结构：根据有效载荷配置等要求，可以选择上述两种或两种以上的结构结合在一起作为卫星的主承力结构。如 SPOT-5、高分二号卫星、高分三号卫星均采用承力筒-箱板混合式结构，见图 10-7。

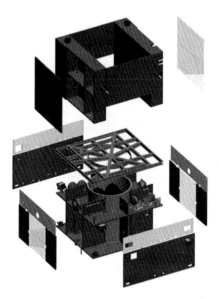

图 10-7　卫星承力筒-箱板混合式结构

4. 质量特性控制

卫星质量特性作为卫星重要的性能指标之一，从设计初期起就必须严格控制，设计过程中不断优化，尤其对于姿态机动能力要求较高的高分辨率遥感卫星,质量特性(主要是惯量)的大小直接影响卫星的机动能力。卫星构型完成后需结合各分系统质量指标及大型载荷质量特性,对卫星的质量特性进行分析计算。

5. 大型高分辨率光学遥感卫星构型设计

典型的高分辨率光学遥感卫星采用载荷-平台一体化构型形式,相机与整星的主结构互相加强,成为一个整体,相机本身为星敏感器等姿态测量部件提供安装接口;通过配置独立的推进舱,以满足在轨强机动需求。卫星组成见图 10-8。

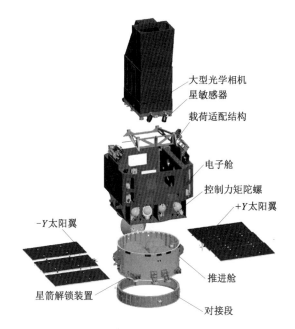

图 10-8 典型高分辨率光学遥感卫星构型

10.5.5 卫星布局设计

卫星布局设计应遵循以下一般原则:

(1) 优先考虑星体表面有指向要求、视场要求的设备布局,并就近布置其线路盒、功率放大器等设备;

(2) 为有安装配准精度的设备选定相对稳定的安装面,并保证其精度检测通道;

（3）按系统的功能要求、各系统间的接口要求、EMC 要求，进行舱段级布局；

（4）依据设备之间的信息流向，进行舱段内设备布局；高频设备的布局需优先考虑电缆连接的合理性，并保证其电磁兼容性要求；

（5）结合整星温控要求，大发热量设备靠近散热面，并尽可能保证较大的辐射角系数，高发热量、低发热量设备间隔布置；

（6）考虑整星质心配平和小惯量要求；

（7）姿态执行部件远离姿态测量部件和光学载荷；

（8）姿态测量部件与主载荷进行高精度、高稳定度、等温化一体化布局设计；

（9）考虑总装实施的开敞性，以便于电测、总装过程中的仪器拆装、电缆插拔。

1. 大型载荷布局设计

主载荷等大型部件布局往往决定了卫星的构型，主载荷布局主要考虑以下要素。对于光学类载荷，重点关注指向、视场、杂散光的抑制、安装精度及精度的保持（刚度较佳的位置）、散热制冷、推力器的羽流污染、在轨扰振的隔离、安装操作的方便性和可维修性等。对于微波类载荷，重点关注指向、卫星本体对其的杂波干扰，对于在轨展开状态还应注意其展开时对卫星本体的稳定影响等。

2. 舱外设备布局设计

遥感卫星舱外设备布局设计，是展现卫星发射和飞行状态外貌的关键。舱外设备一般有推力器、天线、太阳翼、敏感器、姿控推力器等。这些部件的形状尺寸和布局，在保证其功能实现的同时，不能对其他设备产生影响。

3. 推力器布局设计

推力器布局应考虑推力矢量与卫星质心的关系。姿控推力器布局应尽量远离卫星的质心，以便于产生较大的力矩；对于频繁轨道机动和高轨遥感卫星，大推力变轨发动机的安装推力轴线需指向卫星的质心或相对卫星质心对称布置，这样可减少对卫星姿态的扰动，有利于变轨时的姿态调整。推力器布局完成后要进行推力器羽流分析，避免羽流对卫星在污染（尤其是光学设备）、热和干扰力矩等方面的影响。

4. 控制敏感器布局设计

遥感卫星使用的控制敏感器主要包括星敏感器、地球敏感器、太阳翼敏感器等。敏感器的布局设计除满足设备的极性指向要求外，还应满足其视场要求。敏感器应安装在刚度好、受 AIT 状态影响小的部位。为了提高图像定位精度，应考虑将星敏感器和主载荷进行一体化、高稳定性布局设计。

5. 天线布局设计

遥感卫星主要配置有用于星-星和星-地数据传输的数传天线、导航天线、测控天线等。布局设计时应结合卫星在轨各种飞行姿态，考虑主要覆盖区的要求，同时应考虑天线主瓣外的辐射和接收电平的影响，对不同天线之间的电磁兼容性干扰进行有效的空间隔离。天线布局设计尽量远离星表其他突出设备，布局完成后应开展方向图仿真分析。

对于可展开天线，布局设计时应注意其展开及运动包络范围内无遮挡物，同时应考虑其在轨展开对卫星稳定性的扰动、压紧装置的安装空间、地面展开试验的实施性等，布局完成后要进行运动包络及展开稳定性分析。

6. 太阳翼布局设计

太阳（电池）翼布局根据在轨运行姿态和工作模式决定。一般情况采用两个或多个翼对称布局，这样可减少环境干扰力和力矩，有利于卫星姿态的控制。对于微波类遥感卫星，太阳翼布局需考虑和 SAR 天线的相互影响。

对于采用太阳同步轨道的低轨遥感卫星，其太阳翼布局可根据轨道降交点地方时来确定（见图 10-9）。对于降交点地方时采用上午或者下午的光学卫星而言，太阳电池翼的布局可垂直于轨道面，由于卫星的有效载荷要求始终对准地面，因此太阳电池翼需要驱动旋转以对准太阳；对于降交点地方时采用早晨或者傍晚的微波类卫星，太阳光与轨道面接近垂直，太阳翼的布局平行于轨道面，可采用固定式太阳电池。

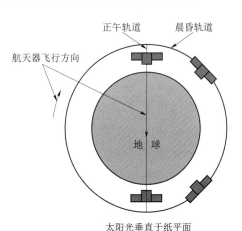

图 10-9　太阳同步轨道卫星太阳翼的布局

7. 舱内设备布局设计

舱内设备布局是在对卫星各分系统仪器设备的质量分配、体积尺寸分配、卫星舱容设计和主承力构件方案设计等方面设计的基础上开展的。对于新研型号，舱内设备布局和上述几方面设计要经过几次反复迭代才能最后完成。

遥感卫星舱内设备布局和外形设计一样，具有较大的自由度，但布局必须要满足分系统或单机的要求。布局设计应尽可能保证卫星三个轴的惯性积等于零，这样就可避免或减少在轨道和姿态控制时所产生的干扰力矩。

10.5.6 与工程大总体接口设计

1. 卫星与运载火箭接口

卫星总体特性主要包括卫星的总体状态，如卫星的包络尺寸等，便于对卫星状态有初步的了解。轨道和星箭飞行、分离、姿态及规避要求主要包括轨道要求、主动段飞行要求、星箭分离速度要求、入轨姿态要求、星箭分离规避要求，主要用于运载方开展详细的飞行弹道、分离设计和模拟。机械接口主要包括整流罩接口、星箭对接接口、卫星质量特性，主要用于卫星与运载火箭双方开展整流罩静态和动态相容性分析、机械接口详细设计等。环境接口主要包括卫星设计载荷条件、卫星力学环境、地面整流罩内环境条件、主动段整流罩内环境条件。设计载荷条件和力学环境条件是卫星方开展整星及单机力学设计和试验设计的重要依据，整流罩内环境条件是卫星的重要环境保证。电接口主要包括电磁环境及接口、电气接口，主要用于约定双方的无线特性，以避免共同工作时产生干扰，电气接口主要用于约定双方的电气接口界面。

2. 卫星与发射场接口

对于技术区，对总装测试大厅的要求包括环境要求、供配电要求、通信要求、吊车要求、电视监控要求等。对测试间的要求包括房间数量、通信、供配电、防微波辐射等要求。对加注工作间的要求包括房间要求，单组元/双组元推进剂的加注间，温度、防火、通风、排污、通信要求，物资保障要求等。对于发射区，对小封闭内环境要求包括温湿度、洁净度、有机污染等。

10.5.7 卫星构型布局相容性分析与试验验证

1. 视场遮挡分析

视场遮挡分析的主要目的是分析姿控敏感器、有效载荷中的光学部件等的视场遮挡情况，检查是否与星表其他设备、运动部件或其他目标存在干涉问题。通常采用三维设计软件或者自研的视场分析专用软件进行仿真分析，如图 10-10 所示。

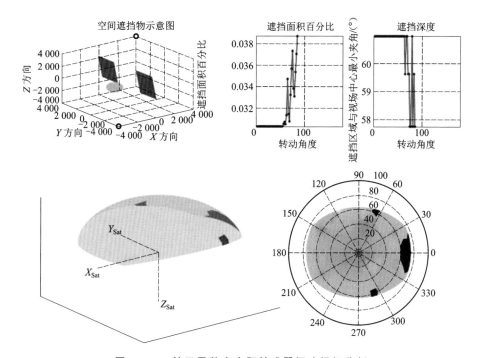

图 10-10　某卫星数字太阳敏感器探头视场分析

视场遮挡分析内容主要包括梳理并明确所有设备的指向和视场要求，避免视场定义存在歧义；复查模型与接口数据单的一致性，逐一检查各个设备视场符合情况；检查遥感器和光学敏感器视场内无其他设备或结构遮挡要求；分析检查太阳翼、可转动天线等运动空间对设备视场的遮挡；对于微波载荷视场，存在衍射和透射等情况，若存在局部遮挡，应进行电性能遮挡分析；对于不能满足设备视场要求的设备，应及时反馈进一步协调。

2. 杂散光分析

杂散光分析的目的是分析由卫星表面材料特性导致的光反射或红外辐射对星上敏感器、光学相机的影响，通常采用三维设计软件进行。

杂散光分析内容主要是光学敏感器附近的设备表面特性分析，避免杂光经反射进入敏感器视场中。

3. 运动部件包络干涉分析和试验验证

运动部件包络分析目的是对星上展开或转动部件运动空间进行仿真，防止星上部件干涉或钩挂，同时防止运动部件动态包络对其他设备视场产生遮挡。通常采用三维设计软件进行分析和仿真。

分析内容包括活动部件运动包络范围内的干涉影响分析、活动部件运动包络范围内对其他设备的视场遮挡分析、发动机羽流对活动部件运动包络的影响分析。

运动包络分析的试验验证可以在整星阶段实施，采用零重力吊挂或者气浮台进行展开试验，验证其运动轨迹、运动空间进而开展干涉检查。

4. 太阳翼遮挡分析

太阳翼遮挡分析的主要目的是根据在轨各种工作模式和状态，分析卫星结构及活动部件对太阳翼电池片的太阳光遮挡情况，为整星及太阳翼的构型布局、供配电分系统的设计提供依据。太阳翼遮挡分析的内容是考虑卫星姿态及轨道位置的变化，以及星体活动部件的运动，分析卫星本体和其他各种目标对太阳电池阵遮挡的轮廓、面积及遮挡深度，从而为卫星在轨能源平衡分析提供依据。

5. 推力器羽流分析

开展推力器羽流分析的目的是得到推力器羽流效应的定量分析结果，确保卫星构型布局设计的合理性，避免推力器羽流对控制系统、热控系统和有效性载荷分系统的不良影响。通常采用两种方式进行分析：一种是利用三维设计软件根据推力器羽流张角进行定性的几何分析，另外一种是采用专用的羽流分析软件进行定量的专项仿真分析。

羽流扰动分析内容包括发动机内外流场分析、羽流扰动效应分析、羽流热影响分析及羽流污染影响分析。

6. 质量特性分析和试验验证

质量特性分析的目的是通过软件仿真获取卫星的质量特性，包括质量、质心、转动惯量和惯量积,检查构型布局是否满足总体的相关要求,为设备布局的调整与优化提供基础,为高分辨率遥感卫星敏捷机动能力计算和控制方案设计提供依据。通常利用三维质量模型计算。

质量特性除先期的分析计算外,通常还要进行实际测量,一般在结构星或正样星总装完成后进行质量特性的测量和配平,并计算卫星发射、在轨、寿命初期、末期等各个状态质心、转动惯量和惯量积,通常采用质量特性综合测试装置完成。

7. 天线电性能遮挡分析和试验验证

天线电性能遮挡分析的主要目的是分析天线等电磁设备受其他设备结构遮挡或电磁性能影响而产生的衰减改变情况,以及能否满足无线通信需求,验证构型布局的合理性,并为构型布局的调整提供依据。

天线电性能遮挡分析内容主要为星上天线布局后的衰减情况,如图 10-11 所示,通常利用专用软件进行仿真计算或者通过辐射模型星(RM星)进行微波测试验证。

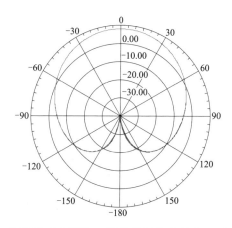

图 10-11 某卫星对地测控天线阵单元仿真结果(增益方向图)

10.5.8 卫星构型布局环境与力学分析

1. 运动部件的扰动分析

星上运动部件扰动分析的目的是通过对卫星入轨、在轨运行期间星上各类运动部件(如太阳翼、数传天线和雷达及大型空间桁架结构等)的展收过程以及各类多

体机构运动过程对整星姿态的影响进行动力学分析与仿真，为整星构型设计、结构设计和驱动机构设计提供依据和支持，并为控制分系统的设计提供依据。

运动部件扰动分析内容包括星上运动部件展收过程对星体姿态的扰动影响分析、星上运动部件在轨工作时对星体姿态的扰动影响分析。根据运动部件扰动分析计算结果，在满足包络干涉要求和控制分系统要求的前提下，调整和优化构型和设备布局，以进一步减少运动部件所带来的扰动影响。

运动部件扰动分析的验证可以在整星阶段实施，采用零重力吊挂或者气浮台进行受控运动试验，验证其运动轨迹和扰动影响，该试验可以与运动部件包络干涉分析试验合并开展。

2．柔性动力学分析

柔性动力学分析的目的是基于卫星在轨运行期间星上各类大型柔性部件（如太阳翼、天线等）姿态耦合动力学特性，计算各种耦合系数矩阵，建立比较逼近真实情况下的姿态动力学模型，是卫星控制分系统进行方案设计和仿真的基础，对确保高分辨率遥感卫星姿态稳定度和指向精度至关重要，同时为总体方案设计、全星动力学特性设计、结构与机构优化设计提供重要的理论依据。

柔性动力学分析通常利用有限元分析软件（如 Patran/Nastran、ANSYS）建立柔性部件的有限元模型，使用柔性动力学软件建立整星柔性动力学方程，并输出相关耦合系数矩阵。分析内容主要包括整星柔性动力学方程、柔性部件的各类耦合系数矩阵。

3．液体晃动分析

对于高分辨率遥感卫星而言，较高的成像质量和快速姿态机动能力对卫星控制精度提出了非常高的要求，而卫星在轨机动过程中推进剂会在贮箱中产生晃动，进而对卫星产生扰动力和力矩。液体晃动分析的目的是根据飞行任务和控制系统的设计要求，针对卫星燃料贮箱的安装布局、燃料的充液量及过载条件等多种工况，通过试验手段和理论分析，研究卫星贮箱级液体晃动特性，为控制系统设计与仿真提供简化模型、各类晃动参数和试验数据。

液体晃动分析通常使用液体晃动动力学分析软件获得小幅液体晃动等效力学简化模型，进而建立一阶等效模型。

4．环境扰动分析

环境扰动分析目的是通过分析卫星在轨各种工作模式和状态下太阳光压、大气对卫星的扰动载荷，为构型和设备布局以及控制分系统设计提供依据。

分析内容主要为考虑姿态及轨道位置变化以及星体活动部件的空间运动,分析高分辨率遥感卫星所受的太阳光压和大气扰动载荷。

10.5.9 工程大系统相容性分析与试验验证

1. 星箭机械相容性分析与试验验证

星箭机械相容性分析试验验证的主要目的是从卫星与整流罩之间的空间、星箭对接的正确性及解锁分离安全可靠性,以及整流罩开口等方面检验构型布局的合理性,包括静态和动态空间相容性分析,星箭对接机械接口匹配性分析,整流罩通风口、地面操作口和测控透波开口合理性分析等。

试验验证内容包括空间相容性和总装操作可达性验证:一是通过软件(如三维设计软件)构建真实尺寸的三维模型,进行仿真检查;二是通过实物模型(如模拟整流罩)模拟操作演练,验证整流罩和卫星结构的相容性和总装操作可达性。星箭对接机械接口验证主要通过卫星与运载之间的实际对接进行验证。星箭分离时包带和脱落插头的动态检查主要通过地面星箭解锁和电缆脱离试验加以验证。

2. 星箭耦合分析

星箭耦合分析的主要目的是掌握卫星主动段的载荷和响应情况,并为卫星力学环境试验的条件控制提供依据。星箭耦合分析的主要内容包括典型工况下星箭对接面的加速度和受力情况分析;典型工况下卫星方主要关注部位的加速度、位移分析;准静态载荷、力学环境试验条件的制定等。

与传统遥感卫星相比,高分辨率遥感卫星构型和布局设计与任务需求结合更为紧密。通过在设计中贯彻一体化、模块化、标准化、系列化构型布局思想,不仅使星上各专业系统进一步匹配、优化,同时对提升卫星使用效能和节约成本起到了积极作用。

卫星遥感技术

10.6 卫星飞行程序设计

根据低轨高分辨率遥感卫星各阶段运行过程特点，卫星飞行程序包括射前准备、发射、状态建立、在轨试验飞行和在轨应用飞行等阶段，下面仅简要介绍前三个阶段的具体工作。

10.6.1 射前准备阶段

从运载火箭发射前 5 h 开始至运载火箭一级点火，在射前准备阶段各分系统完成状态设置，运载发射前 10 min，一次电源完成转内电切换，由星上蓄电池供电；运载发射前 5 min 时刻，综合电子分系统发指令开始记录环境监测分系统的振动测量数据；运载发射前 5 min，脱落插头电脱落。

10.6.2 发射阶段

发射阶段是从运载火箭一级点火开始到星箭分离结束，期间完成主动段排气，以星箭分离时刻为卫星飞行工作的 0 时刻。

10.6.3 状态建立阶段

状态建立阶段从星箭分离开始到入轨后卫星工作状态建立完成后结束。本阶段卫星主要工作是卫星正常姿态建立；服务系统正常工作；轨道捕获；有效载荷初步成像试验；姿态侧摆试验；中继相关功能试验；侧摆成像、记录、回放初步试验。状态建立阶段具体程序如下。

1. 卫星入轨初期工作模式

（1）卫星进入预定分离轨道后，星箭分离时刻 0 s；

（2）控制分系统根据星箭分离信号启动程序，消除星箭分离对卫星姿态所产生的初始姿态扰动；

（3）可见光相机焦面解锁、红外摆镜解锁；

（4）星箭分离 80 s 后，卫星数管计算机启动太阳电池翼展开的星载程序指令，86 s 地面测控站遥控执行太阳翼压紧机构解锁作为备份手段，太阳翼两翼展开；

（5）太阳翼锁定后，开始消除太阳帆板展开引起的姿态扰动；

（6）帆板驱动机构驱动太阳翼转动，捕获太阳，实现太阳翼对日定向跟踪；引入红外地球敏感器，实现对地粗定向，预估陀螺漂移，对姿态进行红外修正；

（7）动量轮/控制力矩陀螺启动，并达到标称角动量，建立正常姿态控制状态；

（8）地面注入精轨参数后，引入数字太阳信号，系统对姿态进行太阳修正。

2. 卫星在轨飞行常态设置

卫星飞行第 2～3 圈，完成初始轨道注入，星上设备工作状态判读。卫星飞行 7～10 圈完成可见光相机解锁以及中继天线、对地数传天线解锁、展开和锁定，卫星在轨工作常态设置，星敏感器加电、加密状态设置，有效载荷长期加电等设置；上注控制数据块，引入星敏感器修正，引入 GPS 轨道数据，卫星进入高精度姿态指向模式。

3. 有效载荷成像功能试验

卫星飞行 15～33 圈，载荷星下点成像试验，数据记录和回放试验。卫星

飞行 37～39 圈，整星侧摆试验，载荷侧摆成像试验。

4．中继链路试验

在完成初步的有效载荷成像、记录、传输功能后，对中继相关功能进行试验，主要试验内容包括中继程控跟踪控制试验、中继自动跟踪控制试验、中继扩频测控试验、中继数传试验（降速）、数据中继回放、中继快记慢放。

10.7 卫星工作模式设计

高分辨率遥感卫星设计了多种工作模式，以适应不同阶段的需求，在不同的工作模式下，参与卫星工作的设备以及卫星下传的遥测信息等均有针对性的设计。卫星各工作模式之间的切换如图 10-12 所示。

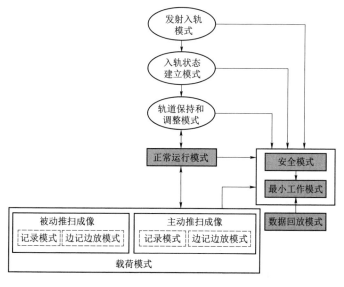

图 10-12　卫星各工作模间的切换

10.7.1 发射入轨模式

该模式包括射前及主动段,从卫星进入发射状态到星箭分离,为卫星发射入轨模式。此模式下,卫星发射前处于运载整流罩内,卫星的纵轴向上,太阳翼收拢并压紧在星体两侧面,光学相机通过载荷适配结构下沉式安装于设备舱中部。整星由蓄电池供电,综合电子、测控、控制和振动测量单元等分系统工作,相机处于焦面锁定状态,数传分系统处于断电状态。

10.7.2 入轨状态建立模式

从星箭分离到卫星正常姿态的建立,为卫星的入轨状态建立模式。此模式下,由星箭分离信号启动整星程控作业和姿控入轨段工作,首先根据程控指令完成推进分系统液路接通,顺序进行太阳翼解锁展开,消除姿态初始偏差,相机焦面解锁,控制分系统CMG高速自主启动并引入控制,引入星敏感器,建立正常高精度姿态控制状态。中继天线和数传天线解锁、展开工作。卫星第一圈出境前关闭力学采编单元,CMG启动前力学采编单元重新开机并记录测量振动数据。

10.7.3 正常运行模式

此模式下,卫星处于正常高精度姿态控制飞行状态,控制力矩陀螺高速稳定,Z轴指向星下点、太阳翼跟踪太阳,服务系统处于工作状态,有效载荷处于长期加电状态,随时准备进行成像或其他任务。

10.7.4 被动式推扫成像

卫星处于正常飞行姿态或者侧摆+俯仰飞行状态,相机分系统对地成像,在成像期间卫星始终维持固定姿态,数传分系统将视地面站可见的情况,将接收到的相机图像数据实时发送至地面接收站,或将其存储至数据记录分系统择机回放。如图10-13所示。

由于采用椭圆轨道,成像任务的斜距在一轨中剧烈变化,引起理想焦面的变化超出成像质量可允许的焦面位置变化范围,因此需要在成像开始前完成焦面位置的调整。

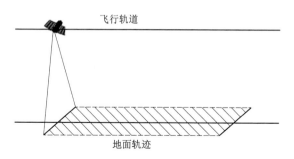

图 10-13 常规成像模式示意图

10.7.5 主动式推扫/回扫成像

目前遥感卫星采用 TDICCD 相机，利用卫星在轨运行产生的地速进行推扫（简称飞行地速推扫）实现成像。当卫星地速快且轨道高度低时，推扫成像要求相机成像积分时间很小，曝光时间短，从而造成图像信噪比较低，且对相机数据率要求很高。主动回扫成像模式就是解决这一问题的途径之一，即在一定的轨道高度下，依靠卫星的姿态机动来补偿地速过快的影响。主动回扫成像模式利用卫星俯仰回扫机动，使得光轴在地面具有向后的补偿地速，与卫星飞行产生的向前的飞行地速合成，合成地速小于飞行地速，利用合成地速进行推扫成像，增加了积分时间，提高遥感图像的信噪比，且降低了对相机数据率的要求。参见图 10-14。

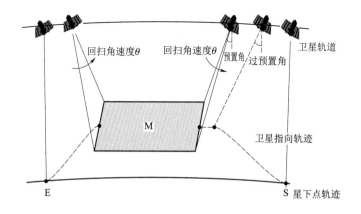

图 10-14 地速补偿模式的动作过程

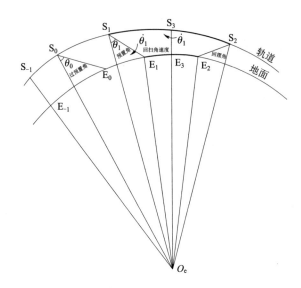

图 10-14 地速补偿模式的动作过程（续）

10.7.6 数据记录与回放下传模式

实时预处理-压缩记录：卫星处于阳照区时，相机开机成像，数据处理器实时接收相机图像数据后，进行边预处理（如辐射校正等）、边压缩后，直接写入固态存储器。该模式下可以通过遥控指令选择处理和接收的相机输出数据。

固态存储器将记录的数据回放给数据处理器，经数据处理器完成 AOS 格式复接、加密、CRC 校验、LDPC 编码、加扰等操作后，并送往数传通道子系统，数传通道子系统完成调制、功率放大等处理后，经对地数传天线子系统传输到卫星地面接收站或经中继卫星转发到地面。

10.7.7 边记边放模式

卫星处于阳照区时，相机开机成像。数据处理器实时接收相机数据后进行预处理（可选），送给外部压缩编码器实时压缩后，返回数据处理器，快速记录到固存的同时，慢速回放至数据处理器进行相关处理后（可回放当前记录文件，或者回放之前已经存在的文件），送数传通道子系统，并完成调制、功率放大等处理后，经对地数传天线子系统传输到卫星地面接收站，或中继卫星转发到地面。

10.7.8 轨道保持和调整模式

根据地面站指令,卫星可以进行轨道保持和调整,包括轨道面内和面外调整。该模式下,除控制分系统与推进分系统外,卫星其他分系统工作状态均与待机模式相同。

卫星遥感技术

10.8　卫星可靠性设计与分析

高分辨率遥感卫星载荷规模大、工作寿命长：包括大口径光学相机和大口径 SAR，价值高、重量大，设计寿命一般要求在 5 年以上。卫星间歇性工作、开关机频繁：当卫星运行到任务目标上方时进行成像，需要载荷频繁开机，每天可达上百次。卫星机动频繁、机构产品多：为了提高卫星对地面的覆盖范围，需要频繁进行侧摆成像，卫星配置大力矩动量轮或控制力矩陀螺，此外还包括 SADA、数传天线转动机构等部件，机构产品寿命要求长。卫星数据率高、高速器件多：高卫星图像数据率高达上百 Gbit，需要配置大量的高速器件，包括 FPGA、DSP、DDR 等，空间环境防护设计难度大。

本节从遥感卫星技术特点出发，针对冗余设计、FMEA、长寿命设计、EMC 设计、抗空间辐射设计、防静电设计、安全性设计等方面，重点对遥感卫星可靠性安全性设计的基本方法和要点进行描述。

10.8.1　可靠性设计原则

高分辨率遥感卫星可靠性设计特点是载荷规模庞大、单点故障环节多、风险大，高速器件多、单粒子防护设计要求高，卫星功耗大、热设计要求高。同时，卫星入轨之后，在轨经受空间辐射、冷热交变等恶劣环境，且不可维修。

因此需要通过可靠性设计保证卫星自身的高可靠性。卫星按照"一重故障保业务连续、二重故障保卫星安全"的要求进行系统可靠性设计，其设计原则包括：

（1）冗余和容错设计：采用充分、合理的硬件和软件的冗余和容错设计，可以消除单点故障；对技术上确难消除的单点故障可通过提高质量等级、裕度设计等降低其失效率，使之达到可接受的程度。

（2）继承性设计：因为新产品未经过实际飞行验证，存在较高的风险，因此尽可能选用经过飞行验证的成熟产品。支持对提高产品可靠性有利的技术进步，但新技术必须经过验证。

（3）元器件选用：选用满足卫星任务质量等级要求的元器件，优先选用经过验证的高等级元器件，减少元器件型号、规格和生产厂（或供货源）。

（4）耐环境设计：实施硬件与软件的环境影响分析和环境防护设计，使卫星能够经受住在轨长期空间环境。

（5）余量和降额设计：对于结构、机构等非电产品，可以采用安全裕度设计的方法提高产品自身强度水平从而提高可靠性；对于电子学元器件通过降额使用，降低元器件电压、电流、功率等使用参数，可提高元器件寿命。

10.8.2 系统冗余设计策略确定

通过冗余设计，可以消除单点故障，保证单个产品发生失效的情况下，备份产品可以替代其继续工作，从而保证系统不发生失效。冗余设计策略通常是根据卫星各环节的重要程度进行设计，对于影响成败的关键产品，应尽可能采取冗余设计，以降低系统风险。

1. 成像载荷冗余设计策略

成像载荷是决定卫星任务能否实现的关键系统，对于关键单机必须采用冗余设计，以保证卫星任务的成功。

对于相机类成像载荷，主要包括光学系统、探测器、调焦机构和控制电路等部分。光学系统主要通过进行裕度设计保证其可靠性；探测器和光学系统相互对应，由于空间限制不进行冗余或仅部分冗余；调焦机构和探测器相连接，电机等机构部分无法进行冗余；其他相机控制器、调焦机构控制电路等电子学部分的功能模块及其供配电可以采取冷备份设计，并采取故障隔离措施。

对 SAR 类成像载荷，主要包括天线阵面及波束控制器、驱动放大器、基准频率源等电子单机。个别天线阵面 TR 组件失效对 SAR 天线整体性能影响较小，当失效数量达到一定程度时，可通过重新调整各辐射单元的波位，弥补 SAR 天线由于组件失效带来的性能下降。波束控制器、驱动放大器、基准频率源等电子单机可采用冷备份的方式，以保证载荷系统的可靠性。

2. 数传系统冗余设计策略

数传系统是决定有效载荷所获取图像数据能否下传至地面的关键系统。数据处理子系统由数据处理器、压缩编码器、固态存储器等组成，数据处理器和压缩编码器接收相机分系统图像数据，完成压缩、格式编排、信道编码等处理，单机进行冷备份，与相机分系统的接口交叉备份，以避免单机故障引起数据处理功能的丧失。固态存储器可进行冷备份，单机内部存储单元可采用表决冗余设计，以保证分系统有足够的空间存储图像数据。数传射频通道一般采用双通道设计，双通道可交叉互传。调制器、通道滤波器、行波管组件、行波管电源通过两个通道形成冗余设计。行波管组件可用表决冗余的方式进行冗余设计，利用行放开关实现通道的交叉备份。

为了保证数传的及时性，往往重要的遥感卫星设计有中继数传通道，可实现与对地通道互为冗余。

3. 控制系统冗余设计策略

控制系统是保证卫星姿态正常的关键系统，一旦卫星姿态失控，卫星将不能执行正常任务。敏感器包括数字太阳敏感器、模拟太阳敏感器、红外地球敏感器、陀螺、星敏感器等。陀螺、星敏感器组成正常模式下的主要测量系统。陀螺、红外地球敏感器、太阳敏感器可以作为姿态确定的一种备份手段。系统一般配置 6 个以上陀螺头，任意选用 4 个陀螺进行故障判别、数据处理，可得到卫星姿态角速度的信息。执行机构包括控制力矩陀螺（或动量轮）、磁力矩器、帆板驱动机构和推力器等。控制力矩陀螺一般配备 6 个，5 个 CMG 正常时可实现整星姿态控制及机动任务。磁力矩器、推力器等执行部件均可以采用冷备份的方式进行冗余。帆板驱动机构的机械部分无法进行冗余，帆板驱动电路可以配置两套实现驱动控制的冗余设计。控制器包括驱动控制单元和中心控制单元，两台单机均采用冷备份方式进行冗余，其中控制计算机还有应急电路。当控制计算机出现故障，转入应急驱动控制器对卫星进行粗控，此时应急电路控制卫星姿态，进行速率阻尼，搜索太阳，太阳捕获并对日定向，保证卫星能源的供应。

4. 测控系统冗余设计策略

测控系统负责卫星与地面站之间遥测数据下传和遥控指令上行，一旦失效将导致地面无法掌握卫星在轨状态，也无法对卫星进行指令控制。为了防止关键时刻卫星没有测控，一般采用对地测控和中继测控两条测控链路，以保证快速掌握卫星系统健康状态，卫星能快速响应地面指令。中继测控具有中继测控功能的同时，还应具有对地测控功能，中继测控与对地测控互为备份。

5. 电源系统冗余设计策略

电源系统为其他各分系统提供能源，一旦失效将导致整星各单机设备无法继续工作，短期内如果无法恢复，很有可能导致寿命中止。太阳电池阵采用串并联结构，多个电池片串联形成满足供电需求的电压，然后多个电池串并联形成满足供电需求的电流。为了防止局部失效造成整个电池阵失效，每个电池串允许短路失效一片电池，整个方阵允许开路失效两个电池串。蓄电池一般由十几或几十个单体串联组成，一般采取表决冗余的方式，每组蓄电池允许任一个单体短路失效，蓄电池组电压会稍有下降但仍然可以正常工作。电源控制器中的充电控制电路的一阶段大电流充电和二阶段充电的控制电路均采用主备份设计，以保证蓄电池的正常充电。分流器和放电调节器均有多个模块组成，采用表决冗余方式，在损失少量模块的情况下，不会发生负载电流过大的故障。

6. 数管系统冗余设计策略

数管系统承担整星遥测数据的收集和处理、遥控指令的解析与分发、星上任务自主管理等功能，一旦失效将导致卫星数据管理功能失效。数管系统由中央处理单元、平台管理单元、载荷管理单元等组成，各单机必须采取冗余设计，对于 1553B、SpaceWire 等总线也需要进行冗余设计，这样实现系统的交叉冗余，保证在某个单机故障的情况可以完成正常的管理任务。

7. 推进系统冗余设计策略

推进系统承担卫星轨道保持、动量轮卸载、辅助姿态控制等功能。对于高分辨率遥感卫星，由于大气阻力摄动的影响，必须定期进行轨道保持。推进系统由贮箱、推力器、气瓶（双组元推进）、各种阀门部件及管路连接件组成。贮箱一般采取裕度设计的方式保证卫星携带足够的燃料。推力器采用两个支路，并可以交叉重组，保证任意一个推力器故障情况下卫星仍然能够完成轨道调整。推进管路采用支路备份，防止任意一个阀门无法打开导致管路堵塞，或者一个阀门泄漏导致贮箱泄漏。

10.8.3 FMEA 及其单点环节识别与控制

由于高分辨率遥感卫星载荷都是大型机电产品，系统复杂，冗余设计难度很大，单点故障环节错综复杂，因此卫星在总体设计过程中必须开展故障模式及影响分析（FMEA），识别出卫星各类故障环节，对Ⅰ、Ⅱ类单点环节进行重点分析，采取必要的冗余设计措施。

卫星平台存在火工品、帆板驱动机构等单点环节；火工品无法起爆导致太阳翼无法展开，电源无法供电；帆板驱动机构卡死将导致帆板无法对日定向能源损失。为防止太阳翼压紧杆发生无法切断的故障模式，对于火工品切割器，采取关键工艺及过程控制。对帆板驱动机构，为防止发生不能转动或短路故障模式，驱动力矩应具有足够的裕度。

对于光学成像载荷，存在相机光学镜头、焦面组件、调焦机构等单点环节。对于光学镜头破裂或光学性能退化，需加强结构的抗力学设计，留有充分的安全裕度，并采用成熟的光学件面型加工和镀膜工艺。对于CCD或驱动器件损坏故障模式，多片组合的CCD器件分组独立设计，保证各组间故障隔离。对于机构活动部件卡死、调焦电机失效等故障模式，应采取防冷焊处理、机构驱动裕度设计等措施。

对于SAR载荷，存在相控阵面解锁功能故障、微波信号发射脉冲与接收回波能力下降等单点环节。对于解锁功能故障，铰链组件装配完成后对轴承及组件转动的灵活性进行检查等。对于微波信号发射脉冲与接收回波能力下降故障，开展SAR载荷电子设备可靠性设计，通过老炼试验剔除元器件早期失效。

10.8.4 整星可靠性建模与预计

可靠性模型可用于识别设计薄弱环节，为设计改进和过程控制提供依据；分析总体设计是否能满足规定的可靠性定量要求。大多数遥感卫星的载荷较大，组成单元多，造成冗余关系复杂，存在交叉冗余与单点的矛盾。根据不同层级可靠性需求，存在模块、单机、系统间多种形式的冗余，可靠性建模需建至设备/模块级。

遥感卫星常见可靠性框图模型如图10-15所示。

图 10-15 卫星整星可靠性框图

卫星具有多种有效载荷,例如同时包括可见光相机、红外相机和多光谱成像仪,如果将所有的有效载荷都串入整星可靠性框图,卫星总体可靠性将会很低。此时,可以按照任务需求,将任务分为主任务和辅任务,对卫星完全成功、成功、基本成功进行合理划分和定义,优先保证主任务的可靠性。

在可靠性建模的基础上利用应力法、计数法、相似产品法可进行各级产品的可靠性预计。可靠性预计的作用是识别潜在的可靠性问题并指导设计权衡和冗余决策。各分系统、单机可靠性预计结果的相对值比预计结果的绝对值更有意义,可帮助发现系统中可靠性的薄弱环节。通过改进,可有效提高系统可靠性。

10.8.5 空间环境防护设计

高分辨率遥感卫星在轨运行期间,将遭遇太阳紫外辐射、空间带电粒子辐射、地球大气、原子氧等空间环境,与卫星所使用的电子元器件和材料发生相互作用,产生各种空间环境效应,可对卫星会造成一定程度的损伤与危害,甚至威胁整个卫星的安全。

1. 抗空间电离总剂量设计

卫星上不同类型的电子元器件和材料,在空间带电粒子的电离总剂量损伤下,将呈现出不同的损伤现象。在严重辐照后,玻璃材料会变黑变暗、透过率降低;热控材料发射率、吸收率变差;有机材料的物理性能和机械性能下降;半导体器件性能衰退,如双极晶体管电流放大系数降低、漏电流升高、反向击穿电压降低,单极型器件(MOS 器件)跨导变低、阈电压漂移、漏电流升高,运算放大器的输入失调变大、开环增益下降、共模抑制比变化;光电器件及其他半导体探测器暗电流和背景噪声增大。电离总剂量效应防护设计,须采用合适的辐射设计余量(RDM),以保证平台任务期内在空间辐射环境中的安全。对于遥感卫星,辐射设计余量一般不小于 2~3。

2. 抗空间单粒子锁定设计

目前,遥感卫星单机设备中选用了许多 CMOS 器件,如逻辑电路、FPGA、DSP、PROM、FIFO、LVDS 接口芯片等,由于单粒子锁定可能出现大电流导致器件烧毁,危害性很大,因此必须对这些器件进行抗单粒子锁定设计,尽可能选用具有抗单粒子锁定工艺的器件,同时对单粒子锁定不免疫的器件,必须采取限流保护等充分的抗锁定设计措施,确保器件锁定时不烧毁,断电可恢复,保证产品安全。主要设计措施有:尽可能选用具有抗单粒子锁定工艺的器件;对于不能抗锁定器件,采用限流型低压差稳压器器件,保证器件不烧毁;在器件输入端加限流和分压电阻以及滤波电容,保证输入电压不高于电源电压,输出加限流电阻,保证接口安全。

3. 抗空间单粒子翻转设计

目前,高分辨率遥感卫星采用了几百万门或上千万门的 SRAM 型 FPGA,同时使用了 SRAM、CPU、DSP 等关键器件。遥感卫星可采取以下措施提升卫星的抗单粒子能力:卫星所有包含逻辑电路的电子设备,需采取至少 2 项有效的 SEU 防护措施,常用措施包括 EDAC、看门狗、定时刷新、三取二表决等;尽量选用具有抗单粒子翻转加固能力的器件,如 PROM、反熔丝 FPGA、专用 ASIC 电路等;长期加电工作的数管、测控、控制等系统所采用的 FPGA 器件需具有良好的抗单粒子性能外,在分系统级和整星级均采取必要的故障监视和恢复手段,确保整星的安全运行;长期加电工作的综合电子、测控、控制等系统的核心单机采取 EDAC 设计措施;中心计算机和控制计算机实时监测下位机的运行状态,一旦发生单粒子事件,通过加断电重启恢复单机正常功能,确保整星的安全运行。

4. 抗位移效应防护设计

位移损伤(又称为非电离剂量损伤)效应是一种由能量粒子引发的长期累积损伤效应,它会对光电器件、双极器件和太阳电池片等器件的性能产生影响。地球辐射带捕获质子和太阳耀斑质子,是对卫星光电器件和材料产生位移损伤效应的主要辐射环境,CCD、光纤陀螺等部件设计时应考虑位移损伤引起的暗电流增加、性能下降等影响;而对于太阳电池片,由于覆盖在其表面的玻璃盖片厚度很薄,故地球辐射带捕获电子也可以对太阳电池片造成位移损伤,单机设计时应考虑耐受寿命期内电子损伤通量。

第 10 章　遥感卫星系统构建与总体构型布局设计

5. 原子氧防护设计

热控涂层、光学镜头表面材料、太阳电池阵等需在设计中考虑原子氧剥蚀作用。尽可能选用可耐受原子氧、辐射等低轨道环境的金属和非金属材料；可采用银互连片，提升太阳电池阵的抗原子氧能力；星表多层面膜使用防原子氧聚酰亚胺膜；舱外设备进行材料级防护设计，如外表面使用 KS-Z 喷漆。

10.8.6　防静电设计

系统、分系统 ESD 防护设计应避免静电荷的积累、放电，保护系统、分系统不受静电放电的损伤，为最敏感的设备和组件提供 ESD 防护。遥感卫星各级产品设计时采取的主要设计措施：整星结构、设备采用严格的接地网络，保持星体的等电位；热控多层隔热组件采取接地处理，OSR 表面带导电涂层并与舱板导电良好；优先选用抗静电敏感度等级较高的元器件，合理安排电子线路的分布使其相互连线的数量最小、线距最短，大电流和高频率信号使用双绞线连接。保证实验室温湿度、实验室提供良好的地线，所有测试仪器均有接地措施。操作人员穿防静电工作服与防静电鞋，戴防静电手镯。

10.8.7　元器件降额设计

元器件降额就是使元器件使用所承受的应力低于其额定值，以达到延缓其退化，提高使用可靠性的目的，主要包括元器件的电流、电压、功率、结温、频率等参数降额设计。通常元器件有一个最佳的降额范围，在这个范围内，可显著降低其失效率，提高产品的可靠性。卫星使用的元器件一般均进行Ⅰ级降额。除元器件电参数降额外，还应对星上功率电缆进行降额设计，对每根功率电缆进行电连接器降额、单根导线降额和导线束降额。

10.8.8　机电产品热设计

电子设备热设计的目的是确保元器件工作在允许的温度范围内，确保元器件的关键部位不超过设计允许的最高温度，如高精度晶体振荡器需要恒温控制，半导体器件，尤其是大功率晶体管、集成电路的结温不能超过Ⅰ级降额后允许的最高结温。卫星上大功率元器件须满足规定的温度降额。

卫星遥感技术

10.9 整星安全性设计

安全性设计是安全性保证的重要工作项目,主要目的是通过实施安全性设计工作,保证航天器产品在研制和使用过程中,能有效识别危险风险,对安全风险进行评价和控制,将危险风险降低到可接受的水平。

10.9.1 整星危险源分析及其安全性设计措施

对于遥感卫星,常见危险源包括推进系统、高压氦气、火工品、天线辐射等。为了防止推进剂泄漏后发生爆炸,单组元/双组元推进系统加注前进行严格的密封性能测试,加注过程中采用氧、燃推进剂分时、分地加注方法,而且加注过程中采用推进剂蒸汽浓度报警装置对推进剂的泄漏情况进行密切监视,杜绝加注过程可能发生的泄漏、爆炸等危险。星上用火工品属于爆炸性产品,如果爆炸会危及人员和卫星的安全。星上火工品应选用钝感型火工品,采用单桥丝结构形式,以保证具有良好的抗静电、抗射频能力。为防止误动作而造成火工品误爆,火工品点火电路通过采取三级串联开关控制,避免单一误指令发出时造成火工装置误起爆。地面试验时天线的微波辐射可能会对试验人员造成射频辐射伤害。控制措施包括:在研制和试验中采用必要的射频信号衰减措施,保证电气连接良好;为试验人员提供微波防护装备。

10.9.2 在轨安全管理设计

遥感卫星领域需考虑卫星可视弧段短的特点,星上危害性故障要确保隔离有效不扩散,等待地面进行处理,重点关注单粒子效应(含南大西洋地磁异常区)的影响分析。系统安全策略设计是在可靠性、安全性分析、FMEA 的基础上,结合工作模式和飞行程序,针对影响系统安全和运行稳定性的故障模式所开展的系统级安全策略的设计,其目的是保证在故障情况下,系统进入一种相对安全的工作模式,确保能源、测控、燃料安全,为后续的故障处理和在轨抢救赢得时间。

遥感卫星系统可通过综合电子系统管理单元实时监测一级 1553B 总线上的终端设备,一旦终端设备运行异常,及时为地面提供报警信息,并在地面授权条件下,采取复位或者切机措施。对影响整星正常运行稳定性和安全性的重要数据采用基于主总线网络的分布式冗余存储的方式,将重要数据存储在星上两个或多个计算机,或非易失性固存中,发生异常时,通过网络请求、索取重要数据,校验正确后进行系统的恢复。

结合遥感卫星的特点,针对卫星能源、姿态、测控链路、通信、运动部件、载荷的系统级自主安全保护功能,包括电源安全管理、有效载荷安全管理、姿态安全管理、SADA 堵转安全管理、整星节省燃料安全管理、测控链路健康管理、通信安全健康管理、运动部件安全管理、载荷链路实时监测等功能。

在条件允许的情况下,应尽可能确保系统所执行的任务不被中断,减少对用户使用的影响。航天器研制各阶段将分别针对系统安全策略开展仿真和电性能测试验证。系统安全策略设计与验证包括星上能源安全策略、控制安全策略、测控安全策略、推进(燃料)安全策略、重要数据保存与恢复机制等。

参 考 文 献

[1] 徐福祥. 卫星工程概论 [M]. 北京: 宇航出版社, 2004.

[2] 彭成荣. 航天器总体设计 [M]. 北京: 中国科学技术出版社, 2011.

[3] H M Braun, P E Knobloch. SAR on Small Satellites-Shown on the SAR-Lupe Example [C]. Proceedings of the International Radar Symposium 2007 (IRS 2007), Cologne, Germany, Sept. 5 – 7, 2007.

[4] Y Sharay, U Naftaly. TecSAR Satellite-Novel Approach in Space SAR Design [C]. Proceedings of IRSI (International Radar Symposium India) 2005, Bangalore, India, Dec. 20 – 22, 2005.

[5] A Mahmood. RADARSAT – 1 Background Mission Global Coverage [C]. Proceedings of IGARSS 2002, Toronto, Canada, June 24 – 28, 2002.

[6] A Roth, R Werninghaus. Status of the TerraSAR-X Mission [C]. Proceedings of IGARSS 2005, Seoul, Korea, July 25 – 29, 2005.

[7] 段云龙, 赵海庆. 高分辨率遥感卫星的发展及其军事应用探索 [J]. 电光系统. 2013, 9 (3): 13 – 14.

[8] 汤海涛, 王志军, 周辉. 国外遥感卫星平台及太阳翼构形研究 [R]. 五院情报研究报告, 2006.

[9] 姚骏, 谭时芳, 李明珠, 等. 一体化、轻量化卫星承力筒的研究 [J]. 航天返回与遥感, 2010, 31 (1): 55 – 63.

[10] 袁家军. 卫星结构设计与分析 [M]. 北京: 宇航出版社, 2004.

[11] 周海京, 遇今. 故障模式影响及危害性分析与故障树分析 [M]. 北京: 航空工业出版社, 2003.

[12] 陈淑凤. 航天器电磁兼容技术 [M]. 北京: 中国科学技术出版社, 2007.

第 11 章
高速图像数据处理与传输系统设计与分析

卫星遥感技术

11.1 概　　述

遥感卫星"数传分系统"负责其星上数据处理、存储与传输功能，其主要功能是将安装在卫星上的遥感载荷设备所获取的数据信息，如可见光相机图像、红外相机图像、合成孔径雷达（Synthetic Aperture Radar，SAR）数据等，经过压缩、高级在轨系统（Advanced Orbit System，AOS）格式编排、存储/回放、加密、信道编码、加扰等一系列处理后，通过星地数传链路直接传输至地面数据接收站，或者通过中继卫星转发至地面数据接收站。数传分系统是遥感卫星与地面接收处理系统之间的信息纽带，是卫星必不可少的重要组成部分。

由于高分辨率可见光遥感卫星的高速图像数据处理与传输技术难度最大，本章结合我国高分辨率遥感卫星的研制经验和空间数据处理与传输技术进展，将重点介绍遥感卫星高速数据处理、存储与传输系统总体设计方法。

11.1.1　发展概况

国外典型高分辨率遥感卫星的图像数据处理与传输系统现状如表 11-1 所示。可以看出，为获取高分辨率遥感数据，降低载荷设计难度，高分辨率遥感卫星通常采用高度约数百千米的低轨道（Low Earth Orbit，LEO）。对同一类遥感载荷而言，分辨率的提高通常带来载荷原始数据率的提升，而受遥感探测手段的限制，从公开的文献来看，国际上可见光相机最高分辨率全色 0.1 m、红外相机最高分辨率 1.0 m，均由美国 KH-12 卫星实现，该卫星从 20 世纪 90 年代陆续发射多颗，普遍采用近地点 270 km 左右、远地点约 1 000 km 的太阳同步椭圆轨道，仅在近地点附近实现超高分辨率，且近地点处卫星幅宽仅 6 km 左右；而 SAR 最高分辨率 0.3 m，由美国 Lacrosse 卫星（长曲棍球）实现。

表 11-1 国外典型遥感卫星数据处理与传输现状

卫星名称	空间分辨率/m	轨道/km	幅宽/km	存储/Tbit	传输能力与调制方式	数传天线
GeoEye-1 2008	全色 0.41 四谱段多光谱 1.64	681	15.2	1.2	X 频段双极化 2×370 Mb/s/QPSK	可控指向抛物面
WorldView-2 2009	全色 0.46 八谱段多光谱 1.8	770	16.4	2.2	X 频段双极化 2×400 Mb/s/QPSK	
WorldView-3 2014	全色 0.31 八谱段多光谱 1.24 八谱段短波红外 3.7	617	13.2	2.2	X 频段双极化 2×600 Mb/s/8PSK	
WorldView-4 2016	全色 0.31 八谱段多光谱 1.24	617	13.2	3.2		
Pleiades-1 2011	全色 0.5 四谱段多光谱 2.0	694	20	0.75	X 频段 4×155 Mb/s/8PSK	固定喇叭
SAR-Lupe 2006	SAR 0.5	500	5.5	0.120	X 频段	固定抛物面天线

11.1.2 发展趋势

（1）可见光、红外、SAR 遥感卫星发展过程中，无疑都将分辨率作为一个关键指标，随着卫星不断升级发展，图像分辨率越来越高。以可见光全色分辨率 0.1 m、幅宽 15 km 为例，相机原始数据率高达约 200 Gb/s，与相同幅宽条件下 1 m 分辨率相比提升了 100 倍，对星上数据处理和传输能力均提出了极高的要求。

（2）为解决载荷原始数据率过高而数传通道码速率相对较低引起的速率不匹配问题，高分辨率遥感卫星广泛进行星上压缩编码，并配置大容量固态存储器对成像数据先进行存储，再择机回传至地面。

（3）高分辨率遥感卫星通常采用 X 频段的多进制数字调制方式进行数据传

输,如四相相移键控(Quadrature Phase Shift Keying,QPSK)、八相相移键控(8 Phase Shift Keying,8PSK)。由于载荷数据量大幅度增加,导致通道下传数据率也需要提高,由此带来增大卫星发射 EIRP 的代价,因此广泛采用高增益数传天线,包括带转动机构的可控指向抛物面天线或喇叭天线。

遥感卫星的数传系统设计需要考虑天地一体大系统回路的诸多因素,以达到传输性能最优的系统设计目标。然而,各因素之间又存在相互联系、相互制约的复杂关系。因此,需要进行系统建模分析、设计、评估和验证,优化系统性能。

11.2 任务需求分析

在数传系统设计过程中,首先需要进行需求分析,确定数传系统方案。数传系统主要需要满足以下两大方面需求:

(1) 载荷数据处理需求,包括载荷数据压缩编码、格式编排、信道编码、加扰、星上自主处理、存储、边存边放等处理需求。

(2) 高速数据传输能力需求,包括传输频段、调制方式、功率放大器、发射天线、链路预算等需求。

针对分辨率 0.5 m 以及优于 0.5 m 的高分辨率光学遥感卫星,由于图像可反映的细节信息更丰富,且相机原始数据率高,为实现海量遥感数据处理、存储和传输,其数传系统的主要技术特点如下:

(1) 高速原始图像数据处理与压缩技术:压缩编码器和数据处理器需完成 10 Gb/s 甚至 100 Gb/s 量级的高速原始数据压缩或 AOS 格式编排,对星上数据处理能力提出了极高的要求,如果采用传统低分辨率遥感卫星的处理方式,仅通过增大并行处理规模来完成处理,则带来的重量、功耗增加是不可接受的,必须采用更先进的系统处理架构、性能更高的处理芯片才可完成。

(2) 高速大容量存储及边存边放技术:对 0.5 m 分辨率,星上配置数百 Gbit 或数 Tbit 容量、数 Gb/s 量级存储速率的固态存储器,随着分辨率提高甚至需要配置数十 Tbit 容量、数十 Gb/s 量级存储速率的固态存储器,满足相机

原始数据或压缩数据的存储需求。此外，还需要实现边存边放功能，在对当前成像数据记录的同时，快速下传当前记录数据或历史已记录数据，满足成像数据的下传时效性需求。

（3）高速数据传输技术：对地、中继数传天线均采用带转动机构或固定的高增益点波束天线，并配置大功率的功放（固态放大器或行波管放大器），卫星获取高发射 EIRP，满足通道高速率传输的链路余量需求。可选择 X 频段实现 2×450 Mb/s 高速传输，尽可能提高海量遥感数据下传的时效性。

（4）星上数据自主处理技术：针对载荷原始数据量不断增大、下传通道的压力越来越大的问题，增加了辐射预校正、云判等可在轨重构、灵活配置的星上自主处理功能，而且在轨可通过指令设置使能或禁止该功能。星上实现该功能时，需将传统的"先压缩后处理"方式改为"先处理再压缩"的面向自主处理的数据处理架构方式。

（5）有用信息快速分发技术：通过在轨目标剪裁或典型目标快速检测与信息提取方式，并采用降速传输模式，实现支持地面小终端应用，有用信息第一时间到达需求部门，提高信息的时效性。

（6）高速上行注入链路设计：配置 Mb/s 量级的高速上行注入通道，实现星上自主处理程序、星载软件、任务管理/健康管理数据库的在轨更新维护。

11.3 星上数据源及其数据率分析

11.3.1 高分辨率可见光遥感卫星图像数据率分析

1. 相机原始图像数据率确定方法

可见光相机的原始数据率与CCD像元总数、量化位数、积分时间相关,积分时间最短时对应的原始数据率最大。其关系如下:

$$R_b = NQ/T \tag{11-1}$$

式中,R_b 表示原始数据率,N 表示CCD像元总数,Q 表示量化位数,T 表示积分时间。而积分时间由下式确定:

$$T = R_s/V_e \tag{11-2}$$

式中,R_s 表示分辨率,V_e 表示卫星摄影点移动速度。

2. CCD像元总数确定

目前,高分辨率可见光相机成像探测器广泛采用TDICCD(时间延迟积分电荷耦合器件),通过多片TDICCD拼接来满足成像幅宽要求。

以国际上商业卫星普遍采用的15 km幅宽为例,假设采用五谱合一TDICCD——全色4 096像元、多光谱1 024像元/谱段(共4个谱段),以分辨率0.5 m,全色/2.0 m多光谱为例,所对应的CCD数量需求分析过程如下。

(1) 像元总数需求：$\dfrac{15 \text{ km}}{0.5 \text{ m}} = 30\,000$ 像元。

(2) 探测器个数需求：$\dfrac{30\,000}{4\,096} = 7.32$。向上取整，需要 8 个探测器。

(3) CCD 片间搭接像元分析：实际 CCD 像元总数共有 8 片×4 096 像元/片＝32 768 像元，余量为 2 768 像元，平分到 7 个搭接区域，每个搭接可分配 395 像元。当然，实际设计时，往往不需要这么多搭接像元，多余的像元数量可以用来扩展幅宽。

3. 量化位数分析

量化位数与选择的器件密切相关，通常为一定值，国际上广泛采用的可见光 TDICCD 通常不超过 12 bit 量化，相机设计时需要尽可能实现低噪声，以充分发挥多比特量化位数的优势，提高图像性能，而目前国内多使用 10 bit 量化。

4. 最短积分时间分析

最短积分时间与卫星轨道密切相关，为获取稳定的光照条件，目前国际和国内的可见光成像卫星通常采用太阳同步圆轨道，轨道高度以 500 km 左右、680 km 左右更为普遍，其中 500 km 左右通常是为了获取更高分辨率，而 680 km 左右通常为了获取高的时间重访特性，轨道越低、分辨率越高，最短积分时间越小，对应的最大原始数据率则越大（与积分时间成反比）。

针对 500 km 圆轨道的典型应用，卫星轨道飞行速度 7.613 km/s，投影到地面的星下点移动速度为 7.059 km/s，不考虑偏流角修正，0.5 m 分辨率对应积分时间为：0.5 m÷7.059 km/s＝70.83 μs。上述计算为理想情况，实际上在卫星方案设计时，还需要考虑轨道并非真正的圆（通常为椭率在 0.002 以下的椭圆），而且地球也非理想圆球（地球椭率导致南北纬的轨道高度与赤道处相差 23 km 左右）。这两个因素将导致可见光相机的最短积分时间更短，再加上一些设计余量，前面计算的 70.83 μs 的设计值可能就调整至 61.45 μs，这将导致可见光相机的原始数据率进一步增加。

5. 最大原始数据率分析

按理想的最短积分时间 70.83 μs 计算，可见光相机全色部分数据的原始数据率为：4 096（像元/CCD）×8 片 CCD×12（bit/像元）÷70.83 μs≈5.552 Gb/s。多光谱虽然有 4 个谱段，但因为分辨率为 2 m（全色的 1/4），单个谱段所需像元总数也为全色的 1/4，同时积分时间为全色的 4 倍，所以单个多光谱谱段的原始数据率仅为全色的 1/16，4 个谱段的总数据率仅为全色的 1/4（约 1.388 Gb/s）。因此，可见光相机的原始数据率最大值为 6.94 Gb/s。

而按实际的最小积分时间 61.45 μs 计算，前面的 6.94 Gb/s 将调整为 6.94 Gb/s×70.83 μs/61.45 μs≈8 Gb/s，对应全色最大数据率 6.4 Gb/s、多光谱最大数据率 1.6 Gb/s。平分到 8 片 CCD 上，每片 CCD 的全色最大数据率 0.8 Gb/s、多光谱最大数据率 0.2 Gb/s。

6. 相机原始数据率与分辨率的关系分析

相同幅宽、相同轨道高度时，分辨率提高 N 倍，采用同样的时间延迟积分电荷耦合器件（Time Delay and Integration Charge Coupled Device，TDICCD）所需个数也为 N 倍，由于卫星垂轨方向像元总数变为 N 倍、沿轨方向积分时间减小为 $1/N$，则可见光相机的原始数据率将提高 N^2 倍。仍以幅宽 15 km 的可见光相机为例，采用 12 bit 量化、全色 4 096 像元的五谱合一 TDICCD，不同分辨率对应的相机原始数据率汇总如表 11-2 所示。

表 11-2 可见光相机原始数据率分析

全色分辨率/m	幅宽/km	探测器个数	相机数据率/（Gb·s^{-1}）	
			每片全色＋多光谱	合计
1	15	4	0.5	2
0.5	15	8	1.0	8
0.25	15	16	2.0	32
0.1	15	40	5.0	200

可以看出，随着分辨率的不断提高，相机原始数据率成倍增加，对数传系统的星上数据处理压力也急速增加。

数传系统通常直接接收可见光相机输出的原始数据，包括图像数据和辅助数据。可见光相机的原始数据率与 CCD 像元总数、量化位数、积分时间有关，不同配置方案的数据率变化范围很大。相机与数传之间可采用并行低电压差分信号（Low Voltage Differential Signaling，LVDS）、串行 TLK2711 等接口形式，满足不同数据率的使用需求。

11.3.2 高分辨率 SAR 卫星数据率分析

星载 SAR 的数据率由 SAR 系统的 PRF、采样点数和每个采样点的量化位数决定,通常采用数据压缩的方式来降低数据率。目前国内外卫星上使用的较多的是 BAQ 压缩,可选择 8∶3 压缩或 8∶4 压缩,以满足数据传输要求。SAR 原始数据率可由下式确定:

$$S = 2K_s BQT_w P_{RF} \tag{11-3}$$

式中,系数 2 表示 I、Q 两路通道,K_s 为过采样系数,一般取 $1.1 \sim 1.2$;B 为发射信号带宽;Q 为 A/D 转换的量化位数;T_w 为回波信号的持续时间;P_{RF} 为脉冲重复频率。

SAR 数据的压缩功能多在 SAR 载荷分系统实现,然后再将压缩数据输出给数传系统。与低轨卫星相同分辨率可见光相机相比,SAR 载荷原始数据率小得多,经过压缩之后送给数传系统的速率进一步降低。以 35°视角下 12 km×12 km 的观测区域为例,分辨率为 0.1 m,过采样系数选择 1.2,发射信号带宽 3 GHz、量化位数 8 bit,原始数据率最大值仅为 22.94 Gb/s。相同条件下,可见光相机原始图像数据率约 106.67 Gb/s,两者相差较大。因此,SAR 卫星数传系统的设计难度相对小一些。SAR 与数传之间也可采用并行 LVDS、串行 TLK2711 等接口形式,满足不同数据率的使用需求。

11.3.3 高轨光学遥感卫星数据率分析

目前在轨的高分四号卫星采用凝视成像方式,配置 1 台可见光谱段和中波红外谱段共口径的光学相机。由于需要对地面较宽区域成像,且相对地球静止,应采用面阵探测器进行成像。

由于轨道高 (35 786 km),相机分辨率较低 (可见光 50 m/中波红外 400 m),虽然其成像幅宽可达 400 km×400 km,但由于每帧成像最小时间间隔为 5 s (可见光)/1 s (中波红外),可见光单谱段成像的每帧数据量 1.06 Gbit,中波红外单谱段成像的每帧数据量 12.6 Mbit,其相机平均原始数据率仅为 224.6 Mb/s。可见光谱段和中波红外谱段分别通过 5 路、1 路 TLK2711 串行接口传输,单路 TLK2711 串行接口传输有效速率最高可达 1.6 Gb/s,足以满足相机与数传之间的数据传输需求。与低轨卫星相比,地球静止轨道卫星可见光相机数据速率较低,数传系统设计难度也比较小。

综上所述,虽然可见光和 SAR 都可以实现超高分辨率成像,但由于成像机理的不同，在分辨率、幅宽相同的情况下，SAR载荷原始数据率比可见光相机低。而红外相机高分辨率很难，难以实现与可见光相机相同的高分辨率，目前世界上红外分辨率最高是 KH-12 卫星，其分辨率也仅有 1.0 m，其原始数据率比 0.1 m 可见光相机要低许多。因此，高分辨率可见光遥感卫星的高速图像数据处理与传输技术难度最大。

11.4 高速数据处理与传输系统设计与分析

11.4.1 系统设计约束

1. 任务层面设计约束

结合我国某高分辨率资源遥感卫星的应用需求，卫星选择轨道高度为 500 km 的太阳同步轨道，地面像元分辨率为全色 0.4 m、多光谱 1.6 m，成像带宽为 15 km。除了相机载荷数据外，数传系统还需要处理、传输其他与地面图像处理相关的工程数据，主要的数据源速率见表 11-3。可以看出，与高分辨率相机载荷数据相比，其他工程数据的数据率为小量，几乎可以忽略不计。

表 11-3 星上数据源分析

数据源		像元数	信息速率
高分辨率相机	全色	4 096 像元×10 片 CCD	12.5 Gb/s
	多光谱	1 024 像元×4 谱段×10 片 CCD	
工程数据		—	8 Mb/s

卫星在 500 km 太阳同步轨道上,在 5°最小接收仰角时,星地数据传输最远距离约 2 000 km,在链路预算中对自由空间衰减起到决定性作用。同时,结合地面站和中继卫星的位置分布,可获取数据传输可用弧段的长度,进而影响卫星的成像能力。同时,卫星具备"滚动+俯仰"±45°的姿态机动能力。在特定轨道条件下,为满足姿态机动并在成像的过程中实时下传数据的任务需求,该姿态机动能力和天线在卫星上的安装方式共同决定了天线的跟踪角度、角速度范围。

卫星需要将 12.5 Gb/s 的相机原始数据传输至地面。为提高下传时效性,需对相机高速图像数据进行实时压缩编码,压缩算法选择传统的 JPEG2000 算法,压缩比为全色 8∶1/多光谱 4∶1、全色 4∶1/多光谱 2∶1 两挡可选。数传通道最大能力配置:对地 2×450 Mb/s、中继 2×300 Mb/s。星上配置容量 4 Tbit、最大记录速率 4.8 Gb/s、最大回放速率 900 Mb/s 的固态存储器。同时,为提高数据下传的时效性,需具备边存边放的能力。

2. 工程大系统设计约束

卫星成像数据可由地面数据接收站直接接收(固定站或移动站),也可通过中继卫星转发至地面。地面站和中继卫星的位置分布,将影响数据传输可用弧段的长度,进而影响卫星的成像能力。根据工程大系统安排,固定站选择北京、喀什、三亚,而移动站位置不确定,在国土范围内移动;一代中继卫星运行在地球静止轨道(Geostationary Earth Orbit,GEO),定点位置分别为 77°E(01 星)、176°E(02 星)、16.8°E(03 星),二代中继卫星同样运行在 GEO 轨道,定点位置待定(可先假设与一代中继相同)。

为保证链路传输的正确性,确保地面图像可正确解译,要求对地和中继数传通道的链路误码率均应满足"优于 $1×10^{-7}$"的指标要求。为确保链路误码率满足要求,对地与中继发射 EIRP 需要足够大,根据链路预算情况,要求对地数传通道≥22 dBW、中继数传通道≥58.5 dBW。

根据地面数据接收站的接收处理能力,对地数传通道频段范围为 X 频段、解调方式为 SQPSK、单通道接收处理速率 450 Mb/s、可接收通道数为 2 个、信道译码方式 LDPC(8160,7136)、射频信号旋向为 RHCP/LHCP。

根据中继卫星系统的接收处理能力,中继数传通道频段范围为 Ka 频段、解调方式为 SQPSK、单通道接收处理速率 150 Mb/s(低速)/300 Mb/s(高速)、可接收通道数为 2 个、信道译码方式(2,1,7)卷积码(低速)/LDPC(8160,7136)(高速)、射频信号旋向为 RHCP。

3. 卫星总体设计约束

根据卫星载荷数据流总体设计，要求数传系统采用"先压缩、后处理存储"的系统处理架构。

卫星在轨寿命为 8 年，数传系统设计寿命应满足"1.5 年卫星总装、1 年贮存、在轨运行 8 年"的指标要求。

11.4.2 系统功能定义

（1）压缩功能：对相机全色/多光谱图像进行压缩，并完成压缩码流与图像辅助数据的拼接。

（2）存储功能：利用大容量固态存储器，存储压缩后的图像。

（3）AOS 格式编排功能：对数据流完成符合 CCSDS 的格式编排。

（4）模式切换能力：根据不同的工作模式，完成数据流向的切换。

（5）完成基带数据的调制、功率放大、滤波等处理，并通过星地数传链路直接传输至地面数据接收站，或者通过中继数传链路发送至中继卫星系统，并转发至地面数据接收站。

（6）具有边记边放功能，在记录的同时可回放当前记录的文件或历史已记录文件。

11.4.3 数据处理架构设计

以往卫星广泛采用"先压缩、后处理存储"的系统构架设计，该方式的优点在于相机数据压缩后的数据率大幅降低，减小了 AOS 格式编排、存储等功能的设计实现难度，缺点在于对压缩功能的设计实现难度增加，而且难以实现辐射校正、云判等星上自主处理功能。与 AOS 格式编排、存储等功能相比较而言，压缩编码的算法实现复杂度高得多，即使采用专用的压缩芯片，硬件配置也更为复杂一些，因此对相机原始数据率相对低一些的遥感卫星而言，"先压缩、后处理存储"的架构更适用一些。

对于分辨率 1 m、幅宽 15 km 光学遥感卫星，相机原始图像数据率仅约 2 Gb/s，该速率较低，8∶1 压缩后，AOS 格式编排和记录存储的速率仅约 300 Mb/s，对整个系统的处理难度相对较小，而且配置 2×150 Mb/s 的数传通道即可完成成像数据的实时下传（可不经过星上固态存储器），固态存储器设计常规的记录、回放模式即可，可不考虑"边存边记"的使用需求。

而分辨率 0.4 m、幅宽 15 km 的光学遥感卫星，采用 12 bit 量化时，相机原始图像数据率提高到 12.5 Gb/s，速率较高，即使采用全色 8∶1/多光谱 4∶1 的高压缩比压缩后，AOS 格式编排和记录存储的速率也达到了约 2.4 Gb/s，对整个系统的处理难度大幅提高，即使配置 2×450 Mb/s 的数传通道也无法完成成像数据的实时下传，因此对固态存储器又提出了"边存边放"的使用需求。

11.4.4　系统拓扑结构及信息流设计

针对 12.5 Gb/s 载荷图像数据的接收、处理、存储、传输需求，卫星配置独立的 X 频段对地/Ka 频段中继数据处理与传输系统，采用"先压缩后处理"的拓扑结构，处理来自可见光相机的图像信息及平台设备的测量数据，支持 2×450 Mb/s 对地数据传输、中继 2×300 Mb/s 中继数据传输，以解决海量数据的处理和传输难题。上述各种数据经 AOS 格式编排、加密、加扰处理后，由数传系统传输到地面应用系统。数据处理与传输系统组成原理图如图 11-1 所示，由数据处理、对地数传通道、中继数传通道、对地数传天线和中继终端等子系统组成。

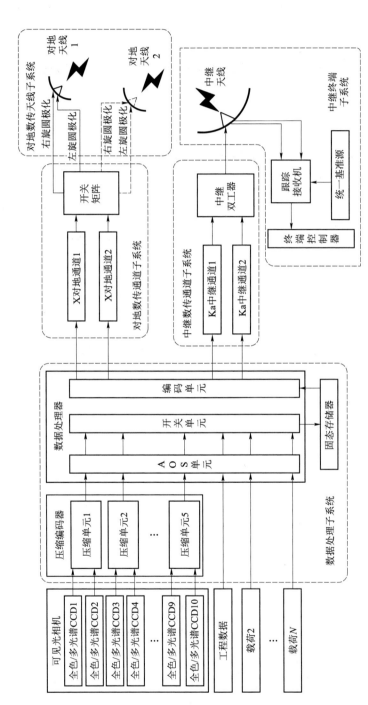

图 11-1 高分辨率遥感卫星数传系统方案框图

11.5 系统工作模式及其数据流设计

根据相机数据处理后速率与数传通道速率的大小关系，以及卫星是否处于地面站或者中继星可接收范围，通常定义实传、记录、回放、边记边放这几种工作模式。

（1）实传模式：卫星处于地面站或者中继星可接收范围内时，如果经过压缩、数据格式编排等星上处理后的数据率不大于数传通道速率，则处理后的数据可不进入星上存储设备，直接进入数传通道，传输至地面。对本文所述卫星，该模式不适用。

（2）记录模式：卫星处于地面站或者中继星可接收范围外、不具备数传条件时，相机载荷开机成像，将处理后的成像数据记录至星上固态存储阵列中。

（3）回放模式：卫星处于地面站或者中继卫星可接收范围内时，相机载荷不开机，数传系统开机将星上已记录的数据回放至数传通道（对地或中继），并下传至地面或转发至中继星。

（4）边记边放模式：卫星处于地面站或者中继卫星可接收范围内时，相机载荷开机成像，可将处理后的成像数据暂时记录至星上固态存储器中，数传系统开机将当前记录或历史记录的数据回放至数传通道，并下传至地面。边记边放模式可以看作是记录模式与回放模式的组合。

数传系统工作模式是通过数传控制单元和数据处理器协同实现的，数传控制单元负责分系统控制流的传递、译码和实现，数据处理器负责数据流的实现。数传控制单元在接收到工作模式指令后，设置好分系统相关分机的状态（含开关机控制），并通过控制电平设置内部单元工作配置状态，从而使得数据处理器内部各单元按照设定数据处理和数据流向进行协同工作。

11.5.1 记录模式设计

卫星运行在境外无法向地面站传输，或者即使在境内但地面站不可用，或者在中继卫星接收范围内、中继卫星不可用等情况下，相机开机成像数据需要记录至固态存储器进行存储，不送入数传通道传输。记录模式下，压缩编码器实时接收相机数据后进行压缩，然后进入数据处理器，处理完毕后送固态存储器进行记录。该模式下信号路径为：载荷数据→压缩编码器→数据处理器→固态存储器。如图 11-2 所示。

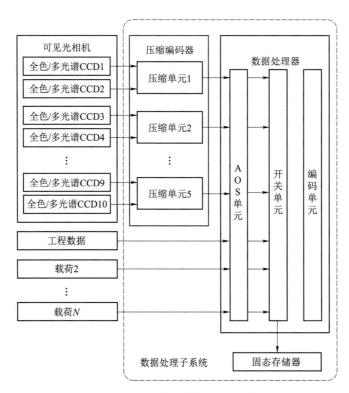

图 11-2　记录模式数据流向示意图

11.5.2 回放模式设计

卫星运行在地面站或中继卫星接收范围内时,在其可用的条件下,可开启星上相关设备,将固态存储器中记录数据回放至对地数传通道或者中继数传通道,下传至地面。根据传输通道的不同,又可分为以下 3 种模式。

1. 常规对地回放模式

该模式采用 X 波段单通道对地传输模式,通道码速率为 1×450 Mb/s,射频信号经数传天线子系统的右旋信号口直接辐射至地面站。通过设置开关矩阵的不同状态,可将射频信号送入对地天线 1 或者对地天线 2,辐射至地面站。该模式下信号路径为:固态存储器→数据处理器→X 对地通道 1。如图 11-3 所示。

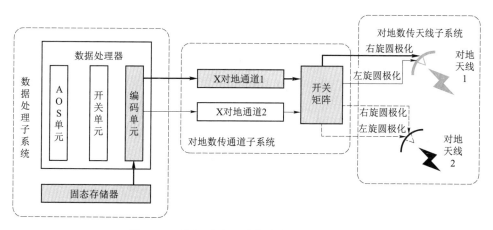

图 11-3 常规对地回放模式数据流向示意图

2. 极化复用对地回放模式

该模式采用 X 波段同频正交极化复用双通道对地传输模式,通道码速率为 2×450 Mb/s,射频信号经数传天线子系统的左旋和右旋信号口直接辐射至地面站。X 对地通道 1 和 2 均开机。通过设置开关矩阵的不同状态,可将射频信号送入对地天线 1 或者对地天线 2,辐射至地面站。该模式下信号路径为:固态存储器→数据处理器→X 对地通道 1&2。如图 11-4 所示。

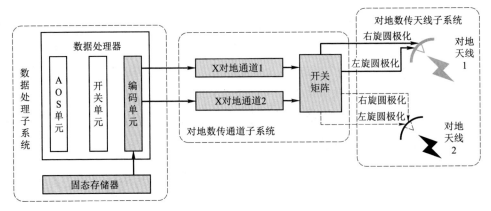

图 11-4 极化复用对地回放模式数据流向示意图

3. 中继回放模式

中继数传通道子系统的两个通道设备开机,通道码速率为 2×150 Mb/s 或者 2×300 Mb/s,射频信号经中继天线辐射至中继卫星,并由中继星转发至地面站。该模式下信号路径为:固态存储器→数据处理器→Ka 中继通道 1&2。如图 11-5 所示。

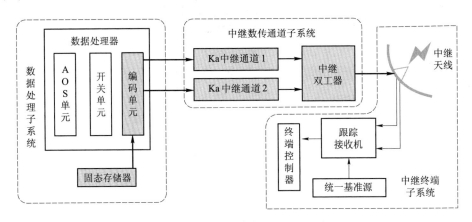

图 11-5 中继回放模式数据流向示意图

11.5.3 边记边放模式设计

边记边放模式可以看作是记录模式与回放模式的组合。对应的数据流设计也可以参考上文说明。

第 11 章　高速图像数据处理与传输系统设计与分析

11.6　多源高速数据处理与存储系统设计与分析

遥感卫星通常定义"数传基带"（或数据处理子系统）负责星上数据处理任务，包括压缩编码、AOS 格式编排、存储/回放、加密、信道编码、加扰等。

11.6.1　压缩算法选择及模块配置分析

遥感卫星成像后，获取的成像数据被量化为数字信号。针对不同类别的成像载荷，卫星往往会配置不同的数据下传通道，如果数据量小则配置带宽窄的数传通道，反之，数据量大则数传通道带宽需求更大。但受地面站接收天线尺寸及星上功率放大设备的限制，以及国际电信联盟对传输频率范围的约束，数传通道带宽不可能做到无限宽，如国内高分一号、高分二号、资源三号等卫星，普遍采用 X 频段（8 025～8 400 MHz），其最大可用带宽仅为 375 MHz，通过极化复用方式也只能实现 2×450 Mb/s 共计 900 Mb/s 的数据对地下传能力。而从前文分析可以看出，随着分辨率的不断提升，受限于通道下传速率，原始海量遥感数据的下传时效性将受到很大限制，而且一味考虑通过扩大存储器的容量、增加通道传输率来解决问题也是不现实的。但是，通过图像压缩技术降低原始数据量就可以很好地解决此问题：一方面提高了传输效率，另一方面降低了所需存储器的存储空间。

卫星遥感技术

图像之所以能够压缩主要有两方面原因：其一，源图像的各像素之间，在行、列方向上都存在较大的相关性，因此可以采用编码算法来减少或消除这些相关性，就能实现图像的压缩。其二，图像信源的数据可分为有效信息量和冗余信息量，在不损害图像有效信息量的前提下，去除冗余量，就能减小图像的数据，达到压缩的目的。

1. 星载压缩算法选择

卫星图像压缩系统的性能关键在于压缩算法的选取。早期卫星遥感图像压缩算法主要有四类：差分脉冲调制编码（Differential Pulse Code Modulation，DPCM）、矢量量化（Vector Quantization，VQ）、离散余弦变换（Discrete Cosine Transform，DCT）以及变换编码（包括小波变换）。但是随着分辨率的提高，对于大压缩比的数据传输系统而言，DPCM、DCT 等算法已经很难满足系统要求，图像会有很大的失真。针对遥感卫星的连续图像压缩标准，目前国内广泛使用的是 JPEG2000 和 JPEG-LS。

JPEG2000 是新的静止图像压缩标准，其目标是在统一的集成系统中，允许使用不同的图像模型对具有不同特征（如自然图像、计算机图像、医疗图像、遥感图像等）、不同类型（如二值、灰度、彩色或者多分量图像）的静止图像进行压缩，在低比特率的情况下，获得比目前标准更好的率失真性能和主观成像质量。该算法具有如下主要特点：良好的低比特率压缩性能；有损和无损图像压缩；渐进传输；感兴趣区域压缩；适用于连续色调和二值图像压缩；可按照像素精度或者分辨率进行累进式传输；可随机获取和处理码流；强的抗误码特性；可实现固定速率、固定大小、有限存储空间的压缩。JPEG2000 的多种特点使其具有广泛的应用前景，也是目前国内遥感卫星普遍使用的一种压缩算法，按照用户使用习惯，在成像质量可接受时其最大压缩比可达 8:1，大幅减少卫星需要下传的数据量。高分二号的全色图像就采用了 JPEG2000 压缩算法。

JPEG-LS 是 JPEG 的无损/近无损压缩新标准，于 1998 年正式公布，用于取代原 JPEG 的连续色调静止图像无损压缩模式。JPEG-LS 的基本思想是：把当前像素的几个已经出现过的近邻作为其上下文，用上下文来预测误差，从几个这样的概率分布中选择一个，并根据该分布用一个特殊的 Golomb 码字来编码预测误差。JPEG-LS 对图像的压缩模式主要有两种：普通模式和游程模式。其中普通模式采用的核心算法是低复杂度无损/近无损图像压缩，而游程模式则是一种能有效地对具有大块平滑区域（灰度值相同）的图像进行压缩的算法。该方法的主要特点是：不用 DCT，不用算术编码，只用预测与 Golomb 编

第 11 章 高速图像数据处理与传输系统设计与分析

码,算法简单,易于硬件实现;在低倍压缩下,与 JPEG2000 相比性能较好;算法实现不需要外部存储器,可以节约较多成本。资源三号卫星就采用了 JPEG-LS 压缩算法对相机数据进行压缩,全色相机压缩比为 2∶1 和 4∶1 两挡,多光谱相机采用无损压缩形式。

在压缩算法和压缩比的选择上,除了考虑成像质量需要满足用户需求外,还要考虑卫星系列的继承性,这样对于星上和地面产品的研制难度都会有所降低。通常在卫星初样研制阶段后期,待压缩编码软件状态确定之后,用户部门将联合卫星方开展压缩算法评测工作,就压缩算法对成像质量的影响进行评价,确认是否满足用户需求。

2. 模块配置设计

可见光相机由 10 片 TDICCD 输出图像数据,每片 TDICCD 全色图像有效数据率最大约 1 Gb/s,多光谱图像有效数据率最大约 0.25 Gb/s。压缩编码器在公用硬件平台上实现,压缩算法采用成熟的 JPEG2000,通过 ADV212 专用芯片实现,对全色图像数据和多光谱图像数据分别进行 8∶1/4∶1 压缩编码,或者 4∶1/2∶1 压缩编码。数传系统配置 1 台压缩编码器,包括 10 块压缩单板(主备份各 5 块)。

11.6.2 数据格式编排设计

地面应用系统在接收到下传的遥感数据后,需要生产出整景图像产品提供给用户使用。为了完成地面图像的拼接,需要区分不同的载荷来源,或者同一载荷的不同 CCD,必须在星上进行通常称为"AOS 格式编排"的数据处理,并通过合理的合路机制,完成多源数据的复接。对于遥感卫星,特别是多遥感器的遥感卫星,空间数据咨询委员会(Consultative Committee for Space Data System,CCSDS)建议对遥感数据进行合成编码,以支持多路虚拟信道数据的合路传输。通过对虚拟信道数据单元(Virtual Channel Data Unit,VCDU)的动态管理调度,利用合理的合路机制,可以保证信道的高效率、大容量、多用户空间飞行器的数据处理和传输要求,并为地面应用系统恢复原始遥感数据提供便利。

11.6.3 信道编码处理设计

信道编码方式与链路预算、可传输带宽等密切相关,是一种有效的方法,使得在带宽、实现难易程度和发送功率三者间折中权衡。卫星通信中，常用信道编码方式由 RS 码、卷积码、LDPC 等。

11.6.4 加扰处理设计

加扰是数字信号的加工处理方法，采用扰码与原始信号相乘，从而得到新的信号。与原始信号相比，新的信号在时间上、频率上被打散。在数传系统设计中，加扰被广泛采用，主要目的是为了避免原始信号中出现的连"0"或连"1"，方便地面进行同步操作。

通常在进入调制模块前，需要对二进制码流序列采用伪随机码进行加扰。

11.6.5 星上图像数据自主处理设计

随着星上硬件产品处理能力的不断提升，传统卫星中只能在地面进行处理的部分功能已经可以转移至星上处理，如辐射校正、云判等自主处理功能。

1. 星上辐射校正

由于相机 CCD 探测器各像元响应的不一致性，星上图像直接进行压缩时会增大性能损失，传统卫星均在地面进行辐射校正处理。在星上利用辐射校正技术，可消除探测器像元响应不一致性；在星上压缩前先进行辐射校正，可提高图像信噪比（对部分测试图像可提高 $1\sim 2$ dB）。

2. 星上云判处理

据统计，在轨传统卫星可见光相机获取并下传的遥感图像中，约 70% 均为云，无法获取地面目标，造成数传通道的大量浪费。随着分辨率的不断提升，需要下传的数据量急剧增加，如果仍不断下传无用"云"图像数据，将造成卫星使用效能的大幅降低，也将占用大量的地面图像处理及存储资源，为此，在星上先通过算法辨别"云"图像数据，并采用高压缩比进行压缩后下传，以节约下传通道，待算法验证完成后，将在星上直接剔除"云"图像数据。

11.6.6 高速大容量存储及其边存边放功能实现

为获取尽可能多的图像信息，高分辨率可见光相机经常在境外开机成像。而受到我国地面数据接收站无法在国外布站以及中继星资源紧张的限制，境外成像时卫星通常都无法向地面站实时传输数据。为此，需要配置高速率、大容量的固态存储器，对境外成像数据进行记录。

1. 边存边放功能需求分析

即使在境内成像可以向地面站传输数据，或者中继星可用，但受限于传输通道能力，对可见光相机成像数据进行压缩，也可能出现待传输数据率大于传输通道能力的现象，此时也必须通过星上的固态存储器对图像先进行缓存，再慢速回放至地面站。而为了提高成像数据下传的时效性，充分利用数传弧段资源，在可见光相机成像实时记录至固态存储器的同时，还存在同时从固态存储器回放当前成像数据或历史已记录数据的使用需求。因此，对星上固态存储器还存在边存边放的功能使用需求。

2. 星上存储容量分析

存储容量与用户的成像时间需求、基带处理架构方案等密切相关。其计算公式如下：

$$M_e = \int_{t_w} R_w \mathrm{d}t_w \tag{11-4}$$

式中，M_e 表示存储容量，R_w 表示瞬时记录数据率，t_w 表示记录时间，积分符号表示存储容量为一个积分值。为了降低对星上存储容量的需求，传统遥感卫星的基带处理架构通常采用先压缩、后存储的方案。

对于固定记录速率的情况，如果对所有数据（包括有效数据和无效数据——如 AOS 空帧）均进行存储，R_w 可按照接口记录速率进行估算，实际存储的图像数据量等于接口记录速率与总成像时间的乘积（此时积分公式可以简化为简单的乘积公式），计算公式可改写为如下形式：

$$M_e = R_w T_w \tag{11-5}$$

式中，T_w 表示总成像时间。

而为了提高存储空间的利用率，可通过合理的方案设计，对所有无效数据——如 AOS 空帧进行剔除，但这种情况下存储图像数据量估算更复杂一些，需要准确估算有效记录速率。由于有效记录速率与积分时间成倒数关系，而卫星在轨运行时可见光相机的积分时间通常分段变化，因此实际存储的图像数据量需要对全成像时段内的有效记录速率（小于接口记录速率）与成像时间乘积做累加求和，计算公式可改写为如下形式：

$$M_e = \sum_i R_{wi} T_{wi} \tag{11-6}$$

式中，T_{wi} 表示第 i 个成像积分时间对应的成像时间长度，R_{wi} 表示第 i 个成像积分时间对应的瞬时记录数据率。

除了存储图像数据外，卫星往往还需要存储一些工程数据（如星敏、陀螺原始数据等），用于地面高精度图像处理。这些工程数据量的估算，与图像数据相似，此处不再详细描述。

星上设计的存储容量，需要不小于上述图像数据和工程数据的存储数据量总和。还需要注意，上文中提到的成像时间与用户的数据平衡策略相关。用户目前广泛采用"数据天平衡"使用策略，即一天内的成像数据需要全部下传，对应的成像时间为一天内的所有成像时间。但如果用户有其他特殊的需求，则需要重新考虑。此外，卫星姿态机动也会造成积分时间的增大，从而减小有效记录速率，可存储目标数量进一步增加。

3．固态存储器配置设计

前面提到，压缩处理将引起待传输数据量的下降。压缩前相机原始数据率 12.5 Gb/s，压缩比分别考虑全色 8∶1/多光谱 4∶1 和全色 4∶1/多光谱 2∶1（标称值）两挡时，待传输的数据率将下降至约 2.4 Gb/s 和 4.8 Gb/s。可以看出，压缩后，尤其是在大压缩比情况下，待传输的数据率是大幅度下降的，在成像时间相同时，需要通过数传通道下传的总数据量大大减少，减轻了数传通道的传输压力，有利于提高成像数据的时效性。配置 1 台 4Tbit 的固态存储器，在两种压缩比下可分别存储约 15 min/30 min 成像数据，如果目标场景 10 s 一幅，则可分别记录约 90/180 幅目标场景。而通过对地数传通道 900 Mb/s 下传全部数据，约需要 76 min，地面接收弧段可满足使用需求。

11.6.7 数据处理子系统方案设计

1．功能设计

数据处理子系统由压缩编码器、数据处理器、固态存储器组成，实现图像数据的压缩、处理和记录回放等功能，是数传系统的核心组成部分。主要完成以下功能：

（1）接收相机图像数据，根据工作模式完成数据路由控制；

（2）将接收到的数据送压缩编码器进行数据压缩，压缩码流经数据处理器进行 AOS 格式编排后，送固态存储器进行记录；

（3）接收固态存储器回放数据，完成加密、信道编码和加扰后送数传通道下传至卫星地面接收站。

2. 高速海量数据接收、处理和存储方案

根据相机载荷原始数据率，结合单机设备处理能力，配置合适数量的压缩编码器、数据处理器和固态存储器。还需要考虑是否有原始数据存储等能力需求。

卫星需要完成 10 片 TDICCD 共 12.5 Gb/s 载荷图像数据的处理工作，采用 TLK2711 接口实现数据传输，每个接口速率最高设置为 1.6 Gb/s，10 片 TDICCD 需要 10 个高速串口，接口速率最高达 16 Gb/s，传输接口速率满足 12.5 Gb/s 使用需求。考虑低压缩比的压缩处理，配置的数据处理器处理能力和固态存储器的记录能力均设置为 4.8 Gb/s。图像数据经过压缩、数据处理后送入固态存储器进行存储。该数传基带部分可以完成 12.5 Gb/s 成像原始数据的接收、处理和存储工作。

3. 配置设计

压缩编码器由多块压缩单板组成，每块压缩单板可处理 2 片 CCD 的全色和多光谱图像。压缩单板可分为输入图像整理模块、图像压缩模块和码流整理输出模块三部分。输入图像整理模块接收数据处理器的全色或多光谱数据，完成数据整理后，按照约定输出给图像压缩模块。图像压缩模块采用 ADV212 专用压缩芯片，并配置外挂的静态随机访问存储器（Static Random Access Memory，SDRAM），完成图像数据的压缩，形成压缩码流。码流整理输出模块将压缩码流进行整理，并进行辅助数据添加、打包等操作后，输出给数据处理器。

数据处理器由 AOS 单元、开关单元和编码单元等 3 个功能单元组成。AOS 单元负责多源压缩码流数据复接和满足 CCSDS 协议的数据格式编排。开关单元负责写固存接口。编码单元完成加密、信道编码等功能。

固态存储器中采用半导体存储芯片作为存储介质，实现大容量存储。数据通道以高速并行接口为对外接口，以数据识别分拣、数据分配、闪存控制器等为核心，协同配合工作。数据通道采用超大规模并行处理和多线程流水技术，数据通道内部总线最宽处达到 192 位，使得数据写入速率可达到 4.8 Gb/s、读出速率可达到 900 Mb/s。

11.7 高速数据传输系统设计与分析

遥感卫星通常定义"数传通道"负责基带数据的载波调制、滤波、功率放大、射频信号对外辐射等。除了采用直接向地面站传输的对地数传通道外,为扩展可传输范围,提高成像数据回传的时效性,还可配置通过中继星转发的中继数传通道。

11.7.1 频段选择

数传通道的速率配置与卫星载荷数据率密切相关,需充分考虑数据下传的时效性要求。国际电信联盟(International Telecommunication Union, ITU)对遥感卫星对地数据传输频段进行了明确规定,目前广泛采用的传输频段为X频段(8.025~8.4 GHz、带宽375 MHz),采用QPSK调制时通过极化复用方式的最高传输速率为2×450 Mb/s(同时需要采用基带成型或限带滤波的方式来压缩射频带宽),还可采用8PSK调制进一步提高传输速率(推测美国的WorldView-3/4就是采用了8PSK调制、极化复用实现2×600 Mb/s传输速率)。

随着可见光相机的分辨率不断提高,其原始数据率也不断提升,考虑到数据下传的时效性,数传通道的传输能力需求也在不断提升,对地传输频段逐渐从传统的 X 频段向 Ka 频段（25～27.5 GHz、带宽 2.5 GHz）发展，且未来还可能发展至更高的 Q 频段（37.5～40.5 GHz、带宽 3 GHz），甚至采用激光传输。考虑载荷原始图像数据率及下传时效性，选择 X 频段对地数传和 Ka 频段中继传输。

11.7.2 调制方式和信道编码选择

采用高阶调制技术可提高信道频谱利用效率。目前常用的高阶调制有多进制相位调制（8PSK、16PSK）和正交幅度调制（16QAM、64QAM）等，考虑到正交幅度调制对信道线性度要求很高，主要选用 PSK 调制方式。另外，随着调制阶数的提高，其解调信噪比门限也随之提高。因此综合考虑以上因素以及技术成熟度，对地/中继数传广泛采用的调制方式包括 QPSK/SQPSK/8PSK 等。

为了更充分地利用传输链路余量，未来还可能采用自适应编码调制方式（Adaptive Coding and Modulation，ACM）或者可变编码调制（Variable Coding and Modulation，VCM），在卫星与地面站距离较近时，利用自由空间衰减较少的优势，采用更高阶的调制方式、编码效率更高的信道编码方式，以提高通道传输速率。

综合考虑链路预算情况，对地和中继传输均选择 SQPSK 调制和 LDPC（8160，7136）编码方式。

11.7.3 功率放大器和发射天线选择

功放＋天线的组合决定了卫星发射有效全向辐射功率（Effective Isotropic Radiated Power，EIRP）。根据链路预算，多轮迭代后可确定对卫星的发射 EIRP 需求，从而反向推导出该组合的选择方式。

常用的功率放大器包括固态放大器、行波管放大器两种。固态放大器具有体积小、工作电压低、稳定性好、可靠性高、使用寿命长和可重复性好等优点，但其效率较低（通常在 20% 左右），输出功率不能太高。而行波管放大器具有宽频带、高增益、高效率、高功率等优点，但其线性度较差，且大约每年发生一次寄生断路和无指令断路。两者各有优缺点，选择时需要权衡。

天线有地球匹配赋形天线、高增益机械扫描反射面天线、相控阵天线等。地球匹配赋形天线增益低，难以满足高码速率传输需求，不适合于高分辨率遥感卫星。相控阵天线虽然波束指向切换迅速，但其电扫描的角度范围与机械扫描相比而言更小一些，难以满足大范围侧摆＋俯仰姿态机动时仍需进行数据传输的使用需求,且发热量较大,工程实现时散热难度较大,因此在高分辨率光学遥感卫星中使用较少。而机械扫描反射面天线虽然指向切换速度较慢,但与相控阵天线相比,工程实现难度较低,技术成熟度高,因此被广泛使用。

为此,通过系统优化分析,对地传输选择 2 W 固态放大器＋0.4 m 口径反射面天线,发射 EIRP 可达 22 dBW。中继传输选择 50 W 行波管放大器＋1 m 口径反射面天线,发射 EIRP 可达 58.5 dBW。

11.7.4　正交极化频率复用技术

正交极化频率复用技术(后文简称"极化复用")利用两种正交的极化方式达到隔离两个通道的目的。极化方式可分为线极化和圆极化(包括椭圆极化)两种。线极化包括水平极化和垂直极化,圆极化包括左旋圆和右旋圆极化。水平极化和垂直极化也可以达到隔离的目的。但由于水平极化和垂直极化在地面接收时需要匹配其极化方向,而低轨遥感卫星相对地球是运动的,实时匹配难以做到,故线极化多用在静止轨道卫星星地通信中。太阳同步轨道的低轨遥感卫星不采用线极化,通常采用圆极化方式。

极化复用技术现在已广泛应用于高分辨率遥感卫星对地传输中,是解决射频带宽受限的主要技术途径。采用此方法,只要星地极化隔离度指标满足一定要求(如$\geqslant 24$ dB),则通道误码率完全可以满足要求,但在同样带宽下可将传输速率增加一倍,非极化复用时单频点传输速率 R Mb/s,则极化复用时单频点传输速率可达 $2\times R$ Mb/s。但双极化传输链路更易受天气状况等因素影响,造成误码率增大,相关的定量影响分析可参考期刊 IEEE Transactions on Communications 的 2000 年 48 卷第 3 期的论文 Degradation of availability performance in dual-polarized satellite communications systems(作者 Hugues Vasseur)。

更多关于极化复用的详细知识可参考《卫星通信(第 4 版)》(Dennis Roddy 著、郑宝玉等译)。

11.7.5　星地/星间数传链路建模和预算分析

高分辨率遥感卫星需要将成像获取信息通过微波无线电向地面传输。卫星首先将遥感到的信息转换成电信号,然后把电信号变成数字信号,最后通过数据传输系统把该数字信号调制到无线电载波上(需要用能穿透大气层的微波)并向地面发射。

通信链路预算是卫星总体设计时必须完成的工作,也是最基础、最重要的一类工作。链路预算的正确性直接决定卫星在轨的链路传输性能。

地面站接收系统的信噪比决定了解调信号的误码率,而误码率直接影响遥感图像质量。在进行星地数传链路总体设计时,必须综合考虑多种因素的影响,确保遥感数据的稳定、可靠接收。对单圆极化系统,可推导出使用纠错编码时链路计算公式如下。

$$[E_b/N_0] = [P_{EIRP}] + [Q_r] - [r] - [R_c] - [L] + 228.6 \quad (11-7)$$

式中,E_b/N_0 为实际接收的比特能量与噪声功率谱密度之比(简称比特信噪比),dB;P_{EIRP} 为卫星天线发射的等效全向辐射功率(EIRP),dBW;Q_r 为地面站品质因数(通常也称为 G/T 值),dB/K;r 为编码效率,量纲为1;R_c 为编码后速率,量纲为1;L 为全部传输损耗(系统损耗),包括自由空间传播损耗、天线指向误差损耗和雨衰等,dB。

链路分析结果是一个链路能否进行可靠数据传输的依据。对数字传输系统,当接收的比特信噪比 E_b/N_0 不低于给定的门限比特信噪比 $(E_b/N_0)_{th}$ 时,链路误码率 P_e 不高于给定的门限误码率 $(P_e)_{th}$(对光学遥感卫星,该门限通常 1×10^{-7}),此时系统余量不小于0(工程应用时通常需要保留3 dB余量),链路可用,否则认为链路不可用。其中,门限信噪比 $(E_b/N_0)_{th}$ 与采用的信道编码方式密切相关。

链路预算中涉及的参数很多,在实际设计时需要不断调整各种参数至合适数值,确保链路的可用性。其中雨衰的相关分析可参考 ITU 的标准 ITU-R P. 618-10 Propagation data and prediction methods required for the design of Earth-space telecommunication systems,详细的链路预算方法可参考《航天器总体设计》(彭成荣)第12章的介绍。

中继透明转发的总链路预算,需考虑以中继星为共用中间节点的两条链路情况,相关的计算方法可参考《卫星通信(第4版)》(Dennis Roddy 著、郑宝玉等译)。本文不再详细给出推导过程。

11.7.6 对地数传通道方案设计

对地数传通道子系统可看做完全独立的两个传输通道,而且这两个通道完全物理隔离,即使一个通道的产品全部损坏也不会影响另外一个通道,最恶劣情况下也可保证至少有半个视场的图像数据可以传输至地面,或者通过降低传输速率的方式将所有图像下传。极化复用时,主备份设备均需开机工作。产品状态充分继承了已有型号,通道传输能力维持不变,有利于地面系统接收。

对地数传通道子系统主要完成功能包括：接收数据处理器送来的基带数据，完成 X 直接矢量调制；完成 X 调制信号滤波、功率放大，并根据工作模式完成射频信号切换；射频信号经开关矩阵送到对地数传天线。

通常情况下，两个 X 波段对地通道同时开机工作，主份调制信号进入天线右旋口（RHCP），备份调制信号进入天线左旋口（LHCP）。通过开关矩阵的合理设置，射频信号可选择由对地天线 1（或 2）辐射至地面站。

11.7.7 中继数传通道方案设计

中继数传通道子系统也可看做完全独立的两个传输通道，而且这两个通道完全物理隔离，即使一个通道的产品全部损坏也不会影响另外一个通道，最恶劣情况下也可保证至少有半个视场的图像数据可以传输至地面，或者通过降低传输速率的方式将所有图像下传。每个通道采用内部冷备份设计，系统的可靠性很高。产品状态充分继承了已有型号，但通过软件产品升级，与上一代产品相比，将中继通道传输能力提升了一倍。

中继数传通道子系统主要完成功能包括：接收数据处理器送来的基带数据，完成 X 直接矢量调制；完成 X 调制的 Ka 上变频、信号滤波、功率放大；完成不同频点的调制信号合路，直接送至中继天线。

低速中继模式下（2×150 Mb/s）和高速中继模式下（2×300 Mb/s），信号流向相同：固态存储器回放数据至数据处理器进行处理后，送 f_1 GHz 和 f_2 GHz 信号支路。两路信号经中继双工器合成后送给中继天线，转化为 RHCP 信号辐射至中继卫星。差别在于固存回放速率、数据处理器编码单元和中继调制器的工作速率不同。

11.7.8 对地数传天线方案设计

通常高分辨率可见光遥感卫星相机尺寸很大，对地数传天线的部分视场受其遮挡。为保证在地面数传站接收天线 5°仰角起始跟踪的全弧段范围内，卫星均可正常下传图像数据，配置 2 副天线，确保地面站跟踪接收范围内，卫星至少有 1 副天线可用于对地数据传输。同时，两副天线也可以互为备份，在其中一副天线损坏的情况下，卫星对地数传降级使用，部分接收弧段无法进行对地数据传输。

对地数传天线子系统由 2 副对地数传天线组件组成。主要实现功能：完成对卫星地面接收站的程控跟踪;接收对地数传通道子系统送来的射频信号,完成射频信号对地面的辐射发射。

对地数传天线组件主要由天线跟踪机构、展开机构、锁紧释放部分、射频部分构成。卫星发射前,天线压紧;卫星入轨后,天线电爆解锁并展开锁定,由数传天线伺服控制器驱动天线完成对地面站的程控跟踪。天线压紧状态、天线在某卫星上的在轨展开状态示意图如图11-6所示。

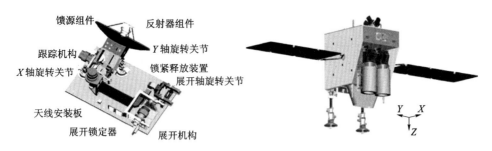

图 11-6　对地数传天线压紧及展开状态示意图

11.7.9　中继终端方案设计

由于卫星与中继卫星距离遥远,且存在相对运动,双方均采用了较大尺寸天线进行跟踪才可确保中继传输速率。而大尺寸天线波束角很小,如果仅靠程控跟踪,其精度较低,难以确保稳定可靠的链路传输。为此,配置中继终端子系统。与上一代产品相比,对产品进行了集成化、小型化设计,在保证可靠性的同时降低了系统的重量功耗需求。

中继终端子系统主要完成以下功能:中继天线完成与中继卫星建立返向数传链路和前返向测控数据链路;捕获跟踪通道通过二维转动机构控制中继天线精确指向中继卫星。

中继天线组件采用1 m口径Ka/s双馈源天线,转动机构采用$X-Y$转动体制,实现双轴±90°范围的转动,驱动机构采用步进电机+谐波齿轮传动方式,主要用于接收中继星前向信标信号,送入跟踪接收机计算天线指向偏离中继星的角度信息,若超出误差范围,则控制天线精密指向中继星,建立测控及数据传输通道。Ka跟踪接收机的主要功能是接收天线馈源输出的信标和、差信号,将信标在跟踪过程中偏离天线电轴的角位置误差转换成能够控制天线运动的角误差信号,送至终端控制器,控制星间链路天线运动,最终实现用户星与中继星的自动捕获跟踪,建立用户星与中继星间的测控及数传链路。捕获跟踪通道

采用单通道单脉冲跟踪体制，可实现程控跟踪 0.40°、自动跟踪 0.12°的跟踪精度。终端控制器主要功能是将电源、遥控指令送至分系统内相应的单机，根据跟踪接收机提供的角误差信号驱动天线运动，并采集各单机的遥测参数送至综合电子分系统。统一基准源由晶振电路、分路以及放大电路构成，其主要功能是为跟踪接收机提供 100 MHz 高稳频率信号。

第 11 章 高速图像数据处理与传输系统设计与分析

11.8 系统仿真分析与验证

11.8.1 邻道干扰分析

对于双频点传输系统，由于调制信号存在旁瓣，必然导致一个频点信号存在部分功率泄漏至另一通道，地面接收解调时将一起进入解调器，形成干扰。以 QPSK 信号为例，图 11-7 给出了两个频点对应频谱重叠情况。由于两个通道调制信号之间的隔离保护带宽度较窄，通过频谱（功率谱密度）积分，得到功率，可推算出两通道调制信号的隔离度（通道 1 调制谱主瓣能量与通道 2 调制谱旁瓣落入通道 1 主瓣带宽内的能量之比）仅为 16 dB。

为确保通道误码率性能，根据工程经验，两个通道之间的隔离度要达到 40 dB 以上。通常需要设计滤波器，对可能引起邻道干扰的旁瓣信号进行滤波，抑制其幅度。同时，还需要考虑功放非线性特性引起的调制信号旁瓣抬高造成的通道隔离度恶化。邻道干扰带来的性能恶化，将体现在系统调制解调损耗中。

11.8.2 极化复用

极化复用利用两种不同的极化方式达到隔离两个通道的目的。其优点是可以将通道传输速率翻倍。但缺点是：

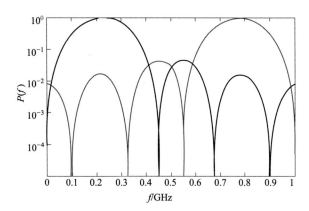

图 11-7 邻道干扰示意图

(1) 星地设备的复杂程度增加。星上设备配置数量需要增加,以适应通道数量的增长,而且需要具备双极化发射能力的星上数传天线;地面需要增加与之配套的设备,并采用双极化接收天线。

(2) 双极化传输链路更易受影响,造成误码率增大。天气状况不好、星地天线指向不准等因素,均会造成联合极化隔离度下降,左旋圆极化和右旋圆极化信号相互干扰,进而引起误码率增加。

1. 交叉极化

电磁波用来传递信息,存在一个主通道和次通道,主通道为同极化,次通道定义为交叉极化(Cross Polarization)。交叉极化是相对于 Co‑Polarization(主极化方向)而言的。两个极化方向一般垂直。极化是指在最大辐射方向上辐射电磁波的极化,其定义为在最大辐射方向上电场矢量端点运动的轨迹,由于天线本身物理结构等原因,天线辐射远场的电场矢量除所需要方向的运动外,还在其正交方向存在分量,这就是天线的交叉极化。

一般的交叉极化是指与主极化正交的极化分量,一般出现在双极化天线中。交叉极化的原因主要是边际的不一致性,使得产生的交叉极化分量无法抵消(如果双极化天线单元四周边际是一个完全正方形框,其交叉极化就非常低)。

交叉极化是双圆正交极化复用天线很重要的一个参数,一般通信基站天线指标中轴向交叉极化为 15 dB,±60°为 10 dB 以上,它也是极化纯不纯的一个反映。一般交叉极化要求在主方向上辐射的交叉极化增益要小于主极化增益 30 dB 以上。对微带天线来说交叉极化轴向可以做到 15 dB。

2. 交叉极化隔离度与交叉极化鉴别率确定

交叉极化隔离度（Cross-Polarization Isolation，CPI 或 XPI）的定义为：接收到的同极化信号功率（能量）与交叉极化功率（能量）之比。交叉极化鉴别率（Cross Polarization Discrimination，XPD）的意义为：对一个以一给定极化发射的无线电波而言，在接收点接收到的预期极化功率与接收到的正交极化的功率之比。两个量可以用来表示交叉极化干扰的影响。其中，使用最广泛的是 XPD。

以图 11-8 为例来介绍 XPD 的定义。卫星在轨运行向地面传输双圆极化射频信号时，传输链路的非球形雨滴和冰晶等产生交叉极化或交叉干扰，使得两个通道不再完全正交，称为去极化效应。交叉极化的严重程度与极化状态相关，圆极化所受影响比垂直线极化或水平线极化更大。去极化效应是传输信号极化状态的变化，一种极化状态传输通道的发射功率转移到与之正交的极化传输通道中去，成为正交极化传输通道中的噪声，增加了正交极化传输通道的干扰，降低了双极化传输的信号质量。

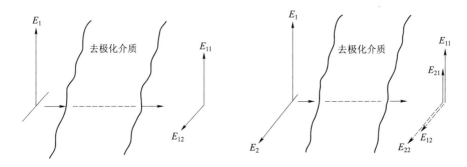

图 11-8 去极化效应示意图

图 11-8 中，入射波幅度为 E_1，经过会产生去极化效应的介质后，会有两个分量：一个是同极化分量，幅度为 E_{11}；另一个为交叉极化分量，幅值为 E_{12}。交叉极化鉴别率 XPD 定义为：

$$\text{XPD} = 20\log\frac{E_{11}}{E_{12}} \quad \text{dB} \tag{11-8}$$

当有两个正交的极化波时，设进入介质前幅值分别为 E_1 和 E_2，在经过介质后，这两个电磁波都会产生同极化和交叉极化分量。交叉极化隔离度为

$$\text{XPI} = 20\log\frac{E_{11}}{E_{21}} \quad \text{dB} \tag{11-9}$$

当两个发射信号的幅值相等、经历同样的路径且接收端的特性也相同时，XPI 和 XPD 的值相等。XPD 和 XPI 的定义适用于所有正交极化信号传输系统。

在我们所考察的系统中，设定两个通道所发出的信号强度是一致的，因此 XPD 和 XPI 的大小是相同的。通常，研究人员更习惯使用 XPD 来描述系统的交叉极化性能。所以一般都采用 XPD 来进行交叉极化影响及系统性能的分析。实际工程中，并不区分交叉极化鉴别率和交叉极化隔离度，而统称为交叉极化隔离度。不管是 XPD、XPI 或 CPI，都是指 $XPD = 20\log(E_{11}/E_{12})$。

11.8.3 对地数传链路预算

利用 11.7.5 节中的式（11-7），建立链路预算模型，通过调整不同的参数配置组合，确保链路余量满足工程应用需求。卫星对地数传链路预算结果如表 11-4 所示。针对固定站和移动站，在其他参数均相同的前提下，仅仅由于地面接收系统 G/T 值的差异，导致最终链路余量有所差别。同时需要注意，由于星上 EIRP 固定，当卫星与地面站可见且接收仰角大于 5°时，由于两者空间传输距离减小，空间传输损耗也会相应减少，由此会带来链路余量的增大，信号传输更加稳定可靠。

表 11-4 卫星对地数传链路预算表

参数名称		参数数值	
		固定站	移动站
实际接收载噪比	发射载波频率/GHz	8.4	
	码率/(Mb·s^{-1})	450	
	天线增益/dB	25	
	固放输出功率/W	2	
	天线前端无源部件（含电缆）损耗/dB	6	
	EIRP/dBW	22	
	轨道高度/km	500	
	仰角/(°)	5	
	最远空间传输距离/km	2 077.1	
	空间传输损耗/dB	177.3	
	极化损耗/dB	2	
	大气损耗/dB	1	
	指向损耗/dB	1.5	
	接收 G/T 值/(dB·K^{-1})	33	31
	实际接收到的 C/N_0/(dB·Hz)	101.8	99.8

续表

参数名称		参数数值	
		固定站	移动站
解调所需载噪比	理论要求的 E_b/N_0/dB	11.5	
	系统损耗（调制、解调损耗、信道恶化、信道非线性等）/dB	6	
	编码增益/dB	6.5	
	实际需要的 C/N_0/（dB·Hz）	96.7	
总链路	链路余量/dB	5.1	3.1

11.8.4 中继数传链路预算

卫星中继数传链路预算结果如表 11-5 所示。可以看出，该卫星至中继卫星链路的载噪比较低，对总链路载噪比影响较大。虽然中继数传链路余量相对较小，但是经过多颗卫星在轨飞行验证，已确认了该链路传输的可靠性和稳定性。

表 11-5　卫星中继数传链路预算表

参数名称		参数数值
该卫星至中继卫星链路	频率/GHz	26
	中继天线口径/m	1
	天线发射增益/dB	44
	发射功率/W	50
	行放输出至天线入口路径损耗/dB	2.5
	中继天线 EIRP/dBW	58.5
	中继天线指向误差损耗/dB	0.5
	轨道高度/km	500
	地球平均半径/km	6 371
	中继卫星轨道高度/km	35 793.6
	最远空间传输距离/km	44 253.6
	空间传播损耗/dB	213.7
	极化损耗/dB	0.2
	中继卫星天线指向误差损耗/dB	0.6
	G/T 值/（dB·K^{-1}）	23.4
	中继分系统至中继卫星链路 C/N_0/（dB·Hz）	95.5

续表

参数名称		参数数值	
中继卫星至地面站链路	中继卫星至地面站链路 C/N_0/(dB·Hz)	98.0（考虑雨衰）	108.0（未考虑雨衰）
总链路	链路总 C/N_0/(dB·Hz)	93.6（考虑雨衰）	95.3（未考虑雨衰）
	信息速率/(Mb·s^{-1})	150（卷积编码）/262.5（LDPC 编码）	
	编码后/(Mb·s^{-1})	300	
	编码增益/dB	5（150 Mb/s，卷积编码）/6.5（262.5 Mb/s，LDPC 编码）	
	调制方式	SQPSK	
	所需 E_b/N_0/dB	11.5	
	解调损失及信道干扰/dB	4	
	所需的门限误比特率	10^{-7}	
	所需载噪比 C/N_0/(dB·Hz)	92.3（卷积编码）/93.2（LDPC 编码）	
	链路余量/dB	1.3（卷积编码）/0.4（LDPC 编码）（考虑雨衰）	3.0（卷积编码）/2.1（LDPC 编码）（未考虑雨衰）

11.9 与卫星工程其他大系统接口设计

11.9.1 与运控系统接口设计

与数传系统设计状态相关的运控系统功能之一是"接收遥感卫星下传的高码速率图像数据,并进行解调、解扰、信道译码、解密、解 AOS 格式、解压缩等一系列处理"。通常需要定义射频信号接口和数据格式两大部分接口内容。射频信号接口主要包括通道个数、单通道码速率、载波频率、调制方式、信号带宽、卫星发射 EIRP、地面接收系统 G/T 值等。数据格式包括星上的 AOS 编排格式、压缩码流格式、信道编码方式等,并需要说明星上的处理顺序流程,以便地面恢复(逆处理过程)。

11.9.2 与中继系统接口设计

与数传系统设计状态相关的中继系统两个功能为:接收遥感卫星下传的高速率图像数据,并透明转发至地面,完成解调、信道译码后组帧转发至运控系统(KSA 返向链路);接收地面上行的前向中速率数据,并透明转发至遥感卫星(KSA 前向链路)。

对 KSA 返向链路,其射频信号接口主要包括通道个数、单通道码速率、载波频率、调制方式、信号带宽、卫星发射 EIRP、中继卫星接收系统 G/T 值等。数据格式包括星上的 AOS 编排格式（主要需要帧头定义、帧长）、信道编码方式等，以便地面恢复（逆处理过程）数据。对 KSA 前向链路，其射频信号接口主要包括通道个数、单通道码速率、载波频率、调制方式、中继卫星发射 EIRP、卫星接收系统 G/T 值等。数据格式包括业务数据块格式、加扰方式、信道编码方式等，中继卫星地面系统需要核对数据块格式、加扰、信道编码后，完成载波调制，并上注至中继卫星。

本章首先从高分辨率遥感卫星的应用需求出发，系统分析了高速图像数据源特性、数据处理/编码、大容量存储与高速传输等应用需求，结合应用与大系统约束，重点介绍了目前主流的 X 波段对地/Ka 波段中继数传系统设计方法，包括系统架构与信息流设计、基带与通道配置设计、工作模式设计，以及星地/星间链路仿真设计等。本章介绍的系统方案，已在多个遥感卫星型号应用，在我国资源勘探、环境保护、国土测绘等领域发挥重要作用，可为后续遥感卫星数据处理与传输系统的设计与工程研制提供重要参考。

参 考 文 献

[1] 谭维炽,胡金刚. 航天器系统工程 [M]. 北京:中国科学技术出版社,2009.

[2] 彭成荣. 航天器总体设计 [M]. 北京:中国科学技术出版社,2011.

[3] Dennis R. 卫星通信 [M]. 第 4 版. 郑宝玉,等,译. 北京:机械工业出版社,2011.

[4] 赵秋艳. 美国成像侦察卫星的发展 [J]. 军用光学仪器与技术,2001(10):15-23.

[5] 王中果. Ka 频段双圆极化频率复用的星地数传链路分析 [J]. 航天器工程,2013(5):85-92.

[6] 李福. 高分四号卫星数传分系统设计及验证 [J]. 航天器工程,2016(Suppl):99-102.

[7] 张可立. 高分一号卫星数传天线控制流设计及整星测试方法 [J]. 航天器工程,2014(Supp):60-63.

[8] 赵敏. 基于半监督分类的遥感图像云判方法研究 [D]. 合肥:中国科学技术大学,2012.

[9] 崔倩. JPEG-LS 码率控制算法研究 [D]. 西安:西安电子科技大学,2011.

[10] 仇晓兰. 一种基于动态解码的 SAR 原始数据饱和校正方法 [J]. 电子与信息学报,2013(35):2147-2153.

[11] John G Proakis. 数字通信 [M]. 第 5 版. 张力军,等,译. 北京:电子工业出版社,2011.

[12] 吴伟仁. 深空测控通信系统工程与技术 [M]. 北京:科学出版社,2013.

第 12 章

遥感卫星控制与推进系统设计与分析

第 12 章 遥感卫星控制与推进系统设计与分析

12.1 概　　述

我国遥感卫星目前主要应用于地球资源普查与详查、海洋水体观测、军事侦察及预警、国土测绘、空间环境监测等领域，其遥感器主要为微波遥感器和光学遥感器。遥感卫星控制与推进系统作为遥感卫星重要的平台系统之一，主要完成卫星姿态和轨道的控制，从而保证遥感器精确且稳定地指向目标对象，其技术水平直接影响了遥感卫星的成像质量、定位精度和应用效能等任务的实现。

随着遥感卫星种类的拓展，遥感卫星任务对控制和推进系统的需求也发生了变化。其中光学遥感主要朝着高精度、高稳定度姿态控制及敏捷机动方面不断提升。而微波遥感根据天线体制主要分为相控阵形式和抛物面形式。相控阵形式微波遥感器对控制和推进系统需求主要集中在高精度姿态控制及偏流角修正上，而抛物面微波遥感则同高分辨率光学遥感相似，不仅要求可以实现卫星高精、高稳控制，还需要具有快速姿态机动的能力。目前，高分辨率光学遥感控制与推进技术正朝着高精度姿态确定、高稳定度控制、敏捷姿态机动等方面发展，其技术进步直接推动了我国遥感卫星的发展，使得卫星具备了多条带拼接、多目标成像、立体成像、连续条带成像等多样化的在轨工作模式及快速应急响应能力。

近年来，欧美、日本、印度等国家和地区在遥感领域取得了长足的发展，不仅成像分辨率和几何定位精度不断提高，卫星的敏捷性也大大加强。例如，以 WorldView 为代表的 BCP 遥感卫星平台系列，其姿态确定精度达到 $10^{-3}°$（3σ），姿态稳定度达到 $10^{-3}°/s\sim 10^{-4}°/s$（$3\sigma$）。同时，在高稳定度控制的基础上，国外很多卫星均具有姿态机动能力，可以实现立体测绘、拼幅、非沿迹主动推扫等复杂遥感工作模式。例如，在姿态稳定度达 $10^{-4}°/s$（3σ）量级基础上，Ikonos-2 卫星采用动量轮为执行机构实现沿俯仰、滚动轴方向±50°范围姿态机动，最大机动速度 4°/s，机动加速度可达 $0.2°/s^2$，能实现同轨平面成像和同轨立体成像。而 2012 年发射的 Pleiades 开始采用控制力矩陀螺（CMG）为执行机构实现沿俯仰、滚动轴方向±60°范围姿态机动，姿态机动时间为 5°/8 s，10°/10 s，25°/15 s，60°/25 s，通过滚动或俯仰成像，可实现一轨连续对多个不同点目标成像、一轨连续对特定区域立体成像，或利用敏捷机动能力，实现三维立体成像，大大拓展了在轨工作模式。

综上所述，未来遥感卫星应用领域更加广泛、任务更加纷繁复杂，卫星总体设计对控制和推进技术的要求更高。如何实现超高精度姿态确定和指向控制、超高稳定度的姿态控制和超高姿态和轨道机动性，将成为未来一段时间控制和推进技术发展重点关注的问题。

本章结合我国高分辨率可见光遥感卫星研制与应用经验，将重点介绍高精度、高稳定度、高机动遥感卫星控制与推进系统设计与分析方法。

第 12 章　遥感卫星控制与推进系统设计与分析

12.2　任务需求分析

12.2.1　高分辨率遥感成像对控制系统需求分析

遥感卫星用途广泛,载荷种类繁多,不管是对于各类光学载荷还是微波天线,均需高精度、高稳定度姿态控制来确保高质量成像。此外,卫星大多携带挠性太阳翼及晃动的推进剂,整星具有挠性较大、低频模态密集、模态耦合程度高、结构阻尼小等特点,这些都会影响到姿态稳定度及指向精度,从而对遥感卫星高分辨率成像质量产生负面影响。因此,研制高精度、高稳定度姿态控制系统是实现高质量载荷成像的关键技术手段。

(1) 高分辨率遥感载荷成像对控制稳定度需求:姿态稳定度直接影响成像质量。研制经验表明,在积分时间内像面位移小于 0.1 个像元可满足成像质量要求,此时图像 MTF 将下降约 0.4%,对成像质量影响很小。以像移不大于 0.1 个像元为约束条件,在不同积分时间和积分级数下,相机对稳定度的要求不同。在常规的姿态机动成像情况下,当姿态稳定度优于 5×10^{-4} °/s (3σ) 时,相机在 1 000 km 轨道高度处采用常用积分级数时仍可以满足成像要求;在紧急快速姿态机动成像模式下,为了保障快速机动的时间急迫性要求,可以降低对姿态稳定度的要求到 $1 \times 10^{-3} \sim 2 \times 10^{-3}$ °/s (3σ),此稳定度的下降对图像的清晰度几乎无影响,却可以有效减少控制系统姿态机动到位后的稳定时间,从而提高成像效率。

（2）高分辨率遥感载荷成像对控制精度需求：对于采用 TDICCD 的光学载荷，需要考虑积分时间控制需求，以达到沿 TDICCD 方向电荷移动速度与像速度同步变化的要求。为此需要控制系统提供高精度姿态数据，尤其是在具有敏捷姿态机动能力的卫星上，为此在进行控制系统设计时需采用更高精度的姿态测量敏感器及执行机构。

（3）高分辨率遥感载荷成像对偏流角修正需求：采用 TDICCD 的光学载荷及采用相控阵体制的微波载荷成像时均需进行偏流角补偿控制，从而保证光学载荷多级积分时地面景物不发生横向位移，保证微波载荷校正雷达波束中心沿着零多普勒点。目前，我国遥感卫星偏流角修正精度一般需要优于 $0.05°$（3σ）。

（4）高精度目标定位对姿态测量及确定需求：高分辨率遥感卫星几何定位精度越来越高，国外一些高定位精度卫星的无控制点平面定位精度已达到 10 m，可完成 1∶10 000 比例尺摄影测量要求，而我国在轨运行最高定位精度 GF-2 卫星的指标为 50 m，同国外相比还有一定差距。高精度目标定位对控制与推进技术的需求主要集中在高精度姿态测量及确定方面。

12.2.2　遥感卫星敏捷机动对姿态机动能力需求分析

过去遥感卫星对地观测由于控制姿态机动能力不足，通常采用被动式推扫成像，在轨工作模式简单，获得有效观测图像的任务效能比较低下。随着控制技术水平的不断进步，遥感卫星可以逐渐向高分辨率敏捷成像发展。姿态敏捷机动控制不仅可以灵活实现卫星快速多点目标成像、同轨多条带拼幅成像、非沿迹扫描成像、同轨多视角成像等多种成像模式，还可以通过快速姿态切换获取更多有效观测目标，从而有效地提高了在轨任务效能，是未来高分辨率遥感卫星的主要技术发展趋势。

12.2.3　应急任务对强轨道机动能力需求分析

随着我国遥感卫星在军事、民用方面的大范围应用，对卫星的快速应急任务响应需求也不断增加。尤其是从高分辨率对地观测轨道迅速转移到快速任务响应轨道来实现短时间任意区域重复观测时，更需要卫星具备强轨道机动能力。

12.3 系统设计分析

高分辨率遥感卫星通常采用三轴稳定主动控制方式,姿态和轨道控制通常由测量系统(姿态敏感器、姿态确定算法)、控制器(信息处理、控制指令形成)和执行机构(提供控制力/力矩)三部分组成。其中测量系统通过配置不同的姿态敏感器,经过数据处理和必要的坐标系转换,根据控制器的姿态确定算法,从而确定卫星的姿态;执行机构通常采用动量轮、控制力矩陀螺等动量交换装置和推力器,并根据控制器指令产生相应的控制力矩或反作用推力,对卫星姿态维持或实现所要求的姿态机动进行调整;控制器采集测量系统的反馈及接口指令、参数修正等信息,根据软件程序和算法进行实时数据处理和计算,控制执行机构输出。

12.3.1 高精度姿态测量及确定技术

高精度姿态测量及确定技术直接影响了卫星姿态控制精度和稳定度,从而影响高分辨率成像质量和高分辨率遥感图像定位精度,对高精度目标侦察与测绘等任务均有重要的意义。我国早期缺少自主研制的高精度星敏感器,仅靠红外地球敏感器、太阳敏感器和陀螺进行姿态测量,测量范围窄,测量精度低。21 世纪以来,随着高精度星敏感器的应用及三浮陀螺、光纤陀螺等姿态敏感器精度的不断提高，我国遥感卫星主要采用星敏感器+陀螺实现姿态测量和确定，保留早期的红外地球敏感器+太阳敏感器+陀螺作为备份手段，实现异常姿态模式下的定姿。

姿态控制系统精度主要取决于姿态确定的精度及姿态敏感器本身的精度。一般来说，星敏感器是姿态测量部件中精度最高的光学测量仪器，通过星敏感器与陀螺配合使用，可利用星敏感器的测量值对卫星的指向偏差和陀螺漂移进行修正。目前，国外星敏感器在光轴方向测量精度已达到了 $1''(3\sigma)$，而用于我国遥感卫星的高精度星敏感器在光轴方向测量精度可达 $3''(3\sigma)$ 以上，陀螺的最小分辨率可达 10^{-5} 量级以上。随着对姿态控制系统精度的要求越来越高，今后如何进一步提高陀螺和星敏感器等姿态敏感器的精度和动态测量范围将成为新的发展方向。

12.3.2 高精度、高稳定度姿态控制技术

遥感卫星普遍采用整星零动量的控制方式实现高精度指向控制，采用磁力矩器卸载和喷气保护的手段以应付意外情况。传统的遥感卫星采用动量轮实现整星零动量控制，卫星幅宽较窄，在轨成像模式往往局限为单一的被动成像模式。随着高分辨率遥感卫星任务越来越复杂，对多点目标成像、拼幅成像、非沿迹成像等主动成像模式的需求日益增加，其对卫星敏捷性要求亦逐渐提高。在常用的动量轮控制模式无法满足设计需求的时候，越来越多的遥感卫星开始采用控制力矩陀螺作为执行机构。一般情况下，控制力矩陀螺精度会比动量轮稍低，目前国内采用的控制力矩陀螺噪声产生的指向误差约为 $0.002°(3\sigma)$，虽然与动量轮的该项误差（约 $0.0004°(3\sigma)$）相比偏大，但相比指向精度指标要求而言一般可以忽略。

系统设计需对决定姿态稳定度的主要因素进行综合考虑，主要包括敏感器测量噪声、执行机构的摩擦力矩、力矩噪声以及可动部件运动，包括活动天线、太阳翼及动量轮、控制力矩陀螺等执行机构，以及随机噪声等因素。

遥感卫星在正常高精度三轴稳定运行姿态控制时，普遍采用经典 PID 控制器，同时引入结构滤波器设计以抑制挠性振动，目前我国遥感卫星稳定度指标已达到了 $5\times10^{-4}°/s$ (3σ)。对于后续实现优于 $1\times10^{-4}°/s$ (3σ) 的高稳定度姿态控制发展趋势，考虑到遥感卫星普遍存在大量挠性模态，在系统设计时可以加入可动部件的隔振抑制设计，并在产品研制中不断提升产品自身性能，如高刚、高稳帆板驱动机构来提高稳定性，以减小帆板驱动扰动影响；研制高精度陀螺，以减小陀螺力矩噪声影响；提高控制力矩陀螺的力矩输出精度，以减小

控制扰动。

12.3.3 卫星姿态敏捷机动及快速稳定控制技术

卫星姿态机动指标主要受执行机构能力、卫星质量特性、挠性特性等因素的影响。早期遥感卫星通过相机摆镜来实现一定程度摆动成像，卫星本身不具备姿态机动能力。有些卫星则通过推进喷气实现卫星姿态机动，但机动后快速稳定控制能力不足。随着反作用动量轮及控制力矩陀螺等执行机构的不断进步，卫星不仅可以实现姿态机动，还可以在机动后迅速稳定以保证高分辨率稳定成像任务的要求。目前高分辨率遥感卫星主要采用动量轮和控制力矩陀螺来实现敏捷姿态机动，其中控制力矩陀螺具有控制效率高、输出力矩大、频率特性和线性度好等一系列优点，通过配置多个控制力矩陀螺群可实现卫星多轴快速姿态机动和稳定。此外，研制高稳定度、高刚度太阳帆板驱动机构可以进一步提高卫星的结构刚度，也是增强卫星敏捷机动的一个重要手段。

目前，我国低轨遥感卫星可以在短时间内实现滚动和俯仰方向上的快速姿态机动，并满足高精度、高稳定度成像控制要求。对于高轨遥感卫星，也可以通过快速小角度姿态机动来提高其观测范围。

12.3.4 强轨道机动控制技术

过去，我国低轨遥感卫星普遍采用单组元推进系统完成轨道机动及维持，高轨遥感虽然采用双组元推进系统，但主要也是用于轨道调整及维持。对于从平时轨道到应急轨道变轨时通常采用节省燃料的模式，变轨时间长，不满足应急任务应用要求。而面临应急任务时，需具备强轨道机动能力，从而可以快速、多次地实现轨道转移。

总之，近十年来，我国控制和推进技术得到了长足的发展，一些国产关键产品如星敏感器、大力矩动量轮、控制力矩陀螺、高精度三浮陀螺、光纤陀螺等产品不断在轨使用，遥感卫星的控制系统逐渐向着高精、高稳、敏捷机动的方案设计方向发展。目前高分辨率遥感卫星普遍采用高精度星敏感器＋陀螺实现姿态测量及确定，同时采用整星零动量的控制方式，一般配置动量轮、控制力矩陀螺、帆板驱动机构等执行机构来实现高稳定度姿态控制，利用磁力矩器或推进喷气进行角动量卸载控制。随着对敏捷姿态机动能力需求的不断提升，

基于控制力矩陀螺的整星零动量控制逐渐成为敏捷性遥感卫星的主流配置。

鉴于目前大多数遥感卫星均有敏捷姿态机动及稳定控制的需求,而早前单纯采用动量轮控制的卫星姿态机动能力较差,本章重点针对基于动量轮+控制力矩陀螺控制、基于全控制力矩陀螺控制这两种快速姿态机动并稳定的控制方案进行介绍。

12.4 基于 CMG+动量轮配置的快速姿态机动及稳定成像控制方案

12.4.1 系统设计约束

1. 任务层面约束

（1）轨道约束：高分辨率可见光遥感卫星一般选择太阳同步轨道，根据成像任务需求选择平时任务轨道高度，对于应急任务轨道，根据应急任务需求进行选择。对于降交点地方时，通常根据观测区域及组网需求可选在10:30或14:15。在选定轨道后，卫星控制与推进系统需要根据轨道约束进行设计分析，一般约束主要是根据相应轨道光照情况开展各类敏感器选型布局、帆板驱动机构控制太阳翼转动、故障模式下对日定向方案等设计，同时需根据轨道机动和维持的要求，进行推进系统方案的选择及轨控方案设计。

（2）三轴姿态高精、高稳控制：卫星三轴对地姿态控制精度和稳定度对高分辨率遥感卫星成像任务起决定性作用。根据卫星任务需求，要求在卫星正常业务运行期间，控制系统保持三轴姿态稳定，以确保成像质量。此外，对于采用 TDICCD 相机的高分辨率遥感卫星，需在卫星轨道运行期间具有持续偏流角修正功能，以消除卫星与目标点的相对速度在星体俯仰轴上的分量，使 CCD 的法线方向与被摄地面景物的运动方向重合，保证多级积分时地面景物不发生横向位移,从而确保高分辨率成像质量。

(3)敏捷姿态机动能力:卫星敏捷机动能力是决定高分辨率遥感卫星使用效能的关键因素,由于高分辨率遥感卫星幅宽较小,导致其使用效能取决于卫星姿态机动能力。为此,卫星在设计时要考虑突破过去使用动量轮实现姿态机动的效能瓶颈,进一步提升沿滚动轴的侧摆能力。

(4)轨道机动能力:为满足高分辨率遥感卫星观测范围、太阳高度角、光照条件以及覆盖周期和地面分辨率要求,卫星通常选用太阳同步、回归轨道,平时轨道高度在 500 km 左右,应急轨道通常选用 568 km 天回归轨道。因此,需要在卫星控制和推进系统方案设计时使其具备可驱动卫星在平时轨道和应急轨道之间进行往返机动的能力。

2. 卫星工程大系统约束

控制和推进系统在工程大系统约束方面重点是运载分离约束。由于在运载分离后存在入轨姿态偏差,通常需要高分辨率卫星控制和推进系统具有消除初始姿态偏差的能力,在入轨后控制系统根据偏差通过推进喷气进行控制。

3. 卫星总体约束

(1)卫星构型及质量特性对控制和推进系统约束:卫星构型设计直接约束了控制和推进系统设备的布局及选型。同时,卫星质量特性也是决定控制姿态机动方案设计的重要因素。

(2)卫星能源对控制和推进系统约束:为保证卫星能源,满足太阳翼定向跟踪太阳的要求,控制系统需通过控制帆板驱动机构来控制太阳翼捕获太阳和对太阳定向跟踪。

(3)卫星对地或对中继数据传输约束:为保证天线对中继卫星或地面站数据传输的需求,要求控制系统具有控制天线跟踪的功能。

(4)自主故障诊断及处理要求:为保证卫星安全,通常需要控制和推进系统具有自主故障诊断及处理的能力:卫星姿态失稳(失去基准)情况下具有全姿态捕获能力;控制系统具有一定的自主故障检测、主备份设备的切换和系统重组的能力;在应急情况下,能自动进入应急安全模式,并具有在故障排除后进行姿态再捕获的能力,也可用遥控指令执行;参与整星故障排除的能力;控制计算机的软件具有一定的在轨维护能力。

12.4.2 系统配置及拓扑结构

本节结合某资源卫星应用,给出其系统配置及拓扑结构。该卫星3吨多,采用控制力矩陀螺作为姿态机动执行部件,姿态机动能力要求为±35°/180 s。与之前的大型遥感卫星相比,姿态机动能力大幅提升。

为实现卫星高精、高稳控制,控制系统采用3台5″(3σ)高精度APS星敏感器+高精度陀螺定姿,并将红外地球敏感器+陀螺+太阳敏感器定姿作为备份手段;为实现快速姿态机动及稳定,采用4台0.1 Nm/25 Nms动量轮作为姿态稳定控制执行机构,采用3台10 Nm/25 Nms控制力矩陀螺用于姿态机动;同时,为了实现对动量轮的磁卸载,配置了3台100 Am^{2}磁力矩器。推进系统作为一种执行机构含12个5 N推力器和4个20 N推力器,同时需根据轨道机动及维持所需的燃料配置相应容积的贮箱,系统配置及拓扑结构示意见图12-1所示。

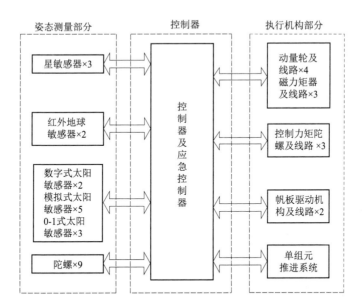

图12-1 基于CMG+动量轮配置的系统配置及拓扑结构示意图

12.4.3 工作模式设计

该控制系统在卫星发射、入轨状态建立及长期飞行各阶段的主要工作包括：消初偏差、地球捕获、太阳捕获和跟踪、动量轮启动、控制力矩陀螺启动、高精度控制、姿态侧摆机动且偏置飞行、帆板停转、轨控、全姿态捕获、应急安全控制和故障诊断，以及应用软件在轨维护。

1．入轨段工作模式

根据卫星构型特点，典型的入轨段工作模式主要有以下内容：

（1）消除初始姿态偏差设计：卫星在入轨与运载末级分离后，控制分系统通过陀螺速率数据进行喷气控制来将星体角速度减少到所要求的范围内，并维持卫星对地姿态误差在预定的范围内。

（2）地球捕获模式：将红外地球敏感器数据引入控制系统，通过陀螺预估结合红外地球敏感器修正的方法完成地球捕获，从而实现卫星粗精度姿态控制。

（3）太阳捕获和跟踪模式：帆板驱动机构接入控制回路工作，驱动太阳翼旋转捕获并跟踪太阳。

（4）动量轮启动模式：动量轮由地面遥控指令或星上自动启动，参与控制星体姿态。由磁力矩器对动量轮进行卸载，在必要时可通过姿控推力器来对动量轮进行卸载。

（5）控制力矩陀螺高速转子启动：由地面遥控指令启动控制力矩陀螺高速转子达到并稳定在额定转速。在高速转子启动期间，控制系统克服转子启动产生的干扰力矩作用，保持卫星的姿态稳定。

2．在轨正常运行工作模式

（1）高精度控制模式：利用星敏感器的姿态测量数据，对卫星进行高精度的姿态测量，满足星敏定姿时的测量及控制指标要求。同时具备对中继数传和对地数传天线控制功能。

（2）姿态侧摆机动且偏置飞行模式：利用控制力矩陀螺加轮控或与喷气控制相结合来完成侧摆机动。机动后卫星处于斜置飞行的状态。同时具备对中继数传和对地数传天线控制功能。

（3）帆板停转控制模式：为避免太阳翼对星体姿态的扰动影响成像质量，控制分系统备有太阳翼停转模式。太阳翼停转在一给定的位置，照相结束后，太阳翼重新捕获并跟踪太阳。

3．轨道机动和修正控制模式

卫星根据需要完成轨道机动和轨道平面内、平面外修正，由地面发遥控注入数据指令进行控制。

4. 应急安全控制模式

（1）应急模式：姿态控制计算机系统发生故障时，分系统能自主使卫星进入一个应急安全的模式，并可保持这一姿态直到收到遥控指令按指令要求改变工作模式。

（2）全姿态捕获：分系统能够控制星体从任意姿态捕获到正常的地球指向姿态。

（3）故障模式：部件故障情况下有两种处理办法：有冗余部件时，切换到备份部件工作，这种情况不涉及控制系统的重构，仍可按正常控制模式工作；无冗余的部件或冗余部件故障数目过多时，需改变控制系统的工作结构，使卫星仍能保持对地三轴稳定模式，执行预定的对地观测任务，但此时要视部件故障的不同情形，卫星对地指向的精度及稳定度可能有不同程度的下降。

12.4.4　基于星敏感器＋陀螺的高精度联合姿态确定方案

高分辨率遥感卫星目前普遍采用星敏感器＋陀螺联合进行高精度的姿态确定。其中，利用陀螺的输出预估星体的姿态，利用星敏感器测量信息修正姿态及估计陀螺漂移。

星敏感器是高精度的姿态敏感器。利用单个固连于卫星本体的星敏感器对多个恒星的方向矢量的测量，可以直接确定卫星相对于惯性空间的姿态。由于星敏感器横轴误差较大，在进行高精度联合定姿时，只能采用光轴输出，其姿态确定误差的大小与星敏感器光轴之间的夹角相关，若星敏感器光轴测量精度为 α，两星敏夹角为 ϕ，不考虑星敏的低频短周期项的影响情况下星敏定姿精度为：

对于单星敏定姿情形，星敏 Z 轴定姿精度为 α，精度为 $1''\sim5''(3\sigma)$，横轴精度为 β，通常精度较差，约为 $30''(3\sigma)$，单星敏姿态测量精度合成值为：

$$m = \sqrt{\alpha^2 + \beta^2} = \sqrt{1^2 + 30^2} \approx 30'' \ (3\sigma) \tag{12-1}$$

对双星敏定姿情形，双星敏双矢量定姿测量精度为：

$$m = \sqrt{\frac{1}{2}(\alpha_1^2 + \alpha_2^2)\left(1 + \frac{1}{\sin^2\phi}\right)} \tag{12-2}$$

式中，α_1、α_2 分别为星敏 1、星敏 2 的精度，ϕ 为两星敏指向夹角。当双星敏安装夹角为 90°时，其定姿精度为 $1.4''\sim7.1''(3\sigma)$；当双星敏安装夹角为 60°时，其定姿精度为 $1.53''\sim7.6''(3\sigma)$。

可见，单星敏定姿精度较差，双星敏定姿精度与双星敏光轴夹角大小有关。因此，卫星通常至少配置2台星敏感器，实现高精度姿态测量及确定，此外，保证在星敏光轴夹角大于一定角度时才能确保定姿精度满足任务要求。同时考虑到卫星姿态机动下也能实现星敏定姿，以及星敏感器的安装还需避开太阳光和地球反照光的影响，通常会配置3台星敏感器。

由于卫星发射过程中振动的影响，以及在空间运行环境下热变形等因素的影响，卫星在轨运行过程中，星敏感器在卫星本体的实际安装位置相对于地面标定值存在误差。当参与定姿的星敏感器进行切换时，由于基准不同，定姿数据会发生跳变，为此需要对星敏感器的基准统一，对安装误差进行在轨标定。

可见，卫星姿态确定精度主要影响因素是星敏感器测量误差、定轨误差和标定残差，其中假设星敏感器测量误差为$5''(3\sigma)$，对姿态确定精度影响为$0.0014°(3\sigma)$；标定残差可以达到$20''(3\sigma)$，在轨标定后姿态确定精度可实现$0.01°(3\sigma)$的精度要求。

12.4.5 星上误差源分析及其高精度、高稳定度控制方案

为实现卫星高精度姿态指向及稳定度控制，卫星配置4台动量轮并采用经典PID控制方法实现对地三轴稳定运行的姿态控制。同时，引入结构滤波器，抑制挠性振动，实现姿态角速度控制指标。而卫星动量轮卸载则利用3个磁力矩器来完成，如果由于意外情况或磁卸载不能完全消除扰动对星体的影响，导致动量轮角动量饱和，要对动量轮进行喷气卸载。整星姿态指向精度及稳定度的误差源主要包括以下几个方面：

(1) 定姿精度误差源分析：由于星敏感器和陀螺组成的高精度姿态测量系统可实现$0.01°(3\sigma)$定姿精度，再加上动量轮系统的高精度控制，定姿精度中的惯性姿态确定噪声对姿态指向和稳定度影响优于$1\times10^{-4}°/s(3\sigma)$。

(2) 陀螺测量误差源分析：采用陀螺进行惯性空间下姿态测量时，由于陀螺脉冲当量及随机漂移等影响，需要根据所配置陀螺产品的性能指标，分析计算对姿态指向及稳定度的影响。

(3) 动量轮或控制力矩陀螺力矩噪声及低速框架锁定误差源分析：采用动量轮或控制力矩陀螺作为执行机构，需分析其力矩噪声对姿态指向及稳定度的影响。同时由于控制力矩陀螺锁定时对姿态稳定度有较大影响，可以根据其框架角锁定精度，分析计算低速锁定时对姿态稳定度的影响。

(4) 帆板驱动机构误差源分析：帆板驱动转速的波动也会对姿态稳定度产

生相应的影响，根据太阳帆板驱动转速波动量，可以分析出对卫星三轴姿态角速度的影响。

（5）其他星上转动机构误差源分析：对于高分辨率遥感卫星，星上通常会有天线类的转动机构，应根据其相应的运动特性，分析计算对姿态指向及稳定度的影响。

12.4.6 快速姿态机动控制方案

1. 基于动量轮和控制力矩陀螺组合控制构型方案描述

由于早期控制力矩陀螺精度不高，所以采用了 3 台控制力矩陀螺 + 4 台动量轮的姿态机动并稳定控制方案，其中 4 台动量轮主要完成姿态稳定，在动量轮启动到标称转速后，采用经典 PID 控制方法进行对地三轴稳定运行的姿态控制，同时引入结构滤波器，抑制挠性振动。而 3 台控制力矩陀螺中的 2 台实现姿态机动控制指标，另一台为备份。根据陀螺量程和执行机构能力规划合适轨迹，控制 2 个控制力矩陀螺协调工作，提供侧摆所需的滚动轴机动力矩。侧摆过程中四个动量轮同时参与其余两轴的姿态保持控制，当滚动轴接近目标点时将控制力矩陀螺框架在零位锁定，采用动量轮进行后续的稳定控制。

根据角动量和控制力矩的需求，控制系统配置了 3 台 10 Nm/25 Nms 的小型控制力矩陀螺和 4 台 0.1 Nm/25 Nms 的动量轮，组合控制构型如图 12-2 所示。这种组合的控制方式可以通过控制力矩陀螺实现快速机动的力矩要求和通过动量轮实现高精度的控制要求。

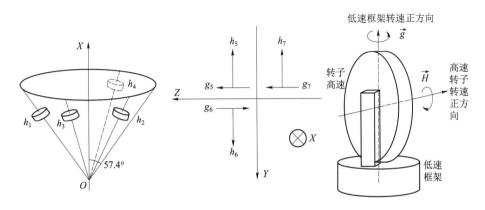

图 12-2　动量轮与控制力矩陀螺的组合方案布局

2. 姿态机动仿真结果分析

控制力矩陀螺正常工作时的侧摆仿真结果如图 12-3～图 12-6 所示。结果表明，对于转动惯量达 4 600 kg·m² 的大卫星而言，这种系统配置可实现 0°～35° 单轴滚动角姿态机动的稳定时间优于 180 s。同时采用 3 台测量误差优于 5″（3σ）星敏感器＋陀螺的姿态测量及确定方案，则可实现三轴指向精度优于 0.05°（3σ），三轴姿态稳定度优于 5×10⁻⁴°/s（3σ）。

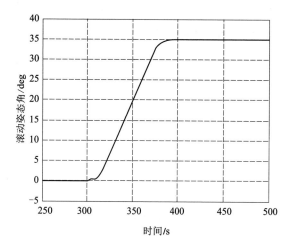

图 12-3 滚动姿态角曲线

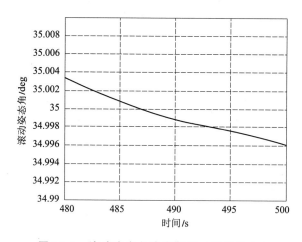

图 12-4 滚动姿态角稳态曲线（局部放大）

第 12 章 遥感卫星控制与推进系统设计与分析

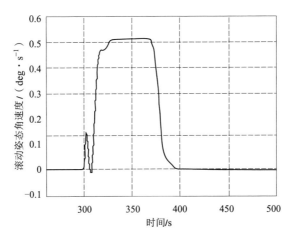

图 12-5 滚动姿态角速度曲线

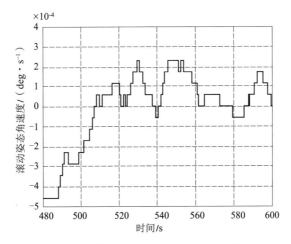

图 12-6 滚动姿态角速度稳态曲线（局部放大）

12.4.7 单组元推进系统方案设计

遥感卫星推进分系统可以看成一类执行机构，主要实现轨道保持与机动功能。目前主要采用的是化学推进系统，它是用化学反应释放的能量将工质加热，再通过喷管的加速以很高的喷出速度射出，产生反作用推力。目前遥感卫星广泛采用的是单组元推进系统。其工作原理是当控制分系统发出推力器工作信号后，推力器电磁阀打开，使肼流入喷注器，并以雾化形式推入推力室，与催化剂接触，产生热反应液肼蒸发，并使其温度提高到某一温度后，迅速分解成高温燃气,通过大膨胀比的喷管加速推出产生推力。推进系统任务主要是配合控制系统为卫星提供轨道控制和姿态控制所需的冲量,完成轨道保持和轨道机动控制及部分姿态控制功能。

一种典型的单组元推进系统构成如图12-7所示,一般由贮箱、压力传感器、气加排阀、液加排阀、过滤器、自锁阀、姿控推力器、轨控推力器、推进线路盒、管道及管路连接件组成,设计时也可根据要求对系统部件的配置及数量进行修改性设计。

整个推进系统由两个互为备份的半系统构成,任一半系统均可单独完成喷气控制任务。推力器可按功能安装成组件使用;自锁阀使推力器和主备贮箱相互交叉使用,从而形成主备两路分支。

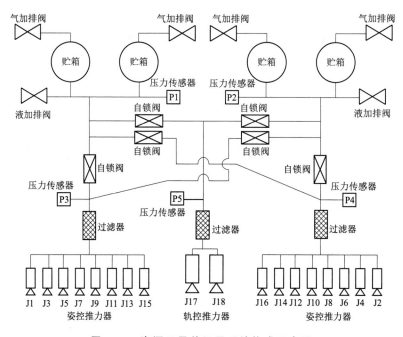

图12-7 资源卫星单组元系统构成示意图

根据卫星设计约束,采用单组元推进系统来为整星提供姿态与轨道控制所需的冲量,包括星箭分离后的姿态速率阻尼、初始姿态建立;正常轨道运行模式下,辅助动量轮角动量卸载;入轨、轨道保持和轨道机动控制;卫星变轨前的姿态机动、变轨时的姿态稳定以及变轨后的姿态恢复控制。

此外,在卫星姿态严重异常、丢失基准时,也可利用推力器组件重新建立对地三轴稳定运行姿态,完成全姿态捕获模式。在应急安全模式下,由应急控制电路控制推力器组件,完成对日定向,保证卫星能源。

12.4.8 系统仿真与验证

为了验证采用控制力矩陀螺进行快速侧摆机动以及与轮控系统配合进行姿态稳定控制的算法及控制指标，需在三轴气浮台实验室进行全物理仿真试验，如图 12-8 所示。对于采用动量轮+控制力矩陀螺的方案，采用 4 个金字塔形安装的动量轮，完成姿态保持和机动时俯仰与偏航稳定控制，采用 3 台控制力矩陀螺（2 台控制力矩陀螺配合使用，1 台冷备份）以提供滚动轴机动所需的力矩。

图 12-8　全物理仿真试验照片

全物理仿真试验项目包括：闭环系统的稳态控制精度验证、姿态快速机动的性能验证、控制力矩陀螺故障情况下的故障检测方案有效性验证等试验项目，如表 12-1 所示。图 12-9、图 12-10 分别给出了稳态控制精度和姿态快速机动的性能试验验证结果。

表 12-1　控制力矩陀螺控制方案物理试验测试内容

测试项目	测试内容
稳态控制	考核在 CMG 高速转子等因素的影响下，采用动量轮实现高精度、高稳定度控制的效果，并验证控制指标
	考核 CMG 高速不启动时对姿态控制影响
	考核 CMG 高速启动到标称值后姿态控制精度
姿态机动	考核 CMG 和动量轮组合机动控制方法的有效性，验证该组合方式的卫星机动时间及稳定后的控制精度及稳定度，并验证系统的侧摆角度范围指标
	考核单次侧摆机动能力
	考核连续侧摆机动能力
	最大侧摆范围试验

续表

测试项目		测试内容
CMG故障诊断及处理方案	低速框架自由	考核故障出现在稳态时的检测及处理合理性
		考核故障出现在机动中的检测及处理合理性
	低速框架卡死	考核故障出现在机动前的检测及处理合理性
		考核故障出现在机动中的检测及处理合理性
	考核低速框架失控的检测及处理合理性	
	考核高速转子故障滑行的检测及处理合理性	
	考核高速转子启动超时的检测及处理合理性	
	考核整机突然断电的检测及处理合理性	

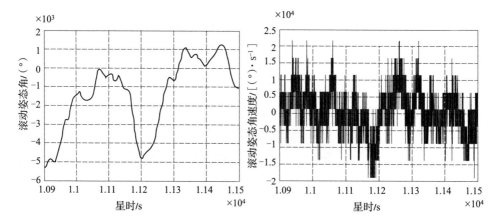

图 12-9　姿态曲线（稳态控制）

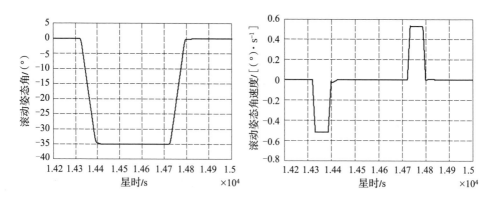

图 12-10　姿态曲线（机动控制）

第 12 章　遥感卫星控制与推进系统设计与分析

12.5　基于全-CMG群配置的快速姿态机动及稳定成像控制方案设计

目前，高分辨率遥感卫星对姿态敏捷机动及稳定的需求越来越高，在轨工作模式也越来越复杂，为实现卫星多轴的姿态机动，需要设计配置多个控制力矩陀螺群的高精度控制系统。同时，随着控制力矩陀螺产品的发展及在轨验证，使得基于全控制力矩陀螺的敏捷机动、高精度控制系统方案成为需要敏捷机动的高分辨率遥感卫星的主流配置，大大提高了卫星在轨效能。

12.5.1　系统设计约束

1. 任务层面约束

（1）轨道约束：新一代高分辨率遥感卫星除传统太阳同步圆轨道约束外，根据任务需求可以设计椭圆轨道来进一步提高分辨率。在这种情况下，除对控制系统敏感器等一般约束外，还需要采用双组元推进系统，以增强轨道机动和轨道保持能力。

（2）三轴姿态高精、高稳控制：针对基于全控制力矩陀螺的敏捷机动控制系统而言，要求在敏捷机动的同时仍要保证姿态高精、高稳控制，以保证成像质量。

(3) 敏捷机动能力：要求基于全控制力矩陀螺的敏捷机动控制系统具有沿滚动和俯仰轴两轴向的敏捷姿态机动及稳定能力，其中点对点敏捷机动要求大幅提高，同时还增加了匀地速或匀角速度姿态机动要求来实现主动扫描/回扫成像。

(4) 强轨道机动能力：随着对强轨道机动能力的需求不断提高，新一代高分辨率遥感卫星不再局限于在平时轨道和应急轨道之间来回往返一次的要求，而是可以根据应急任务需求驱动卫星在平时轨道和应急轨道之间进行多次往返机动，因此需要配置双组元推进系统来满足日益提升的强轨道机动要求。强轨道机动能力直接约束了推进系统的方案设计，需要据此进行推进总冲量和推进剂分析，并进行贮箱和推力器方案的设计选取。

2. 卫星总体约束

(1) 卫星构型及质量特性对控制和推进系统约束：随着高分辨率遥感卫星成像质量及对几何定位精度的要求不断提高，卫星载荷重量和尺寸也不断增大，为实现卫星高精度、敏捷机动及稳定，开始采用平台与相机一体化设计方案，对控制系统而言，需要高精度星敏感器也同相机一体化安装，以减小转换环节误差及不稳定性，并可通过在轨标定消除固定偏差，提高其精度。同时卫星平台采用模块化设计思路，单独设计推进舱为一独立模块，可通过改变相关结构尺寸及贮箱规模以适应不同燃料携带量的需求，从而实现强轨道机动的需求。

(2) 卫星能源对控制和推进系统约束：为保证卫星能源，满足太阳翼定向跟踪太阳的要求，控制系统需通过控制帆板驱动机构来控制太阳翼捕获太阳和对太阳定向跟踪。

(3) 卫星对地或对中继数据传输约束：为保证天线对中继卫星或地面站数据传输的需求，要求控制系统具有控制天线跟踪的功能。

(4) 自主故障诊断及处理要求：为保证卫星安全，通常需要控制和推进系统具有自主故障诊断及处理的能力：卫星姿态失稳（失去基准）情况下具有全姿态捕获能力；控制系统具有一定的自主故障检测、主备份设备的切换和系统重组的能力；在应急情况下，能自动进入应急安全模式，并具有在故障排除后进行姿态再捕获的能力，也可用遥控指令执行；参与整星故障排除的能力；控制计算机的软件具有一定的在轨维护能力。

12.5.2 系统配置及拓扑结构

新一代高分辨率遥感卫星对高精度、高稳定度姿态控制及敏捷机动要求更高,需要配置更高性能的产品。随着控制系统产品的不断技术进步,针对可以大角度敏捷机动的高分辨率遥感卫星,采用高精度、高动态星敏感器及大量程、长寿命光纤陀螺等敏感器可以有效提高姿态测量能力;配置6台大力矩控制力矩陀螺群可以实现大型卫星双轴向敏捷机动;同时,选择高性能控制器,缩短控制周期,从而保证控制系统高精度姿态控制。系统配置及拓扑结构示意图如图12-11所示。

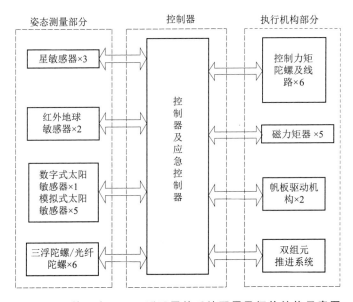

图12-11 基于全-CMG群配置的系统配置及拓扑结构示意图

卫星采用星敏感器+陀螺联合定姿方案,在进行产品配置时因充分考虑高精度姿态测量需求选用更高精度的星敏感器,目前国外很多产品已经实现了光轴指向确定精度优于$1''$(3σ)的精度,我国星敏感器也达到了优于$3''$(3σ)的精度;而在陀螺选择方面,需兼顾考虑惯性测量精度和大角度敏捷机动的需求,三浮陀螺一般测量精度高,但光纤陀螺测量范围较宽,可以满足大角度敏捷机动的需求,因此在系统配置时需综合考虑进行选择。同时,考虑在入轨时或星敏感器不可用时仍需采用传统的红外地球敏感器+陀螺+太阳敏感器作为备份定姿手段,因此系统配置时仍沿用了红外地球敏感器和太阳敏感器的传统配置。针对大角度敏捷机动需求,卫星采用6台控制力矩陀螺配置实现全-CMG姿态机动及稳定控制,CMG的选配需根据整星惯量及敏捷机动需求的力矩和角动量选择,其磁卸载可根据要求选择相应的磁力矩器来完成。

考虑卫星对强轨道机动要求,可采用双组元推进系统,并根据燃料预算来配置相应容积的燃料。

12.5.3 工作模式设计

1. 入轨段工作模式设计

根据高分辨率遥感卫星构型特点,典型的入轨段工作模式主要有以下内容。

(1) 入轨段控制:星箭分离后控制系统首先完成双组元推进系统液路接通。之后控制系统依据陀螺测速信息确定出卫星三轴姿态,并利用姿态控制部件将星体角速度降低到所要求的范围内,且维持卫星姿态误差在预定范围内。

卫星根据程控指令在星箭分离后 80 s 进行帆板展开,在太阳翼展开期间不进行主动姿态控制,当太阳翼完全展开后,利用姿控推力器将卫星姿态稳定在要求范围内,红外地球敏感器接入控制,利用推进分系统完成捕获地球,建立粗对地定向。

太阳帆板展开到位后,帆板驱动机构接入控制回路工作,驱动太阳翼旋转,使太阳翼捕获并跟踪太阳。卫星在阴影区时,太阳翼相对星体以轨道角速度旋转。

(2) 控制力矩陀螺启动:星上自主或通过地面遥控指令启动控制力矩陀螺高速转子,使其达到并稳定在额定转速。在高速转子启动期间,控制系统利用推进系统进行喷气控制,克服转子启动产生的干扰力矩作用,保持卫星的姿态稳定。

2. 在轨正常运行工作模式设计

(1) 正常对地运行:正常轨道运行状态采用控制力矩陀螺进行姿态控制,磁力矩器完成角动量卸载,必要时进行喷气保护。

(2) 点目标成像姿态机动控制模式:当载荷进行常规点目标成像任务或偏航定标任务时,卫星需从一个初始三轴姿态机动到另一个目标姿态,应在任务规划指定的时间内利用控制力矩陀螺群将卫星姿态机动并稳定在目标姿态上,且达到机动控制的指标要求。控制系统可根据机动角度分挡,在不同时间内完成机动到位并稳定。

(3) 匀地速成像姿态机动控制模式:当卫星进行近地点成像等任务时,控制系统具备按照星上指定的地物速度进行姿态回扫的功能。要求控制系统利用控制力矩陀螺群在规定时刻建立成像要求的角度、角速度,并保持匀地速扫描机动。

(4) 匀角速度成像姿态机动控制模式:当卫星进行近地点成像等任务时,

控制系统具备按照星上指定的角速度进行扫描机动的功能。要求控制系统利用控制力矩陀螺群在规定时刻建立成像要求的俯仰角速度,并保持相应角速度实现主动扫描成像。控制系统可根据姿态角速度分挡,在不同时间内完成回扫状态建立。

(5)偏航飞行定标姿态控制模式:卫星具有偏航90°定标调姿且同时沿星下点侧摆的能力,定标的同时可进行偏流角修正。

3. 轨道机动与轨道修正控制模式

分系统可以根据需要完成椭圆轨道上的轨道保持和平时值班轨道与详查轨道之间的轨道机动,在轨控期间可以克服姿态干扰保持姿态稳定。

4. 应急安全控制模式

(1)应急模式:如果姿态控制计算机系统发生故障时,分系统能自主使卫星进入一个应急安全的模式,并可保持这一姿态直到收到遥控指令,按指令要求改变工作模式。

(2)全姿态捕获:分系统能够控制星体从任意姿态捕获到正常的地球指向姿态。

(3)故障模式:部件故障情况下有两种处理办法:有冗余部件时,切换到备份部件工作,这种情况不涉及控制系统的重构,仍可按正常控制模式工作;无冗余部件或冗余部件故障数目过多时,需改变控制系统的工作结构,使卫星仍能保持对地三轴稳定模式,执行预定的对地观测任务,但此时要视部件故障的不同情形,卫星对地指向的精度及稳定度可能有不同程度的下降。

12.5.4 星敏感器+陀螺高精度联合姿态确定方案

由于惯性空间姿态确定精度的误差源主要是星敏感器的测量误差,为进一步提高星敏感器+陀螺联合定姿精度,可以选用更高精度的星敏感器。结合12.4.4节的分析,对于优于3″甚至是优于1″(3σ)的高精度星敏感器,其姿态确定精度可优于0.01°(3σ)。

12.5.5 高精度姿态指向及高稳定度控制方案

控制系统采用全控制力矩陀螺群进行姿态机动和稳态控制。控制力矩陀螺的力矩精度一般比动量轮稍低,当卫星姿态确定误差在0.01°(3σ)以内时,采用控制力矩陀螺系统的高精度控制,可以实现姿态指向精度优于0.05°(3σ)。

结合12.4.5节影响卫星姿态指向和稳定度的分析,在综合考虑各误差源影响后,进行指向误差和稳定度误差分析,从而判断是否满足三轴姿态稳定度要求。

12.5.6 快速姿态机动方案

遥感卫星机动时间很大程度上影响卫星效能,因此在方案论证中依据系统不同的配置选择,对卫星的机动能力和机动时间进行初步估算,以优化系统方案。针对典型角速度轨迹规划,为实现姿态机动到位时间最短的控制,不考虑其稳定过程,可采用Bang-Bang控制。根据控制力矩陀螺最大角动量包络和陀螺的测量范围限制,将卫星机动过程规划为加速、匀速、减速三段,规划出机动的欧拉角和角速度如图12-12所示。

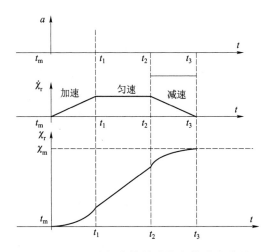

图 12-12 沿特征主轴的欧拉角轨迹示意图

图中 t_m 为姿态机动开始时刻;t_1 为姿态机动加速结束时刻;t_2 为匀速运动结束时刻;t_3 为机动结束时刻;a 为角加速度;$\dot{\chi}_r$ 为角速度;χ_r 为角度;χ_m 为机动角度。

姿态机动的规划角速度轨迹的转折时间点分别为

$t_1 = t_m + t_r$,t_r 为加速时间,可根据最大角加速度和陀螺测量量程等综合确定。

$$t_2 = t_1 + \frac{|\chi_m| - |a| \cdot t_r^2}{|a| \cdot t_r} \qquad (12\text{-}3)$$

若 $t_r > t_1$,则有匀速运行段,此时 $t_3 = t_2 + t_r$。否则

$$t_3 = t_m + 2\sqrt{\left|\frac{\chi_m}{a}\right|} \tag{12-4}$$

根据以上转折点和匀加速运动规律,可得期望角速度 $\dot{\chi}_r$ 和角度 χ_r 的表达式。其中,卫星机动角加速度 a 可根据整星的转动惯量和控制陀螺群的角动量输出能力来确定,同时在工程上还考虑陀螺量程的制约。对于大角度快速姿态机动,其姿态机动时间要充分考虑角加速度大小和加速时间,其取决于控制陀螺群输出力矩,还要考虑均速运行段,其最大角速度取决于控制陀螺群的角动量输出能力。

1. 全控制力矩陀螺组合控制构型与姿态机动控制方案

根据角动量和控制力矩的需求,卫星采用 6 台单框架控制力矩陀螺群配置,实现卫星滚动+俯仰快速姿态机动并稳定。卫星 6 台控制力矩陀螺采用五棱锥构型安装,五棱锥锥角 β 为 35°,组合控制构型如图 12-13 及图 12-14 所示。控制力矩陀螺 a、控制力矩陀螺 b、控制力矩陀螺 c、控制力矩陀螺 d 和控制力矩陀螺 e 的框架轴($+Y_B$)与五棱锥棱边平行。其中控制力矩陀螺 a 的 $+Y_B$(框架轴)位于卫星本体 XOZ 平面内,与 $+X$ 轴夹角为 55°,与 $+Z$ 轴夹角为 35°。控制力矩陀螺 f 的框架轴与卫星本体 $+Z$ 轴平行。卫星控制力矩陀螺操纵律将控制器所计算的控制力矩转化为控制力矩陀螺低速框架的运动角速度,在进行框架角速度指令的精确解算基础上,通过引入零运动规律和鲁棒奇异操纵律进行奇异规避,当卫星处于稳定状态时,采用磁力矩器进行角动量卸载。

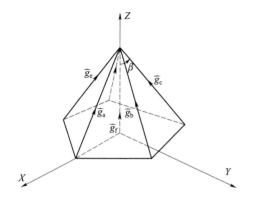

图 12-13 CMG 群安装示意图

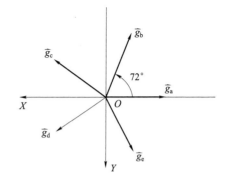

图 12-14 CMGa~e 在 XOY 平面投影示意图

卫星控制力矩陀螺群采用 6 个呈五棱锥构型安装方案,具有奇异点较少的优点。当 6 个控制力矩陀螺中 1 个出现故障时,其奇异点明显增加。规避奇异点主要措施包括:

(1) 选取远离奇异点的控制力矩陀螺群框架角标称位置。对于设定的标称角动量,系统存在无穷多个标称框架角位置,通过采用数值分析的方法优选取得奇异度量的标称框架角位置;

(2) 当卫星处于稳态控制时,采用磁力矩器进行整星角动量卸载,并通过回标称框架角操纵律,保证控制力矩陀螺群框架角处于预先设定的理想标称框架角位置附近,有效避免框架角构型在稳态时远离奇异点;

(3) 针对系统角动量包络分析,对机动过程中角动量留出一定的工程余量;

(4) 当控制力矩陀螺框架构型接近或进入奇异点时,通过采用奇异规避操纵律对控制力矩陀螺群施加额外的框架角运动或控制力矩扰动,使得系统脱离和远离奇异点。

2. 姿态机动轨迹规划方案

在姿态机动中采用轨迹规划的方法确定卫星的目标姿态。卫星姿态机动轨迹规划方法分别采用基于角加速度正弦曲线轨迹规划方法和基于角加速度正弦轨迹规划方法,星上可根据注入选择二者之一。结合路径规划与姿态控制方法,采用基于角加速度正弦曲线轨迹(如图 12-15 所示)规划,或者采用基于角加速度正弦轨迹(如图 12-16)规划,使得星体姿态以最短路径绕欧拉轴旋转。

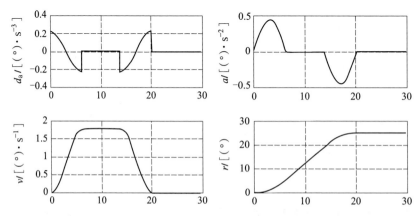

图 12-15 基于角加速度正弦曲线轨迹规划示意图

第 12 章 遥感卫星控制与推进系统设计与分析

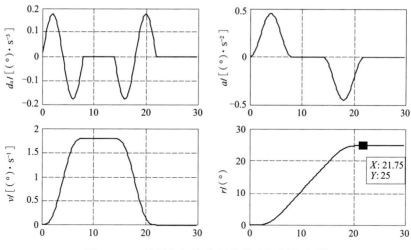

图 12-16 基于角加速度正弦轨迹规划示意图

3. 姿态机动跟踪方案分析

在姿态跟踪过程中,其跟踪地面目标条带为:起始经纬度和末端点经纬度两点所确定的大圆所对应的劣弧,方向由起始经纬度指向末端点经纬度。卫星目标姿态需保证卫星光轴(卫星本体 $+Z$ 轴)地面指向点,从规定的时间起点开始,保证地面指向点相对地心的地面移动角速度恒定且为规定值,从条带起始点均匀移动至末端点。

如图 12-17 所示,设系统给定扫描起始点 $P_0(\lambda_0, \delta_0)$ 和末端点 $P_1(\lambda_1, \delta_1)$ 的经纬度坐标,并规定相应的总扫描时间 T_p,以及扫描起始时刻 T_s,算法将首先给出卫星期望机动滚动角和俯仰角,偏流角按照偏流角目标姿态计算确定。

首先,计算出起始和末端点单位矢量 s_1,s_2,得到地面两点对应的总地心张角,根据张角和回扫时间长度计算出相对地面匀速回扫时每一时刻指向点在劣弧上的角度位置,进而得到指向点的经纬度信息。然后,根据指向点的经纬度和当地高程信息,计算出在地球坐标系下地面目标点的矢量,再将该矢量转到 J2000 惯性坐标系下。最后,根据当前时刻卫星所处的位置和地面目标点的位置关系,计算出卫星指向目标的矢量,进而

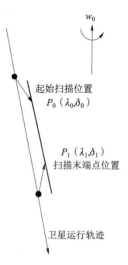

图 12-17 非沿迹跟踪过程

计算出卫星的滚动和俯仰目标姿态,差分得到相应的姿态角速度。

4. 姿态机动仿真验证

在两轴机动控制方面,采用四元数描述的姿态信息,并结合陀螺测量得到的三轴角速度信息实现卫星的姿态闭环控制,实现滚动、俯仰轴的联合机动。根据卫星柔性动力学参数,考虑偏流角跟踪,卫星机动 25°时稳定时间分析结果见表 12-2。

表 12-2 卫星机动 25°时稳定时间分析结果

分析指标	稳定度/$[(°)/s^{-1}](3\sigma)$		
	2×10^{-3}	1×10^{-3}	5×10^{-4}
设计需求/s	30	35	50
仿真结果/s	27.3	30.1	39.0

卫星滚动机动 25°的典型点对点姿态机动仿真曲线见图 12-18 和图 12-19,可实现 27.3 s 姿态稳定度优于 2×10^{-3}°/s(3σ),30.1 s 姿态稳定度优于 1×10^{-3}°/s(3σ),39 s 姿态稳定度优于 5×10^{-4}°/s(3σ)。可见,稳定度越高,需要控制的时间就越长。

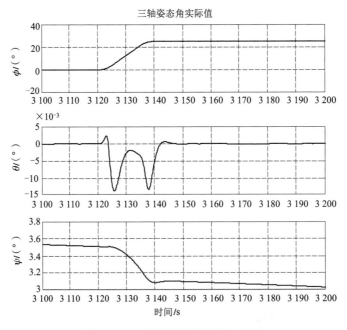

图 12-18 机动过程的欧拉角曲线

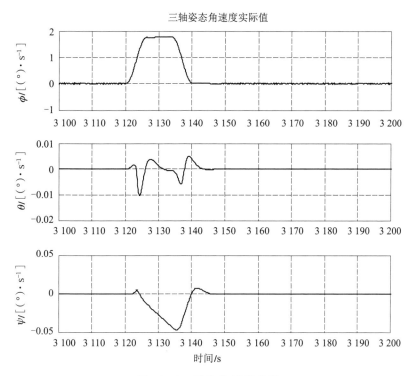

图 12-19　欧拉角速度曲线

12.5.7　卫星回扫方案分析

为实现对地面目标点的恒定速度回扫成像或匀地速扫描成像，设计了姿态预置模式，用于回扫成像的起始姿态和角速度的建立以及回扫成像完返回正常姿态的过程中。在姿态预置模式中，卫星可实现任意初始姿态/姿态角速度，在规定的时间，机动至任意目标姿态/姿态角速度。姿态预置模式采用基于末端平滑的多项式轨迹规划方法，其中末端平滑设计主要用于保证机动后期姿态/姿态角速度的平稳缓变特性，保证机动到位后的控制精度。

1. 回扫状态建立时间分析

按照卫星初始滚动姿态为零，俯仰姿态为 $-60°$，偏航角跟踪正常时的偏流角，机动过程中滚动角机动 $1.6°$，俯仰方向建立最大能力 $1.6°/s$ 的恒定扫描角速度，并保证建立角速度后的偏流角跟踪精度和稳定度，仿真结果如表 12-3，回扫建立时间满足任务需求。

表 12-3　卫星建立 1.6°/s 扫描角速度仿真结果

建立时间	15 s		20 s	
角速度类型	滚动/俯仰角速度 /[(°)·s^{-1}]	偏航角速度 /[(°)·s^{-1}]	滚动/俯仰角速度 /[(°)·s^{-1}]	偏航角速度 /[(°)·s^{-1}]
仿真结果	0.001 5	0.004	0.001	0.002
指标要求	≤0.002	<0.004	<0.001	<0.002

2. 回扫过程中的姿态确定精度分析

在星敏可用条件下，采用星敏测量姿态信息对陀螺估计姿态进行修正，即修正陀螺常值漂移，定姿结果如图 12-20 所示，在角速度回扫过程中，姿态确定精度为 0.005°（惯性系）。

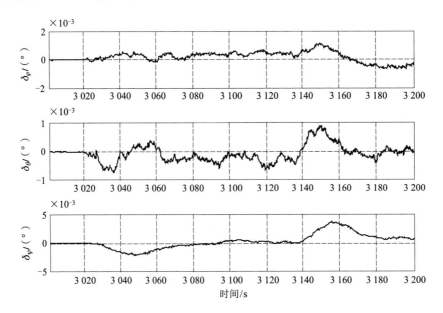

图 12-20　星敏陀螺定姿精度曲线

对回扫跟踪来说，卫星机动主要在俯仰方向，回扫角度一般在 30°以内，按照角速度为 1.5°/s 计算，则回扫时间为 20 s。采用陀螺进行姿态估计的计算精度如表 12-4 所示，去除系统误差后，仅靠陀螺可实现 0.01°的姿态确定精度。可见，引入星敏后定姿精度可实现优于 0.01°（3σ）；若回扫角度在 30°范围内，单靠陀螺进行姿态估计，也可达到定姿精度要求。

第 12 章 遥感卫星控制与推进系统设计与分析

表 12-4 陀螺姿态估计精度分析（惯性系）

误差源		误差大小	精度影响/(°)(3σ)
测量精度/%		0.03	0.009
星敏感器和轨道计算时间同步误差/μs (3σ)		<30	1.00 e-6
GPS 定轨误差	位置误差/m	10	4.5 e-4
	速度误差/(m·s⁻¹)(1σ)	0.01	
合计		—	0.009 451

3. 回扫过程中的稳定度分析

由于在动态过程中，星敏测量精度较差，按照正常模式进行控制时稳定度较差。因此在角速度扫描过程中，卫星采用角速度反馈，对各噪声影响按照刚体动力学进行分析，此时稳定度的噪声影响见表 12-5，速度稳定度能够实现 $0.001°/s$ (3σ) 的控制精度。

表 12-5 回扫过程稳定度分析

误差源	稳定度影响/[(°)·s⁻¹](3σ)
定姿精度	0.50×10^{-4}
陀螺随机漂移	0.33×10^{-4}
陀螺脉冲当量	1.81×10^{-4}
陀螺测量误差	4.8×10^{-4}
控制力矩陀螺力矩噪声	1.24×10^{-4}
控制力矩陀螺角速度当量	0.12×10^{-4}
帆板驱动影响	0.11×10^{-4}
总误差	8.91×10^{-4}

4. 回扫仿真分析结果

通过对卫星恒地速姿态回扫工况仿真，设定卫星从 3 200 s 预置 50 s 到星时 3 250 s 开始以 3 km/s 的匀地速对地面条带进行回扫，3 321.5 s 结束，之后返回正常对地姿态。表 12-6 给出了卫星运行摄影点轨迹的起始点和终止点目标姿态，图 12-21～图 12-24 分别是目标姿态曲线、目标姿态角速度曲线、三轴姿态指向精度曲线、三轴姿态姿态稳定度曲线，可见卫星回扫角度不超过 $-40°$，回扫过程姿态角速度不超过 $1°/s$，卫星指向偏差不超过 $0.02°$，卫星姿态稳定度优于 $2×10^{-3}°/s$（3σ）。

表 12-6　卫星恒地速回扫跟踪工况

起止时间/s	目标经度/(°)	目标纬度/(°)	滚转角/(°)	俯仰角/(°)	偏航角/(°)	滚转角速度/[(°)·s^{-1}]	俯仰角速度/[(°)·s^{-1}]	偏航角速度/[(°)·s^{-1}]
3 250.0	−17.277	−26.485	0.000 00	−0.000 00	3.243 65	0.028 64	−0.490 58	0.001 89
3 321.5	−17.714	−28.374	1.959 66	−31.096 02	3.964 49	0.025 78	−0.344 04	0.017 17

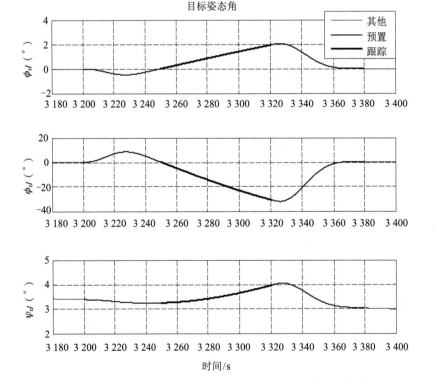

图 12-21　目标姿态曲线

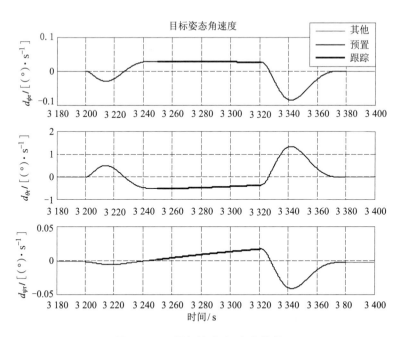

图 12-22 目标姿态角速度曲线

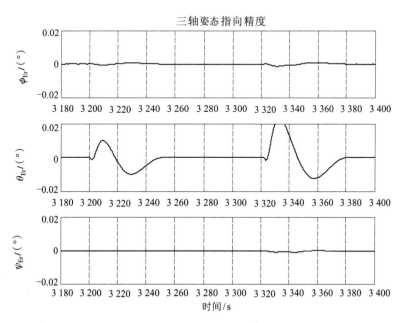

图 12-23 三轴姿态指向精度曲线

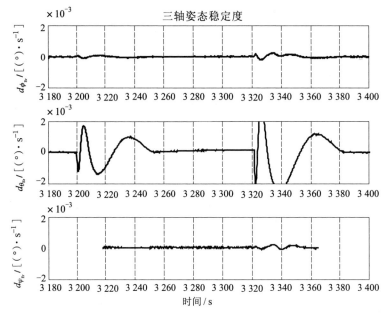

图 12-24 三轴姿态稳定度曲线

12.5.8 双组元推进系统方案设计

以往低轨遥感卫星单组元推进系统方案简单、使用方便，但所提供的冲量不足以满足强轨道机动的需求，因此，新一代高分辨率遥感卫星可以根据强轨道机动的需求，采用双组元推进系统来为整星提供姿态与轨道控制所需的冲量。双组元推进系统是采用氧化剂和燃烧剂两种组元的推进系统，其轨控推力器和姿控推力器所用的两种组元推进剂统一由一套推进剂贮箱供给，可以为卫星轨道机动提供更大的推力，从而完成强轨道机动的任务。

一种用于高分辨率遥感卫星的双组元推进系统包括 4 个功能模块：即一次增压模块、推进剂贮存及供给模块、轨控推力器模块和姿控推力器模块，其构成如图 12-25 所示，由气路部分、液路部分及相应控制电路组成。其中，控制电路可设计为独立推进线路盒或作为控制模块并入控制系统的控制器中。气路部分位于两类推进剂贮箱上游，由氦气瓶、高压压力传感器、气路加/排阀、高压常闭电爆阀、高压自锁阀、气体过滤器、减压器、单向阀、气体试验接口、低压常开电爆阀、管路和连接件组成。液路部分位于两类推进剂贮箱下游，由推进剂贮箱、低压常闭电爆阀、中压压力传感器、液路加/排阀、液体过滤器、低压常开电爆阀、自锁阀、姿控推力器、轨控推力器、管路和连接件组成。

第 12 章 遥感卫星控制与推进系统设计与分析

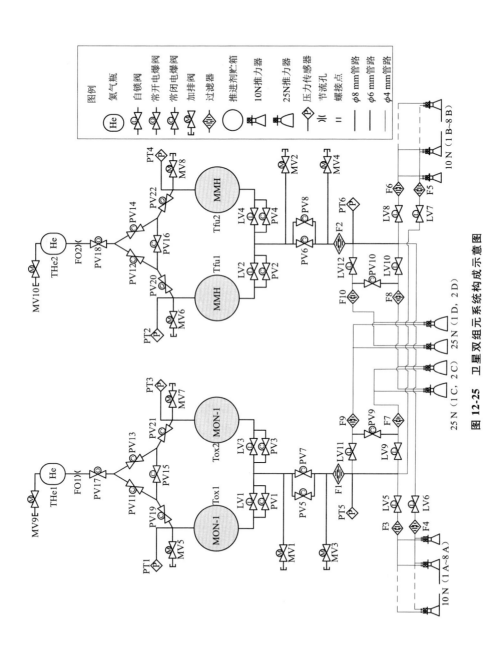

图 12-25 卫星双组元系统构成示意图

在轨期间，推进系统主要有以下 3 项工作任务，即入轨段状态建立模式、姿态控制冲量输出模式和轨道控制冲量输出模式，具体为：

（1）入轨段状态建立模式：该模式是从运载发射到星箭分离后的一段时间内的在轨工作模式，主要动作有 2 项，一是在星箭分离前进行管路排气，二是在星箭分离后起爆液路电爆阀，使姿控推力器工作。

（2）姿态控制冲量输出模式：该模式是从星箭分离后到卫星寿命结束期间的工作模式，要为整星提供各种工作状态下姿态控制所需的冲量。

（3）轨道控制冲量输出模式：该模式是从星箭分离后到卫星寿命结束期间的轨道控制任务过程中的工作模式，要为整星提供轨道控制的推力，并完成轨道控制期间的姿态控制。

12.5.9 系统仿真与验证

1. 基于快速机动模式及近地点工作模式的动态性能仿真

不同敏捷成像任务要求下，各个影响环节对成像质量的影响程度不同，对卫星采取的控制策略或任务调度策略也有所差异。如同轨多点目标成像和异轨同目标多角度观测模式由于采用传统的被动推扫方式，因此对卫星推扫速度的稳定性和方向性并无特殊要求，只是重点开展卫星快速姿态机动设计即可；而当采用同轨拼幅成像模式时，不仅要求卫星具有被动与主动推扫相结合的控制方式，还要求建立满足相机 TDICCD 多级积分所需的高稳定主动推扫速度，并要求双向扫描成像能力。因此，如何面向成像质量需求，确定各种成像模式下卫星姿态机动控制的功能和性能要求成为系统设计的关键。

仿真系统主要采用计算机数字仿真的方式实现卫星功能性能的仿真。整个仿真系统由三部分组成：仿真平台、卫星姿态机动仿真模型、仿真任务实时显示系统。仿真平台由仿真运行硬件环境、仿真模型开发环境、集成运行环境组成。卫星姿态机动仿真模型由卫星动力学模型、卫星敏感器模型、卫星执行机构模型、卫星工作模式仿真模型、姿态机动算法模型、卫星载荷成像分析模型组成。仿真任务实时显示系统显示卫星运行各分系统状态，将卫星运行的状态参数转化为图形显示，主要是卫星的运动姿态、帆板的运动状态、姿态机动状态。模拟卫星采用主动正反双向扫描，相机应进行双向扫描成像。

实时任务仿真主要根据控制系统和载荷的动作流程和工作模式进行设计，控制系统模型根据收到的姿态指令和姿态轨道等状态信息，通过选择敏感器和执行机构的配置，输入工作模式流程，按相应模型计算控制力矩陀螺低速框架的加速减速时间，规划姿态机动轨迹，控制星体转动，输出姿态信息，敏感器根据姿态信息及轨道等信息，输出测量姿态反馈到控制模型中。在卫星采用主动正反双向扫描方式建立稳定的主动扫描速度的同时，相机应进行双向扫描成像，并对不同工作模式下的成像任务进行仿真，主要包括同轨多目标成像模式、同轨多条带拼接成像模式、同轨立体成像模式、连续条带成像模式、单轨和异轨同目标多角度成像模式。

2. 地面三轴气浮台试验验证

控制系统动态性能全物理仿真验证方法采用三轴气浮台作为卫星的运动体，将陀螺、控制力矩陀螺等星上部件放置在三轴气浮台上，验证正常飞行模式、姿态机动模式、主动扫描成像模式下控制力矩陀螺群的控制律设计的正确性，卫星快速姿态机动能力、姿态控制精度和稳定度与设计符合性，包括姿态机动加减速控制和稳定策略、控制敏感器与执行机构协同控制性能。表 12-7 给出了 CMG 群全物理仿真试验内容。

表 12-7 CMG 群全物理仿真试验内容

测试项目	测试内容
稳态控制	考核采用全-CMG 群实现高精度、高稳定度控制的效果，并验证控制指标
	考核全-CMG 群高速启动到标称值后对姿态的影响
姿态机动	考核全-CMG 群机动控制方法的有效性，验证卫星姿态机动能力、任务响应时间及稳定后的控制精度及稳定度性能符合性，并验证卫星最大姿态机动角度范围
	考核单次姿态机动能力
	考核连续姿态机动
	最大姿态机动范围试验

验证项目涉及有关卫星成像任务设计的内容，即不同任务模式下卫星姿态机动角度、被动/主动推扫成像速度/方向/稳定度、实时偏流角修正频度/精度等，由此确定卫星任务响应能力，作为制定卫星在轨成像工作模式和控制策略的依据。此外，由于 CMG 故障模式对卫星在轨安全危害性很大，还要针对全-CMG 群配置的控制方案，进行各种故障模式诊断及处理的全物理仿真试验验证。表 12-8 给出了 CMG 群故障诊断及处理方案的全物理仿真试验验证内容，表 12-9 给出了 CMG 群奇异规避方法及其有效性验证的全物理仿真试验验证内容。

表 12-8 CMG 群故障对策验证工况

故障类型		故障判据	故障对策
通信故障		规定时间内收不到 CMG 的应答或应答的数据不对	先给故障 CMG 发硬复位指令尝试恢复状态。仍是通信故障则先高速断电、整机断电,再加电尝试恢复状态。仍是通信故障则高速断电、整机断电
进入安全模式		CMG 自检字显示其进入安全模式	立即发软复位指令;连续 10 s 不能退出保护模式,则先高速断电、后整机断电
低速故障	低速失控	CMG 低速角速度返回值连续 3 次大于 60°/s	判定为低速故障,则先给故障控制力矩陀螺高速断电,再给低速断电
低速故障	低速非预期转动	一段时间内指令角速度累加值与对应时间段低速框架角变化值之差超过门槛	判定为低速异常,给故障 CMG 减分,减分达到设定值后判定为低速故障,则先给故障 CMG 高速断电,再给低速断电
高速故障	高速偏离标称转速	CMG 返回的高速转速与标称转速之差过大	判定为高速故障,给故障 CMG 的高速断电,低速锁定
高速故障	高速启动超时	CMG 规定时间内无法达到标称转速	系统维持在 CMG 启动模式,使用喷气系统维持正常对地姿态
通过指令设置模拟高速故障,验证 CMG 故障诊断及处理方案			
6 - CMG 转 5 - CMG 工作		单个 CMG 设置故障后,系统采用 5 个 CMG 工作,对故障 CMG 产生的扰动进行消除。卫星姿态稳定且系统无喷气现象	

表 12-9 CMG 群奇异点规避策略验证工况

奇异规避策略	奇异规避方法有效性验证
(1) 选取远离奇异点的 CMG 群框架角标称位置。 (2) 稳态控制时,通过磁力矩器进行整星角动量卸载,保证 CMG 群框架角处于理想的标称框架角附近,远离奇异点。 (3) 针对角动量包络分析,在机动过程中保留一定角动量工程余量,降低进入奇异的可能。 (4) 当 CMG 框架构型接近或者进入奇异点时,通过采用奇异规避操纵律施加额外的框架角运动,使系统脱离和远离奇异点	通过设置初始角动量,使得 CMG 群进入奇异构型并维持一段时间。由试验仿真结果可知,机动过程中在 CMG 奇异规避算法作用下在要求的时间内系统仍能保持稳定运行,直到接近目标姿态后系统从奇异区脱离出来,且奇异度量值逐渐恢复

12.6 系统故障诊断与应急处理

对于在轨的异常状态,系统需设计相应的故障应对策略,保证卫星安全。故障应对策略应包括个别部件故障和某一类部件故障。前一种情况下有冗余部件,应进行故障部件的隔离和系统的自动重构,系统重构不应影响整星在轨正常使用要求;后一种情况下应设计备用系统控制方式,改变控制系统的工作模式,保证整星指向和安全控制。

12.6.1 系统冗余设计策略

控制和推进分系统的正常稳定运行直接影响卫星任务的实现,我国过去许多低轨遥感卫星都是因控制和推进故障而导致卫星姿态失稳无法成像工作,有一些甚至直接导致了卫星失效。因此对于控制和推进系统的冗余设计至关重要。在进行系统冗余设计时,为消除单点故障,提高系统可靠性,需在系统、设备等各级产品中采用冗余设计措施。冗余设计遵循原则:一是主备故障需要隔离,二是要有明确的故障判据,三是主备切换环节不能有共因失效。控制和推进系统冗余设计策略主要分为设备级的冗余设计和系统级异构功能冗余设计两大方面。设备级冗余设计详见10.8.2节。

系统级功能冗余主要是系统各项功能及性能实现的冗余,从而确保系统任务满足要求。主要包括姿态测量及确定功能冗余、控制力矩陀螺或动量轮卸载功能冗余、帆板对日定向控制方式冗余、系统故障模式冗余、推进系统冗余等。

(1) 姿态测量及确定功能冗余：陀螺＋星敏感器组成正常模式下的主要测量系统，而陀螺、红外地球敏感器、太阳敏感器可作为姿态确定的一种备份手段。

(2) 控制力矩陀螺或动量轮卸载功能冗余：在正常情况下，采用磁力矩器对控制力矩陀螺或动量轮进行卸载。如果由于意外情况或磁卸载不能完全消除扰动对星体的影响，导致控制力矩陀螺或动量轮角动量饱和，可进行喷气卸载。

(3) 帆板对日定向控制方式冗余：实现帆板对日定向控制有 3 路信号，1 路帆板角度传感器输出信号和 2 路模拟太阳敏感器信号。通常情况下先对这 3 路信号进行一致性比对，用对这 3 路信号采取 3 取 2 的方法得到帆板控制转角，实现对帆板的控制，也可以任意指定其中某种信号作为应转角信号实现对帆板的控制。在轨道的阴影区按照轨道角速度对帆板驱动机构进行控制。

(4) 系统故障模式冗余：卫星出现姿控异常时，首先对故障进行自主诊断；其次是切换控制计算机，启用备份部件工作；最后才是进入应急控制模式。因此从整个系统设计的冗余角度考虑，应急控制器是系统故障模式下备份工作模式。若出现姿态异常时，一般系统转入全姿态捕获模式，既可选用红外地球敏感器进行全姿态捕获，也可选用星敏感器进行全姿态捕获。

(5) 推进系统冗余：推进系统一般分为姿控推力器和轨控推力器。姿控推力器有主备份两个分支，可单独使用也可同时使用。轨控推力器有主备两组，可单独使用也可同时使用，两者互为备份。

12.6.2 故障模式与应急处理

控制和推进分系统设计时应考虑正常模式与故障模式的有效转换，应在尽可能保证整星对日指向和减少燃料消耗的条件下进行整星的姿态控制。

(1) 全姿态捕获模式：控制器正常工作且有可用部件情况下，系统应具备将卫星从任意姿态转回到正常对地指向姿态的能力。

(2) 应急安全控制模式：控制器出现故障，无法进行正常姿态控制时，分系统应转入应急安全控制，实现整星对日定向；分系统也可以接收数管通过总线发送的指令进入整星对日定向的应急安全模式中；应急安全模式下分系统应下传必要的遥测信息反映星上产品状态。

(3)停控模式：卫星姿态失控情况下分系统自主控制进入停控状态，并通过状态字将当前工作状态通知数管分系统。

随着未来遥感卫星超高分辨率载荷成像、高精度目标定位、超敏捷机动快速响应、敏捷轨道机动等任务需求的不断提高，及卫星有效载荷种类、数量乃至重量的不断提高，卫星遥感任务变得越来越复杂，任务要求也越来越高。因此，对控制与推进技术的需求也相应地向更高稳定度、更高敏捷度、更高轨道机动能力的方向发展，这就需要未来控制和推进系统不仅局限在硬件能力的提升上，更要朝着加强系统自主控制的任务管理方面拓展。同时，随着商业遥感的日益兴起，系统设计也逐渐标准化、模块化，从而可以更好地适应未来货架式采购、模块化集成、标准化测试等商业竞争需求。

参 考 文 献

[1] 谭维炽,胡金刚. 航天器系统工程 [M]. 北京:中国科学技术出版社,2009.
[2] 彭成荣. 航天器总体设计 [M]. 北京:中国科学技术出版社,2011.
[3] 边志强,蔡陈生,吕旺,沈毅力. 遥感卫星高精度高稳定度控制技术 [J]. 上海航天,2014 (3).
[4] 梁巍,周润松. 国外侦察卫星最新进展 [J]. 航天器工程,2007 (4).
[5] 郭今昌. 商用高分辨率光学遥感卫星及平台技术分析 [J]. 航天器工程,2009 (2).
[6] 韩昌元. 近代高分辨率地球成像商业卫星 [J]. 中国光学与应用光学,2010,3 (3).
[7] 西迪,杨保华. 航天器动力与控制 [M]. 北京:航空工业出版社,2010.
[8] 杨保华. 航天器制导、导航与控制 [M]. 北京:中国科学技术出版社,2011.
[9] 涂善澄. 卫星姿态动力学与控制 [M]. 北京:中国宇航出版社,2010.
[10] 章仁为. 卫星轨道姿态动力学与控制 [M]. 北京:北京航空航天大学出版社,1998.
[11] 王淑一,魏春岭,刘其睿. 敏捷卫星快速姿态机动方法研究 [J]. 空间控制技术与应用,2011 (4).
[12] 雷拥军,谈树萍,刘一武. 一种航天器姿态快速机动及稳定控制方法 [J]. 中国空间科学技术,2010 (5).
[13] Gmargulies A J N. Geometric Theory of Single-gimbal Control Moment Gyro system [J]. The Journal of the Astronautical Sciences,1978.
[14] 李季苏,于家源,牟小刚,张锦江. 卫星控制系统全物理仿真 [J]. 计算机仿真,2003,22 (S1):296-299.
[15] 李季苏,牟小刚,张锦江,王晓磊,宗红,孙宝祥. 气浮台在卫星控制系统仿真中的应用 [J]. 航天控制,2008,26 (5):64-68.

第 13 章

遥感卫星信息管理与数管系统设计与分析

13.1 概　　述

卫星信息系统是卫星任务管理与调度的核心，完成星上自主任务规划、系统级健康管理、重构管理、自动化测试、任务应急处置，以及数据管理、能源管理、热控管理、载荷管理、天线控制等功能。信息系统的大部分功能依靠数管系统实现。

国内卫星的数管系统起步较晚，早期的资源卫星等型号，星上为简单的联邦式系统，目前我国的高分辨率遥感卫星，处于由系统集成向统一的电子工程环境和标准化接口演变的时代。

本章结合我国高分辨率可见光遥感卫星研制与应用经验，重点介绍高自主、高集成的遥感卫星信息管理与数管系统的设计与分析。

13.2 需求分析

高分辨率遥感卫星主要用于对地面目标进行高分辨率观测,除了传统数据信息系统所具备的遥测、遥控功能外,在使用上要满足"多目标、看得清、照得准、响应快"等要求。同时为了避免由于轨道特点带来的地面测控资源不足的缺陷,星上要进行自主管理。

(1) 卫星高效自主任务管理与运控需求:与传统遥感卫星不同,高分辨率遥感卫星每天成像目标数快速增长,可完成上百个左右。同时为提升成像质量,卫星还配置了成像区域大气校正仪、星相机、振动测量子系统等辅助载荷设备,主动成像过程中还需要不断调整卫星姿态,完成单一任务的指令条数由数十条增加到上百条。卫星采用动中成像技术,必须使相机能够准确地对目标成像,同时高速运动中,必须实现高精度高频率的积分时间控制,积分时间设置频度由 1 Hz 提升到 32 Hz,需要数管、控制、导航接收机、相机协同完成高动态高精度姿态控制和成像参数设置。

(2) 任务应急响应需求:高分辨率遥感卫星过境时间短,国内测控站平均可见弧段 7 min 左右,对于区域性热点多目标地区,如果没有提前安排,在发生突发事件时,临时进行任务安排,需要由运控系统制作任务数据块,测控系统在测控站上注给卫星,卫星再终止当前任务,准备新任务。整个过程环节多、反应慢。为此,需要设计快速的自主任务规划及任务响应功能。

（3）星上高精度时间系统需求：时间系统除了为整星所有分系统提供统一的时间外，还应用于积分时间计算等功能。为提高成像质量，高分辨率遥感卫星成像的积分时间精度已达到 12.5 μs，而传统卫星为 60 μs。同时为了更加精确地控制成像时间，提高成像定位精度，必须设计高精度的时间系统。

（4）卫星自主健康管理与在轨维护需求：由于轨道的特点，以及我国测控站的分布，遥感卫星每天的测控弧段有限，一般能够跟踪四个圈次，每个圈次大概 6～8 min。受到测控资源的限制，星上信息系统必须对卫星的安全能够自主管理，卫星大部分不可见时，如果发生影响卫星安全的事件，信息系统能够自主进行处理，确保卫星的安全，同时要求重要系统功能可进行重构。

13.3 卫星信息系统架构与信息流管理设计

为了满足高效的任务管理和运行需求，采用"系统管理单元＋智能终端"的分布式系统架构，用以解决大量数据信息的分布式处理。利用"1553B＋SpaceWire"双总线设计架构，用以解决多种类不同速率数据的实时传输和综合调度，通过多智能终端＋双总线的模式实现卫星数管、相机、数传、中继终端、控制、测控、电源、导航、环境监测等分系统高动态协同工作，最终实现星上信息系统设计。

13.3.1 系统设计分析

当前高分辨率遥感卫星呈现出多任务、高自主、响应快等特点。通过多智能终端＋双总线的构架，配合综合信息管理软件体系，满足星上信息传输和处理要求。

1. 系统管理单元＋多智能终端的分布式架构，提升卫星信息系统自主管理能力

系统管理单元作为整星的计算中心，完成星上各智能终端的一体化协同指挥和调度，通过自主任务规划操控星上载荷、控制等分系统，完成多任务分解、多载荷协同、多指令执行、复杂参数设置的自主管理。

系统管理单元将任务分解后，调度各智能终端协同工作，其中姿轨控计算机完成成像姿态控制、姿态预估等功能，双模导航接收机完成实时定位、轨道预估等功能。系统管理单元根据姿态、轨道信息计算成像载荷的增益、级数等成像参数，确定成像积分时间，以及相机与数传控制。

2. 开发星上自主任务管理技术，提升卫星应急任务响应能力

卫星自主任务规划系统，在接收到用户的应急任务请求后，能够根据当前卫星状态，对当前任务进行终止，迅速建立执行下一次任务的状态，自主消解时序、能源、存储、姿态机动等资源冲突，达到分钟级的任务响应速度。

3. 采用高精度时间控制，提升卫星动态成像质量和几何定位精度

卫星通过硬件秒脉冲＋总线时间广播的时间系统设计，为星上各终端提供精度达到 $1\ \mu s$ 的时间系统，满足相机积分时间计算、成像控制和目标定位精度等需求。

4. 设计自主健康管理和高速上行链路，提升卫星可维护能力

各智能终端完成分系统遥测采集、组包和健康检查，自主完成境外健康监控，并将结果提供给系统管理单元，系统管理单元完成系统级健康管理，对涉及卫星能源安全、姿态安全、测控链路安全、载荷使用安全的重大安全事件，进行自主处理。

大型应用软件可以在轨升级，如卫星运控策略优化、图像预处理算法升级、任务相关数据和计算模型注入、星载软件升级等，减轻地面测试过程软件的维护负担，提升卫星在轨的可维护能力和应用效能。

5. 双总线信息传输，适应卫星多种类载荷数据应用和实时星务调度

卫星采用 1553B＋SpaceWire 双总线设计，通过 1553B 传输各智能终端的低速率数据，通过 SpaceWire 传输星相机、振动测量单元等中高速率的工程数据。在协议上采用遵循 CCSDS 标准的统一格式，在 1553B 传输机制上，采用分时同步机制，支持取数、置数等固定时序的传输服务，以及数据块传输的灵活传输服务，以满足不同终端的不同需求。

13.3.2 系统设计约束

系统设计约束主要来自三个方面，分别是任务层面的约束、工程大总体的

约束、卫星总体的约束。

任务层面的约束是指为了完成任务而对设计上产生的要求。一般包括：应急任务响应时间≤5 min，任务存储能力不小于200个，星上时间量化分层1 μs等。

工程大总体的约束是指由大系统接口带来的约束，包括支持调制码型：CM/NRZ－L码；遥控上行码速率：4 000 b/s；遥测下行码速率：8 192 b/s；漏指令概率：≤10^{-6}（信道误码率低于5×10^{-6}）；虚指令概率：≤1×10^{-6}（信道误码率低于5×10^{-6}）；误指令概率：≤10^{-8}（信道误码率低于5×10^{-6}）。

卫星总体的约束是指卫星在设计时，统筹考虑各分系统的功能、性能和设计状态，给数管分系统带来的一些要求，如：可支持2台应答机的上、下行接收通道和1路有线测试收发通道；具有明/密两种工作方式，其中密到明的切换不能由地面控制。

13.3.3 系统构架设计

整星信息流从传统的简单信息，发展到多种类测控数据、载荷工程数据集中调度传输模式，设计思路在许多方面发生了变化，体现在：从数据管理向信息管理、自主管理转型；从传统星上软件适应硬件设计理念向高性能硬件、高智能软件独立发展转型；从基于高性能CPU＋专用的系统软件设计理念向高性能CPU＋开放操作系统软件＋用户层软件设计思路转型；从联邦式软件构架向分区式、开放、可扩展的一体化软件架构转型；从面向卫星产品制造向面向系统全业务流程效能最优转型，将卫星视为用户关键业务环节进行设计，强调对地成像的快速性和高可用。

为了适应多智能终端、高中低多种类数据的传输、存储的要求，1553B总线完成低速遥测遥控源包传输，SpaceWire总线完成中高速率载荷工程数据的传输。对于特殊的数据通过LVDS进行传输，对多种速率数据进行存储复接设计，支持多种数据回放方式，详见图13-1。

13.3.4 基于1553B总线的高可靠信息流管理设计

采用1553B总线实现卫星数据的网络化，通过总线和接口芯片，实现星上遥测遥控数据的交互，减少设备之间数据传输大量的线缆。同时1553B总线可靠性高、实时性好，目前已经广泛应用于航空航天领域。

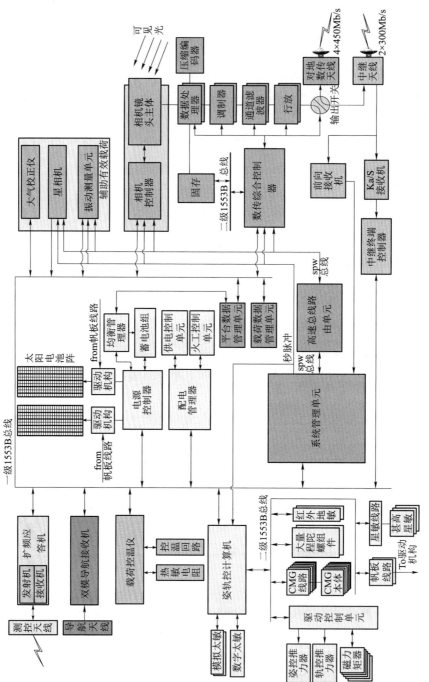

图 13-1　卫星信息系统拓扑结构和信息流图

1553B总线传输数据格式采用符合 CCSDS 133.0-B-1 Space Packet Protocol 的空间包和 CCSDS 732.0-B-2 AOS Space Data Link Protocol 的 AOS 传送帧。卫星信息流设计基于二级分布式系统，以 1553B 总线为核心实现遥测参数采集、指令发送、系统配置、低速 PVT 数据和姿态数据广播等基本业务，包括：

系统管理单元通过一级 1553B 总线控制平台管理单元/载荷管理单元，以及控制相机、数传、测控、电源、中继等分系统智能终端实现高动态调度管理和数据传输。其中控制、数传采用二级 1553B 总线管理各自分系统的内部设备。

卫星使用系统管理单元作为 1553B 总线控制端 BC，其他终端作为远程终端 RT，采用基于帧同步的 1553B 通信机制，每个通信帧定义为 50 ms，每秒 20 个通信帧。支持取数置数服务（预分配数据）、数据块传输服务（突发数据）。这种体制进行通信，其优点在于数据传输灵活，既可以使用预分配的带宽，也可以产生临时突发性的数据。其缺点是时序在小范围内不固定，突发数据事先无法指定其在哪个通信帧传输，可能会有几个通信帧的延迟。因此在进行设计时，对于有时序要求的数据，尽量设计在预分配带宽内传输，如果不能分配，就要允许一定的传输时间误差。

1553B 总线传输速率最高为 1 Mb/s，考虑到总线底层消息等的开销，一般 1553B 总线卫星有效数据传输不超过 300 kb/s。1553B 总线上可接入 32 个终端，因此各终端根据功能、性能等因素，要进行资源分配。在 1553B 总线上以 EPDU 源包的形式传输，每个终端根据需求不同假设有 N 个源包，源包的长度为 K_i，源包的传输周期为 T_i，则一个终端所占用的总线资源为：

$$Z = \frac{K_1}{T_1} + \frac{K_2}{T_2} + \cdots\cdots + \frac{K_N}{T_N} \tag{13-1}$$

式中，T_i 为源包 K_i 的传输周期，s；K_i 为第 i 个源包的长度，Byte。一个终端所占用的资源应符合整星的分配，同时全部的终端所占用的总线资源之和 $\sum_{i=1}^{N} Z_i$ 应小于总的可用资源。

13.3.5 基于 SpaceWire 总线的高速网络信息流管理设计

SpaceWire 是一种高速、双向、全双工、点对点的串行总线，设备通过 SpaceWire 总线连入网络中。网络中的节点通过串行链路以及虫洞开关相互连接。相较于 1553B 总线，SpaceWire 总线的速率大幅提升，由 1 Mb/s 提升到 100～400 Mb/s，可以适用于传输多个终端设备的中高速率数据。

SpaceWire 网络数据链路接口协议遵循 ECSS-E-ST-50-12C 标准：《SpaceWire—Links, nodes, routers and networks》的规定。各结点设备的 SpaceWire

链路接口特性应符合此标准的各项要求，卫星采用高速 SpaceWire 总线可提供高速、低延时、大数据量的平台数据服务，包括：

（1）将环境监测系统业务数据快速传输给数管系统的存储复接模块；

（2）将高速上行信道注入的大容量数据存入数管系统的存储复接模块；

（3）为控制、中继终端、GPS、相机、数传等分系统软件维护和系统重构提供数据通路；

（4）将数管系统存储复接模块数据传输到数传分系统固存。

SpaceWire 总线网络的优点在于传输速率较高，可以同时对多个终端进行路由，支持多个中高速率设备同时使用。在设计时要注意避免网络阻塞，在发生网络阻塞情况下，SpaceWire 路由器本身不会出现丢包、丢数情况，而待发送数据的节点可能会由于网络阻塞而导致发送缓冲区数据溢出，进而导致数据丢失的情况。因此要注意数据流分配的平衡，尽量避免某一条链路数据过多。

SpaceWire 总线网络的传输速率为 200 Mb/s，可适用于中高速率的数据传输，高速总线路由单元一般设计为 16 个接口，采用主备交叉设计，可挂载 8 台设备。SpaceWire 总线为串行总线，一个终端的 SpaceWire 数据传输速率为 S_i，则全部终端总的传输速率为 $\sum_{i=1}^{N} S_i$，按照冗余原则，该数值应该小于总速率的 80%。

13.3.6　星上遥测设计

随着遥感卫星设备复杂度不断提升，遥测参数量急速增长。遥测信道的带宽无法满足全部数据的传输需求，同时地面遥测判读不直观，判读数据量和复杂度越来越大，不利于卫星的易用性提升。为了解决上述问题，遥测设计上从遥测产生终端和下传策略同时入手，对"海量"的遥测参数进行分类，生成更为有针对性的遥测信息；根据不同遥测数据的重要性采取不同的下传策略，使关键信息数据优先下传，提升卫星信息下传效率。按照遥测包的内容和属性，将源包分为如下四类：

（1）实时遥测包：用于传输实时下传地面的遥测数据；

（2）延时遥测包：记录卫星在非过境期间的数据，在过境时以固定的带宽下传；

（3）突发遥测包：用于传输星上突发产生的状态报告，如故障信息、重大安全事件等；

（4）记录遥测包：用于记录重要的状态变化或者工作过程，在有需要时，地面发指令下传。

上述四类源包是 1553B 总线上传输的基本单元,又称为 E-PDU。系统管理单元收集到遥测源包(E-PDU)后,生成多路协议数据单元(M-PDU),M-PDU 由系统管理单元生成。M-PDU 由连续的包组成,超过最大 M-PDU 长度的包会被分开,完全填满 M-PDU,并且剩余部分从同一个虚拟信道的新的 M-PDU 开始。下一个 M-PDU 继续由级联的包组成,直到它溢出为止。M-PDU 装载于 VCDU 的数据域。VCDU 数据格式符合空间数据系统咨询委员会(CCSDS)规定的格式要求。

星上信息系统产生下行数据的流程如图 13-2 所示,最终数据通过测控扩频应答机下传地面。

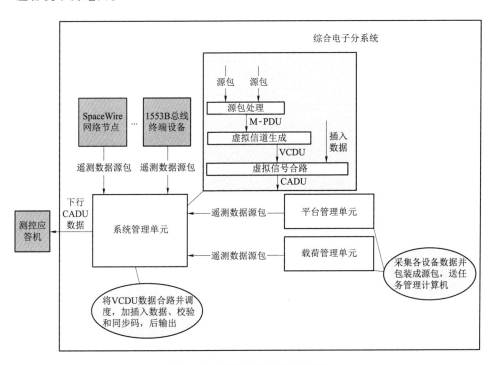

图 13-2 下行遥测数据信息流

13.3.7 遥控设计

传统遥感卫星遥控指令由于型号特定,未进行标准化设计,在测试、应用以及软件的通用化上存在一定限制。目前遥感卫星采用统一的 PUS 包标准,在应用上更加灵活,同时规范性更好。上行遥控链路协议遵守 CCSDS 232.0-B-2 标准 TC Space

Data Link Protocol 和 CCSDS 231.0-B-2 标准 TC Synchronization and Channel Coding。

上行遥控包括直接指令、注入数据（含间接指令和总线指令）。数据注入的数据结构、格式采用分层结构，各层的标准数据结构及其变换关系如图 13-3 所示。

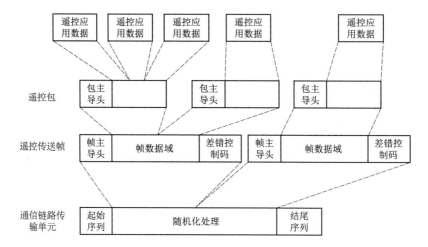

图 13-3　遥控结构示意图

遥控包封装在遥控帧当中，一个遥控帧既可以封装一个遥控包，也可以封装多个遥控包。通过遥控帧主导头中的虚拟信道标识区分指令类型，直接指令由遥控处理的指令译码模块进行译码并输出指令脉冲到终端，间接指令由系统管理单元处理指令码字后发送给平台管理单元，再由平台管理单元向终端输出指令脉冲，而总线指令则是由系统管理单元处理后，将指令码字通过总线发送给智能终端控制器，再由终端软件解析。

遥控帧完成编码、随机化之后，加工成通信链路传输单元 CLTU，由地面发送到星上，再由卫星解析执行。

13.3.8　数据存储设计

数据存储的需求主要来源于两个方面：一是遥感卫星的智能化高，同时受到地面测控站资源的限制，星上产生的各类反映卫星平台设备的状态数据，绝大部分不能通过遥测信道实时下传，因此先存储在星上，选择合适的时机集中下传。二是遥感卫星完成成像任务，需要辅助数据，用于地面系统处理图像，主要包括成像时的姿态信息、轨道信息、成像时的卫星微振动信息、大气校正信息、任务自主规划及自主管理信息等，这些信息会随一次任务完成下传，为地面图像处理提供支持。

数据存储采用智能化的自主存储设计,以星上的数据网络为基础,对卫星的数据信息进行记录。数据存储主要分为以下四类,分别为:

(1)重要数据,包括系统管理单元、姿轨控计算机、数据管理单元、电源下位机等单机的重要数据;

(2)1553B总线传输的工程数据以及卫星工程遥测数据;

(3)SpaceWire传输的辅助载荷工程数据及环境监测数据;

(4)通过前向接收机上行的数据(应用程序重注等)。

星上存储详细记录了系统管理单元、姿轨控计算机、数据管理单元、电源下位机等单机的重要数据和工作状态,主要应用于单机设备发生切机、复位时的状态恢复,因此对重要数据更新、存储、读取的实时性和准确性要求较高,重要数据的数据量小,为了方便使用,重要数据存储在系统管理单元的RAM当中。

其他三类数据量大,存储在系统管理单元的存储复接模块当中。存储复接模块分为低速存储区和高速存储区,它们按照功能又可分为三个区:存储复接一区是低速存储区,主要存储通过1553B总线传输的数据;存储复接二区和三区是高速存储区,主要存储通过SpaceWire总线传输的高速数据。其中存储复接二区存储前向接收机收到的高速数据,一般为星上软件程序更新及替换使用,存储复接三区存储星上各类小载荷设备产生的工程数据以及部分1553B总线数据。星上存储的数据可以通过测控信道回放到地面,也可以通过数传信道回放。这两种信道均支持挑包回放,可以选择关注的某一种信息集中下传,存储复接数据流如图13-4所示。

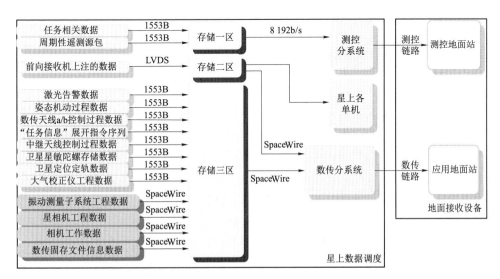

图13-4 平台数据存储复接模块数据流图

星上数据存储采用统一的格式,数据存储在设计时应当注意以下几点:

(1) 注意区分高速传输数据和低速传输数据,对数据传输速率和数据种类进行规划,接收端要配置合理的缓存,用以存放高速传输的数据。

(2) 遥测数据与工程数据不同,遥测数据长期有,工程数据仅在进行成像任务时才产生,因此遥测数据的硬件存储部分要一直加电,对设备的可靠性要求更高。

(3) 数据格式应统一,以便统一处理和打包。下传到地面的数据格式要与通过测控信道下传的遥测数据格式一致,以方便测控单位和图像处理人员使用。

(4) 存储数据应设计多种回放方式:可通过数传信道回放,也可通过测控信道回放;可以全部回放,也可以挑选一部分进行回放。

13.3.9 星地测控信息流设计

测控信息是卫星和地面之间信息交互的重要途径,地面在轨管理人员通过遥测信息获取卫星运行状态,以及任务执行情况,通过遥控指令控制卫星,通过导航定位信息对卫星的轨道进行确定,因此星地测控信息流必须高可靠、高稳定。

测控信息流由三部分组成:地面测控信息流、中继测控信息流和导航定位信息流,详见图13-5所示。

(1) 地面测控信息流:对地扩频接收天线接收地面中心站注入的扩频遥控信号,经匹配网络分别送入天地一体化扩频应答机,对地通道的接收机解扩解调处理后,送系统管理单元的信道关口单元;直接指令由系统管理单元直接译码输出给终端设备,间接指令由系统管理单元发送给数据管理单元处理后再发送给终端设备。遥测信息流由数据管理单元进行采集后送给系统管理单元进行组织打包,打包后的数据送至扩频应答机进行扩频调制后发送给地面。

(2) 中继测控信息流:中继星转发的遥控 PCM 码流通过中继测控接收天线后,送入天地一体化扩频应答机,中继通道接收机解扩解调处理后,送系统管理单元的信道关口单元;卫星的遥测数据由平台管理单元采集,送给系统管理单元进行组织打包,打包后的数据送扩频应答机进行扩频调制后,再送功率放大器放大。功率放大器有两路输出:一路 1.2 W 输出,经滤波器处理后通过 Ka/S 中继天线发送中继卫星;另外一路 13 W 输出,经过中继测控天线发射至中继卫星。

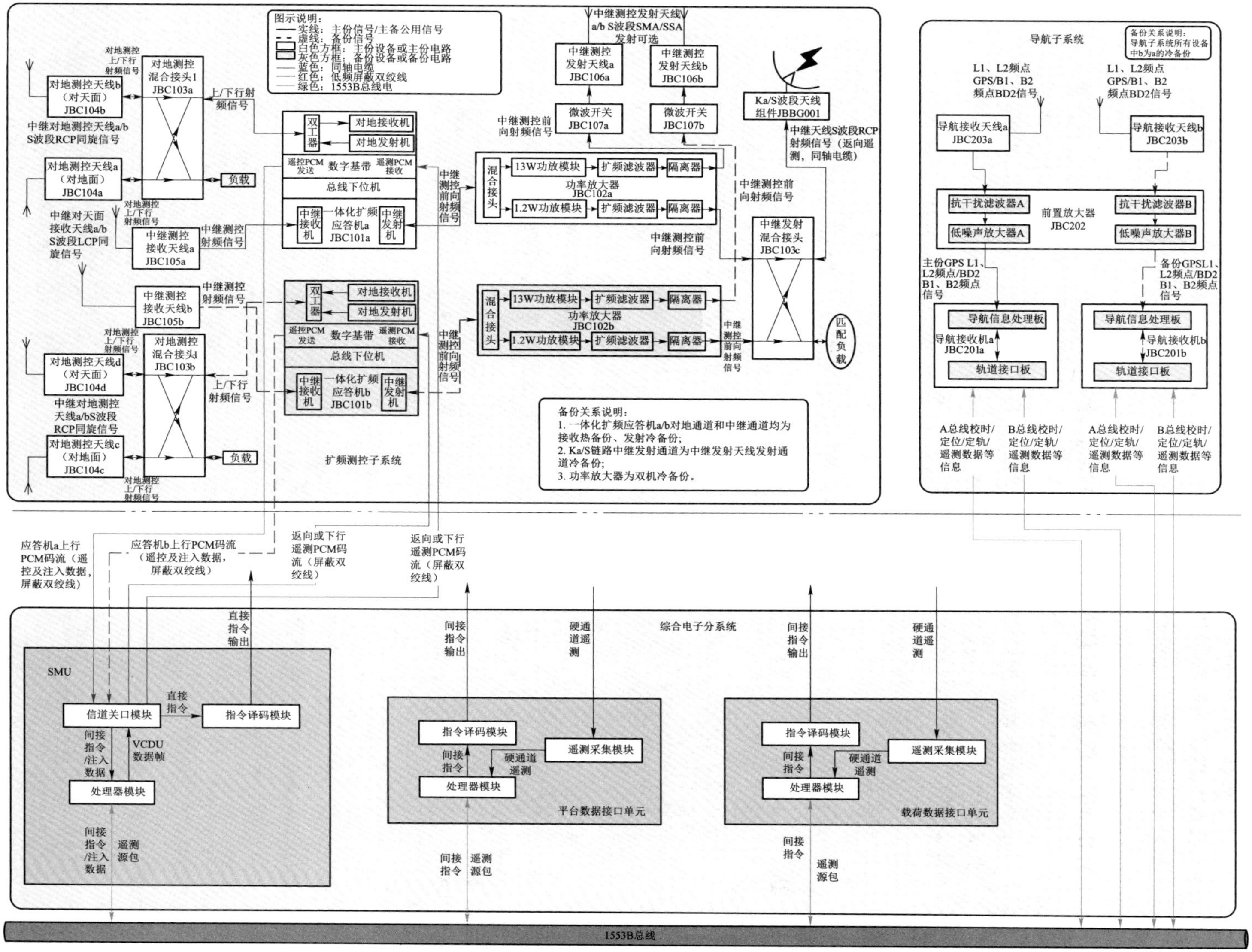

图 13-5 卫星测控信息流流图

（3）导航定位信息流：双模导航接收机定位数据按不同频度循环存储在导航接收机内，同时将定位数据通过数管系统组合成遥测参数下传。系统管理单元根据地面要求通过总线向 GPS 取数，将已存的数据下传给地面站。

13.3.10　星上高精度时间管理系统设计

卫星时间系统采用"硬件秒脉冲＋总线时间广播"模式，为相机、控制、微振动测量、星相机等提供硬件秒脉冲校时服务，时间发布精度为 1 μs；采用统一基准源或者高稳定度晶振为数管、星相机、振动测量、相机、控制提供高精度时钟。高精度时间管理系统由导航接收机提供硬件秒脉冲信号，由系统管理单元负责向各终端用户广播。

导航接收机开机后处于非定位状态，此时无法完成授时功能。导航接收机开机后 5 min 内完成定位及秒调整，然后开始输出有效的秒脉冲信号和时间码数据，导航接收机每秒一次输出与 UTC 时间同步的脉冲信号，并锁定该信号的时间信息，在 100 ms 内通过 1553B 总线发送给数管，作为所有系统工作的起点时刻。

系统管理单元接收导航接收机输出的整秒脉冲信号，放大、分路和输出到各路秒脉冲信号终端，数管系统将时间码数据发给各相关分系统、设备。

时间用户收到秒脉冲信号和数管系统通过总线发送的时间码数据后，作为时标信号，并采用各自内部时钟进行计数，计算得到数据采样时刻，高精度时间系统结构如图 13-6 所示。

第 13 章 遥感卫星信息管理与数管系统设计与分析

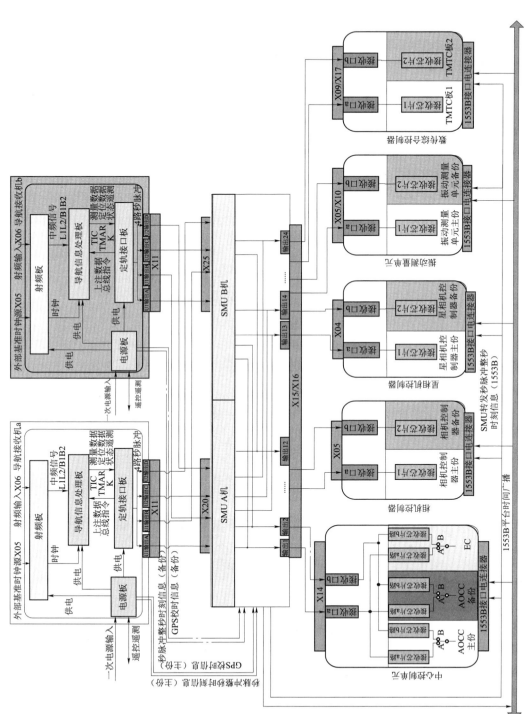

图 13-6 卫星时间管理系统图

卫星遥感技术

13.4 卫星自主任务管理设计

卫星采用"宏指令"技术，实现自主任务管理模式，直接接收用户注入的"成像时间、成像地点"等业务指令，在星上自主生成指令链。卫星每个测控圈次可注入160个成像任务，解决用户操控难度高、测控任务注入压力大的难题。

卫星一体化电子系统围绕用户在轨业务流程开展设计，以提高用户操控能力，提升在轨使用效能，增强在轨生存能力，提高快速任务响应能力。

13.4.1 基于有向图宏指令的自主任务管理及操控性设计

星上一体化电子系统要保障卫星运控系统实现从静态任务规划到动态任务规划转变，从专用操控模式向通用操控模式转变，从星地开环管理向星地闭环自主管理转变，以提高系统效能，星地数据接口见图13-7。

随着卫星成像能力的提高，卫星的成像能力增加到每天上百个任务，卫星应用模式也越来越复杂，卫星通过自主任务管理及操控性设计提升任务注入能力，降低用户操作负担。地面运控系统将成像时刻、目标经纬度、相机光轴指向及主动扫描速度等任务信息经由测控信道发送给系统管理单元，系统管理单元与各智能终端配合，完成上注任务管理、成像控制参数计算、任务指令序列

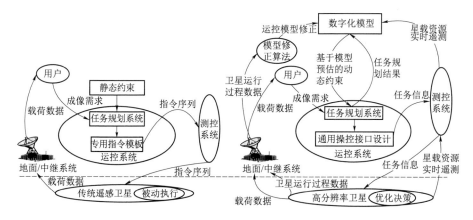

图 13-7 宏指令数据接口对比

生成、姿态/载荷协同控制、成像参数动态设置、高动态高精度积分时间计算等功能，显著降低了用户的操控难度。其主要设计策略如下。

1. 基于有向图的宏指令设计

一次卫星任务由星上载荷部分（包括载荷 1，载荷 2，…，载荷 N）、数据处理部分（包括数据处理器、压缩编码器、固态存储器等）、数据传输部分（包括对地和中继）、天线部分（对地天线和中继天线）、用户接收系统（地面站或者中继卫星）协同完成载荷数据生成、记录和传输的过程。通过执行具有严格时序约束的指令序列，卫星完成在特定工作模式下的数据链路握手、启动和停止。

将指令序列视为 N 维空间上的矢量（N 代表卫星全部工作模式下的最长指令个数），卫星指令序列自主生成问题转化为在 N 维空间上的矢量合成问题。相应地，用户任务可以由 N 维空间上有限数量的基本"矢量"合成。缩减指令序列数目及指令序列间的约束关系可以降低"矢量"合成的复杂度。按照"高内聚、低耦合"原则，综合分析每个工作模式下的卫星指令序列，以及指令序列间相互约束形成的约束矩阵，由约束矩阵建立任务有向图模型。

将基本指令序列和约束矩阵映射为有向图 $G(E, V)$ 模型，其中，$V = \{V_1, V_2, V_3, \cdots, V_N\}$ 是有向图顶点集合，每个顶点 $V_j (j=1, 2, \cdots, N)$ 对应一条指令，TIME(V_j) 代表指令 V_j 的"执行时刻"；$E = \{E_1, E_2, \cdots, E_M\}$ 是有向图边集合，边 $E_i = \{V_j \rightarrow V_k\}$ ($i=1, 2, \cdots, M$; $j, k = 1, 2, \cdots, N$) 代表指令 V_j 先于 V_k 执行；边 E_i 的长度 L_i 代表指令 $V_j \rightarrow V_k$ 的执行时间间隔。

卫星遥感技术

用户不需要上注大量的指令序列及其时序控制，只需要上注成像时刻、姿态机动角度等关键信息，星上根据有向图进行展开，自主生成可执行的指令序列，并确定执行时序，完成一次任务的执行，大幅提高了系统运控效率。

2. 高精度实时成像控制参数计算

系统管理单元根据任务队列分布情况，在成像时刻前 100 s 解析任务信息，将成像目标经纬度信息等传送给 GPS。GPS 根据数字高程图和轨道外推算法，解算成像时刻的精确轨道位置和高程信息。

控制系统根据 GPS 外推轨道预估数据、高程数据以及地面上注的起始成像时刻、成像起始/结束经纬度、回扫角速度，根据姿态机动能力计算最优的姿态机动起始时刻、姿态机动角度、成像结束时刻，并将以上关键时序参数返给管理单元，系统管理单元用于自主计算成像参数。

3. 任务指令序列自主生成

卫星运用宏指令算法，将卫星载荷控制有向图模型配置在系统管理单元中，根据地面注入任务和有向图模型，求解时序协同的姿态控制、数传控制、天线控制、相机控制指令序列。

4. 高精度的姿态/相机光轴指向协同控制

控制系统根据系统管理单元给出的姿态预置时刻、成像目标经纬度信息等执行姿态机动，在成像时刻指向成像目标。系统管理单元按照控制系统给出的姿态预置时刻对相机与数传进行同步控制。系统管理单元将成像时刻提前发送给相机控制器，相机控制器硬件触发机制，确保相机在规定时刻成像，以满足 500 m 的成像目标位置精度要求。

5. 高动态、高精度积分时间计算

数管系统设计了高精度相机积分时间自主预估算法，根据控制计算机、导航接收机提供的 8 Hz 动态位置参数、姿态参数，计算多片 TDICCD 的积分时间，并将其插值成 32 Hz 数据，提供给相机，由相机完成动态成像参数设置。

13.4.2 卫星在轨高效资源管理与优化控制设计

以往遥感卫星主要依靠地面人员制订任务计划，一般提前一天完成任务计划的制订，由于地面无法提前预知星上状态，因此星上资源利用率低，无法进行动态管理和优化。目前高分辨率遥感卫星设计了实时采集星上遥测信息及其各种资源预估算法，根据最新结果，动态调整卫星的运行状态，提升星上能源、成像弧段、数传弧段、存储资源的使用效率。

1. 卫星任务操控自主优化策略

系统管理单元根据连续两次任务之间的时间间隔、姿态角度、姿态角速度等信息，结合卫星姿态机动能力，自主安排姿态机动策略。同时根据连续两次任务之间的时间间隔，相机、数传等时序约束特性，自主安排相机、数传等关机策略。

2. 卫星成像效能优化控制

当两次成像任务时间间隔足够长时，系统管理单元按照 $5\times10^{-4}°/s$ 的成像稳定度安排成像任务；当成像时间间隔紧张时，按照 $2\times10^{-3}°/s$ 的成像稳定度安排成像任务，在有限的侦照时间窗口内实现对更多观测目标成像，提高卫星使用效能。

3. 星上图像数据传输优化管理

针对一些对地/中继数据传输天线预置时间长的情况，在任务空闲期提前完成对地/中继天线的预置，避免天线预置时间占用数传弧段。同时系统管理单元根据载荷数据文件大小、任务优先级、数据传输弧段等信息，自主安排数据回放计划，将重要图像数据及时回放到地面系统，避免地面预估图像容量不准导致数传弧段浪费。

4. 固存文件自主管理设计

系统管理单元根据成像任务建立固存文件。当固存容量不足时，可在地面设置允许的前提下，按照地面预置的优先级规则，自主删除低优先级图像数据，节约固存空间。

13.4.3 星上应急任务管理设计

遥感卫星用于对地成像，当发生洪水、地震、大火等突发灾难，以及战争、群体性事件等紧急情况时，往往事先无法预计，需要紧急对指定地点进行观测。

为了满足应付突发事件的应用需求，卫星需要对应急任务进行快速响应。

卫星需要进行自主任务规划、自主任务管理，自主生成可执行的指令序列，对星上各相关系统进行初始化。由于任务处理环节较多，每一次应急任务上注时，可能处于星上无任务阶段，也有可能星上正在执行任务。对于正在执行的任务，可能正处于指令生成阶段、自主调焦阶段、成像参数设置阶段、任务池待执行阶段、姿态机动开始阶段、成像阶段、成像完成后关闭设备姿态回摆阶段等不同的阶段，在不同阶段上注任务，其应急响应所需要的工作是不同的。在设计时需要根据具体情况，进行具体分析和制定处置对策。

根据不同的星上工作状态，设计应急响应时间窗口，将时间窗口划分为开机段、成像段、关机段等多个时间段。当检测到应急任务后，判断在应急任务时间段内是否有其他任务，进行冲突检测和可执行性的判断。如果为可执行任务，则对星上原有的任务进行取消，或者与新任务合并，同时开展新任务的一系列规划和管理，确保应急任务执行。

自主任务管理支持基于时间段、任务号的应急任务插入、删除和替换。当卫星接收应急成像任务后，如果当前没有正在执行的任务，则立即执行该应急任务。如果当前星上正在执行任务，则能够停止当前任务，并根据各种约束安排后续任务。

星上采用分布式计算体系，并行完成卫星能源约束模型、天线遮挡模型、数据存储与传输模型、图像数据量预估模型等计算，配合地面管控系统，能够提供应急任务的快速上注及响应。

13.5 星上自主健康管理设计

为提高卫星在轨生存能力,在可靠性、安全性设计基础上,综合近年遥感卫星在轨发生的典型故障,结合卫星 FMEA 分析结果,卫星从能源安全、姿态安全、测控链路安全、通信安全、运动部件安全、单机自诊断、软件维修重构等要素出发,采用"系统管理单元+智能终端"的系统架构,与各智能终端协同,由系统管理单元完成卫星在轨自主应急控制。同时,卫星利用星载大容量存储器,设计任务管理策略、健康诊断策略、载荷数据预处理算法等在轨重构功能。在设备级、分系统级和系统级制定自主健康管理策略,提高整星在轨运行安全性。

13.5.1 设备级健康管理设计

设备健康状态自检是指设备对硬件及软件工作状态进行定期自检,并实时生成自检字。自检字需要与分系统控制器或系统管理单元进行周期性交互,供系统级进行健康管理决策。不同设备间通信进行校验,出现通信错误后,由分系统控制器或者由系统管理单元自主进行重试、复位或切机动作。

13.5.2 分系统级健康管理设计

各分系统智能终端采集遥测参数并进行判读,生成分系统健康状态字。同时记录单机、分系统状态变化,生成事件报告(正常或异常);针对异常事件生成故障数据包,对故障数据进行记录,实现快速故障定位。

13.5.3 系统级自主健康管理

系统级自主健康管理包括电源、有效载荷、控制等各分系统,其主要策略如下。

(1)电源安全管理:卫星配电器具有电流、电压采集和过流硬件保护功能,在终端设备发生短路故障时,配电器隔离短路设备,保护一次电源;故障解除后,通过地面指令恢复设备供电。同时,系统管理单元根据配电器采集的电流参数,结合卫星工作模式,实现自主能源调度。当发生母线输出电压过低、负载电流过大、蓄电池电压过低、充电过充、放电过放及当前电量过小等情况时,卫星供电可能出现异常,整星进入电源安全模式:取消低优先级任务;关闭环境监测设备;并清除未执行载荷任务序列,顺序进行载荷关机。

(2)有效载荷安全管理:此措施作为分系统自主保护的备份措施。当功率放大器工作时间过长或TDICCD器件温度过高,整星进入有效载荷安全模式:顺序进行载荷关机动作;数传分系统自主对行波管组件断电。

(3)姿态安全管理:卫星姿态异常、姿轨控计算机工作异常时,整星进入姿态安全模式:关闭环境监测设备,清除未执行载荷任务序列,顺序进行载荷关机。

(4)SADA堵转安全管理:某一个SADA发生堵转而使太阳帆板无法对日定向,整星进入SADA堵转安全模式:关闭环境监测设备,清除未执行载荷任务序列,顺序进行载荷关机。

(5)整星燃料安全管理:在姿态异常时或轨控时,如果发动机累计工作时间过长,则控制系统软件不再给出喷气脉宽,关自锁阀,随后进入能源安全模式。

(6)测控链路安全管理:扩频应答机下位机实时监测单机部件健康状态;系统管理单元根据应答机运行过程的数字量遥测监测其运行状态,并对发生故障的应答机进行自主复位。

(7)通信安全管理:系统管理单元实时监测一级总线上各智能终端的通信

第13章 遥感卫星信息管理与数管系统设计与分析

状态,并对发生故障的单机进行自主复位;中心控制单元实时监测控制系统二级总线上各智能终端的通信状态,并对发生故障的单机进行自主复位;系统管理单元实时监测 SpaceWire 总线上各智能终端的通信状态,并对发生故障的链路进行重构。

(8) 运动部件安全管理:数传综合控制器、中继终端控制器实时采集对地数传天线和中继天线的电机电流、温度遥测,中心控制单元实时采集红外、CMG 的电机电流、温度遥测,一旦温度和电流异常,及时关闭运动部件。

(9) 载荷链路实时监测:系统管理单元根据载荷控制的状态机模型,自主判读载荷工作过程的健康状态。设置指令互锁机制,在地面使能条件下,只有满足执行条件时才执行指令,杜绝测试、应用过程非正规操作损坏卫星。

13.5.4　系统级冗余与重构设计

星上信息系统在系统级层面保证整星系统可靠运行,当出现故障时及时报警,紧急情况下采取安全防护措施,保证卫星在单一故障发生时不会影响到卫星安全以及任务执行。目前采取的系统级可靠性安全性策略包括:

(1) 星上所有分系统的重要状态保存及恢复:系统管理单元为卫星各分系统提供重要状态保存服务,该服务保持定期更新。在收到状态恢复(如设备复位、加电等)请求时,按照约定协议对其进行最近一次保存状态的恢复。

(2) 测控上行重构:系统管理单元通过 2 台应答机接收上行数据,根据应答机的锁定状态、数据的正确性,实时选择一路正确的上行数据。如果系统管理单元信道关口模块失效,可接收前向中继通道的数据帧,作为测控信道的备份,Ka 上行可以作为测控信道故障情况下的应急测控。

(3) 整星指令的可靠性设计策略:指令是整星的安全关键因素之一,为了保证境外指令的可靠执行,指令采用双机热冗余备份设计。设计指令记录功能,可保存最近 6 400 条指令的发送情况;直接指令和间接指令采用一体化设计,相较于以往卫星,系统管理单元可自主发送直接指令,拓展了星上自主管理的覆盖范围和指令的可靠性。

(4) 卫星各关键单机的软件维护:卫星关键单机的 CPU 软件或 FPGA 程序实现在轨维护功能,软件能够通过上注进行更改或者在轨升级。

(5) 秒脉冲重构:在正常情况下接收导航接收机发出的秒脉冲信号,并将秒脉冲信号和时间码广播给各相关分系统。同时高稳时钟单元产生本地的秒脉冲,并利用高稳时钟信号对导航接收机秒脉冲进行计时,在导航接收机秒脉冲异常的情况下,自主切换为高稳时钟单元产生的秒脉冲信号。

（6）中继高速上行通道：利用中继高速上行通道，为数传、相机、星相机等提供程序高速上行注入通道，以便于大规模程序快速完成上注和更新，中继上行数据通过 LVDS 接口进入系统管理单元存储模块，可多次使用。

（7）成像任务关键参数计算重构：除自主计算积分时间功能外，还支持相机计算积分时间模式，可将姿态预估数据、轨道预估数据发送给相机，由相机自主完成计算。同时还支持地面注入。

第 13 章　遥感卫星信息管理与数管系统设计与分析

13.6　星上数据管理系统设计与分析

我国早期的数据管理系统（OBDH）由遥感卫星起步，将传统的遥测遥控系统设计为星上数据管理系统，主要由数管计算机＋遥控单元＋多个远置单元构成，遥控单元负责直接遥控指令的执行，远置单元负责采集遥测信息以及间接指令的执行，数管计算机负责将远置单元采集到的遥测电压按照固定格式处理后，发送给测控分系统。

新一代数据管理系统，采用系统管理单元（SMU）＋平台管理单元（PFMU）＋载荷管理单元（PLMU）＋高速路由单元（SRU）的架构，在传统功能改进的基础之上，进一步发展了自主任务管理与高效运控能力、高精度时间系统、应急响应能力、自主健康管理及可维修可重构能力。

OBDH 是卫星的指挥调度系统，对实现系统功能起着极其关键的作用，本节所涉及的功能均由 OBDH 的软件硬件来承载和实现。

13.6.1　系统任务定义

（1）遥控遥测：采集卫星平台和有效载荷遥测数据，形成遥测数据源包并通过下行（返向）信道下传；负责处理卫星所需的直接指令、间接指令、数据指令，并为其他星地和星间通信提供上行（前向）数据通道。上行数据包括直

接指令和注入数据,其中注入数据包含间接指令、数据指令和其他信息传输的数据。

(2)平台数据管理:将遥测数据源包、卫星工作状态设置的数据包、地面注入的维护程序包、单机自测试程序包等存储在平台存储模块中。存储后的遥测源包可检索下传。故障情况(如单机复位、切换主备份等)下,自主将卫星工作状态设置的数据包、地面注入的维护程序包分发给相应单机/分系统,实现系统重构。单机自测试时,调用单机自测试程序并实现单机健康状态检查。

(3)火工品和配电管理:接收火箭二三级分离信号和星箭分离开关信号,火箭二三级分离后开启主动段排气程控,星箭分离后实现太阳翼展开程控;具备系统级配电安全管理功能。

(4)热控管理:具备手动控制和自动控制两种热控管理模式。自动控制模式支持基于门限的开关控温和比例控温两种模式。具有控温回路控制参数设置、控温回路重构功能。具有根据任务包络平滑热控加热功率的能力。

(5)时间管理:星上高精度时间系统可为载荷及平台设备提供精度达到 $1\,\mu s$ 的时间,采用统一基准源为卫星提供高稳定时钟源,具有 BD/GPS 自主校时,地面集中校时+均匀校时的方式,并利用导航接收机为控制计算机、相机控制器等终端提供高精度秒脉冲服务。

(6)任务管理:为了进一步提高星上任务管理的智能化和自主化,设计了能源自主预估、优化利用功能、平台数据存储和回放自主管理功能、天线预指向自主管理功能、星上存储资源自主管理功能。

(7)操控管理:具有任务指令序列自主生成功能,提供面向用户的"高级"操控接口,可支持大批量数据注入及管理,能够进行设备自主重构管理,支持基于编号的任务查询、插入和删除功能,支持指令互锁功能。

(8)健康管理:任务管理计算机具有系统级自主健康管理功能,包括信息流自主重构管理、设备切机/复位的软件自主重构管理、测控链路闭环自主管理、配电安全自主管理、一次电源安全自主管理、姿态安全自主管理、载荷使用安全自主管理、任务重构管理、总线重构管理、卫星安全模式管理等。

13.6.2 数管系统方案描述

数管系统以系统管理单元为核心,以分级分布式网络体系结构为系统架构,完成在轨运行调度和综合信息处理,对星上各系统运行进行高效可靠的管理和控制,监视卫星状态,协调整星的工作,对有效载荷进行管理和数据处理,实现星内信息统一处理和共享采用标准接口,可兼顾现有需求和未来功能的扩展。

系统管理单元完成遥测遥控、时间管理、任务管理、自主健康管理、存储管理、任务辅助数据管理、高速总线通信管理等。平台管理单元用于实现平台设备的管理和控制,完成平台遥测采集/温度采集、平台指令管理、自主热控、电源均衡管理等功能。载荷管理单元面向载荷设备进行管理,完成载荷遥测和温度采集、载荷指令管理等功能。

数管系统拓扑结构、组成以及与其他系统的连接框图如图 13-8 所示,包括系统管理单元、平台管理单元、载荷管理单元、高速总线路由单元。

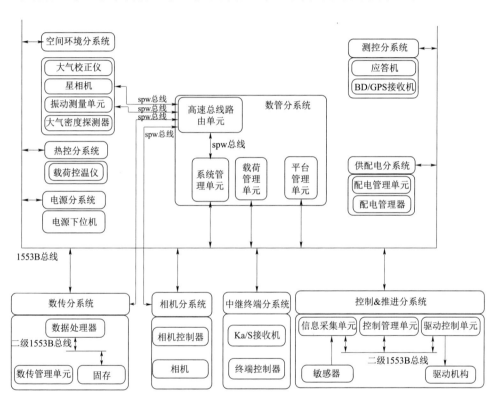

图 13-8 数管分系统拓扑图

13.6.3 系统管理单元设计描述

系统管理单元通过测控应答机接收并执行地面发送的所有遥控直接指令和注入数据,完成遥测数据的组织和下行,完成遥控数据的分配,控制串行数据总线的运行及总线终端的操作,提供星上基准时间,完成分系统内务管理功能，并具有多路数据复接以及大容量存储功能。星上大部分的自主智能功能由系统管理单元软件完成。系统管理单元组成见图13-9。

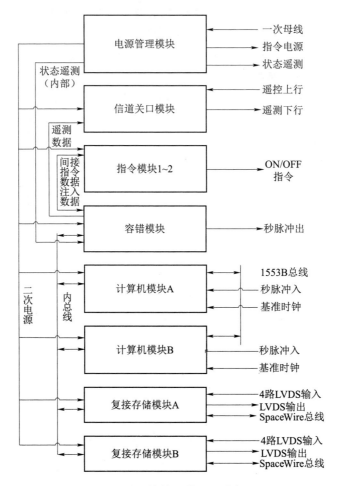

图 13-9 系统管理单元组成框图

13.6.4 平台/载荷管理单元设计描述

平台数据管理单元直接与卫星平台各分系统用户接口，实现平台设备的管理和控制，完成平台遥测采集、温度采集、平台指令管理、热控控制、1553B总线数据采集/存储、配电安全管理等功能。

载荷数据管理单元面向载荷设备进行管理，完成、载荷遥测和温度采集、载荷指令管理等功能。其功能与平台数据管理单元相似。其组成结构见图13-10。

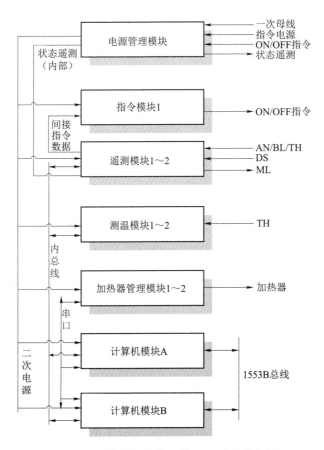

图 13-10 载荷数据管理单元组成结构框图

13.6.5 高速总线路由单元设计描述

高速总线路由单元（路由单元）作为卫星 SpaceWire 总线网络的核心，负责平台各分系统、设备间高速数据的双向、并行路由传输管理，提供 1553B 总线网络难以实现的高速、实时、大块数据传输服务，从而大幅扩展、升级卫星平台总线网络系统的功能和性能。

路由单元对外提供多路标准 SpaceWire 接口，用于连接各节点设备，接口符合 ECSS-E-ST-50-12C 标准规定，链路传输速率在 100～400 Mb/s 之间设定，具体依据网络传输的实时性需求确定。路由单元兼容逻辑寻址和路径寻址两种寻址方式，支持所有对外 SpaceWire 接口中任意两个之间的互连和数据包传输功能。参见图 13-11。

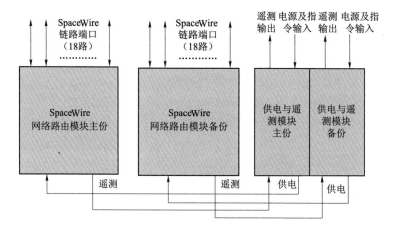

图 13-11 SpaceWire 路由单元组成框图

13.6.6 电子设备模块化设计

数管系统采用通用模块的框架，所有电子产品均由 LRM 模块组成，所有的 LRM 模块均由基础支持单元、计算处理、信息路由、网络接口、通用物理接口以及电源等几部分通用模块和专用模块组成，每一种 LRM 模块功能都需要通过上述公用模块融入整个系统。同时，LRM 模块通过内嵌软件实现与整个系统的交互，通过规定外部机械结构形式实现不同功能产品的物理特性的标准化，通过内嵌自测试功能单元实现故障自检测，一方面实现了快速健康检查，一方面为系统制定 FDIR 策略提供了依据。硬件通用模块化框架包括：

（1）物理层接口：提供模块与系统中其他模块连接的物理和电气接口，例如背板总线接口或局部总线接口。

（2）网络层接口（可选）：提供从物理层接口到模块内部功能组件各部分之间的通信路由。

（3）供电电源：将模块物理层接口提供的标准直流电压转换成模块内部要求的各种工作电压，并且提供模块供电的过流过压保护能力。

（4）模块测试维护和容错：提供模块内建自测试（BIT）的支持能力，与模块功能组件配合完成模块故障检测、记录和报告；提供模块容错重组支持能力，支持冗余功能组件的切换重组。

（5）功能组件：按照不同功能要求设计的特定硬件电路组件，与模块基础部分连接形成完整的硬件模块产品。

第 13 章 遥感卫星信息管理与数管系统设计与分析

按照上述数管系统功能需求分解，可定义 9 种通用硬件功能模块。通过模块产品组合使用，可满足卫星的基本需求，各功能模块设计见表 13-1。

表 13-1 通用功能模块

模块名称	功能说明	备注
信道关口模块	适应不同 USB 或扩频应答机的接口，实现上下行遥控遥测数据处理和信息安全处理功能	
指令模块	指令译码与指令输出	
模拟量采集模块	高精度遥测数据采集	12 位 A/D 变换器
通用处理器模块	为整星的各类平台任务提供高性能运算处理能力	
总线通信及时间同步模块	总线通信及时间同步	
功率驱动模块	实现功率负载（如热控加热器）回路控制	
数据复接存储模块	实现中低速数据流的合路和存储服务	
SpaceWire 总线路由模块	实现 SpaceWire 网络路由功能	
测温信号调理模块	实现温度参数采集和测量	

13.6.7 基于操作系统的构件化应用软件设计

数管软件按照操作系统软件＋应用软件的构架进行设计，其中操作系统软件为星上处理器提供维护和管理。星载计算机加电或重启动时，系统软件首先完成硬件初始化，然后启动操作系统内核，创建多任务环境，最后利用操作系统与应用软件之间的接口，进入到应用软件的初始化任务中，应用软件在操作系统软件的支持下，完成特定的功能。

图 13-12 给出了星上数据接口业务模型，其核心理念是通过分层制定不同层的业务以及协议，并对上层提供标准的接口。符合标准协议的设备可以很方便地进行互连，只要保持层间接口不变，即可对不同层进行技术升级而不影响其他层。此外，通过对各层业务的标准化定义，可使业务相关的软件能在不同型号间通用，从而极大提高软件开发的效率。

各层级软件采用构件化设计，每个功能设计成为独立的构件，软件的拓展性很好，可以在底层的支持下，拓展出多种满足用户需求的应用功能。在应用层设计上卫星的智能自主程度得到极大的提高。同时底层软件也进一步标准化，通过接口的定义，实现对硬件的驱动和对顶层的支持，具有更好的通用性。

应用层	遥测功能	遥控功能	任务参数计算	任务规划	任务管理	健康管理	扩展功能
应用支持层	应用支持业务	遥控确认业务	设备指令分发业务	星上调度业务	内存管理业务	功能管理业务	时间管理业务	在轨维护业务
		内务参数报告业务	星上监视业务	星上存储获取业务	事件报告业务	事件-动作业务	重要数据保存与恢复业务
	基础业务	消息访问业务	文件访问业务	指令及数据获取业务	时间访问业务	其他扩展业务
传输层	传输层协议
网络层	空间包协议
子网层	子网层业务	包业务	内存访问业务	时间同步业务	设备访问业务	测试业务
	会聚层	链路访问接口	驱动程序访问接口
	数据链路层	1553B总线访问业务	ARINC659总线访问业务	SpaceWire总线访问业务	RS422访问业务	LVDS访问业务
	操作系统
	硬件访问层

图 13-12　星上数据接口业务模型

　　星上信息系统是卫星的调度指挥中心、事件处理中心、应急抢救中心，在遥感卫星的日常运行、任务操控和应急处置中起着重要的作用。星上信息系统经历了从简单到复杂，从遥测遥控管理到星上信息的综合处理、智能化管理的发展过程。未来卫星智能信息系统技术继续朝着数字化、信息化、网络化、自主化、智能化方向发展。在结构上趋向模块化、小型化、集成化、标准化，采用标准的板卡、机箱以及标准的内总线来提高系统的集成度、扩展性、通用性，在功能上趋向自主任务管理、自主健康管理、自主应急处理等智能功能。

参 考 文 献

[1] 沙晋明. 遥感原理与应用 [M]. 第 2 版. 北京:科学出版社,2017.

[2] 谭维炽,胡金刚. 航天器系统工程 [M]. 北京:中国科学技术出版社,2009.

[3] 徐福祥. 卫星工程概论 [M]. 北京:中国宇航出版社,2004.

[4] 贺仁杰,李菊芳,姚锋,等. 成像卫星任务规划技术 [M]. 北京:科学出版社,2011.

[5] 田志新,汤海涛,王中果,等. 基于星上动态指令调度的卫星使用效能提升技术 [J]. 宇航学报,2014,35(10):1105-1113.

[6] 田志新,金英,张宏宇,等. 基于有向图模型的遥感卫星指令生成设计 [C]. 五院科技委计算机与测控专业组 2012 年学术年会文集(2012):282.

[7] Underwood C,G Richardson,J Savignol. SNAP.1:A Low Cost Modular COTS_based Nano-Satellite-Design,Construction,Launch and Early Operations Phase [C]. in 15th AIAA/USU Conference on Small Satellites. 2001:Logan,Utah.

[8] Speer D,Jackson G,Raphael D. Flight Computer Design for the Space Technology 5 (ST25) Mission [J],2002 IEEE.

[9] 贺应其. 重构计算机系统的可靠性分析 [J]. 电脑与信息技术,1994(4):59-61.

[10] D I Heimann,et al. Dependability Modeling for Computer System [J]. Proceedings of 1991 Annual RAM,1991:120-128.

[11] 熊庭刚. 基于操作系统调用的容错计算机系统同步技术研究 [J]. 计算机研究与发展,2006,43(11):1985-1992.

[12] Tian Hexiang. Research on Integrated Electronic System of Micro-satellite and Related Key Techniques [Z]. Tsinghua University,2009.

[13] 彭俊杰,袁成军. 软件实现的星载系统故障注入技术研究 [J]. 哈尔滨工业大学学报,2004,36(7):934-936.

第 14 章

遥感卫星测控与导航定位系统设计与分析

第 14 章 遥感卫星测控与导航定位系统设计与分析

14.1 概 述

卫星测控系统是航天器与地面站之间联系的主要手段,它是用来对在轨运行的卫星进行跟踪、测量、监视,并控制其运行轨迹、姿态和工作状态的系统。卫星随着运载火箭发射升空并在太空轨道上运行,地面需要及时测量卫星运行轨道,了解卫星平台及有效载荷的工作情况和各种工程参数,同时还要在地面对卫星平台及有效载荷的各种状态进行各种控制。

卫星测控系统的功能包括跟踪测轨、遥测、遥控三个方面。跟踪测轨是配合地面测控系统完成对卫星的测角、测距、测速等功能,现代先进遥感卫星测定轨采用 GPS 及或 BD 等天基定位系统,实现了全球覆盖、高精度导航定位。遥测是通过采集卫星内部的各项技术参数和物理量,并将这些参数和物理量经过调制通过射频信道传送至地面站,经解调记录和处理还原出相应参数和数据,供地面人员对卫星状态进行分析判断。遥控是卫星接收地面站发来的指令和数据,经解调、译码后分别送星上相应系统去执行。上述三项功能在卫星测控系统中形成一个统一体。

本章结合我国高分辨率遥感卫星研制经验和卫星测控与导航技术进展,重点介绍遥感卫星测控与导航系统总体设计方法。

14.1.1 发展概况

随着航天技术的发展,近几十年来,测控技术有了迅速的发展,取得了一系列重要成果。按照测控体制的发展，可划分为 3 个里程碑阶段：分散测控体制发展阶段、统一载波体制发展阶段和基于扩频的 TDRSS（跟踪与数据中继卫星系统）测控体制发展阶段。

统一扩频测控体制将遥控以及遥测数据都采用扩频传输。扩频技术是具有优良电子防御与对抗能力的新型通信技术，其具有截获概率低、抗干扰性好、保密性强等优点，有着极广阔的应用前景。统一扩频测控体制抛弃了统一载波测控体制用载波和副载波来统一完成各种测控功能的概念，而采用 CDMA（码分多址）体制来统一完成各种测控功能。统一扩频体制具有高的传输有效性与抗干扰性，不仅节省了频带和设备，而且解决了信号传输加密问题。统一扩频体制将逐步取代传统的 USB 体制，也有利于向 TDRSS 过渡。因此，我国测控体制从统一载波体制向统一扩频体制发展成为必然趋势。

跟踪与数据中继卫星系统是转发地球站对低、中轨道航天器的跟踪测控信号和中继从航天器发回地面的信息的通信卫星系统。作为天基测控通信系统，TDRSS 的特点是高的轨道覆盖率、多目标测控、通信高速数据传输，显著提高了系统的综合能力。

美国作为航天大国，其航天测控系统是世界航天测控系统发展水平的典型代表。以典型的美国国家航空航天局为例，其天基网由白沙综合站和地球同步轨道跟踪与数据中继卫星星座构成，能够实现对地球轨道卫星的全覆盖。我国自 20 世纪 90 年代，地基网方面，逐步建立了由 2 个中心、国内 6 个固定站、2 个活动站和 4 艘"远望"号测量船组成的陆、海基统一 S 频段测控网。2008 年 4 月，"天链一号" 01 星发射升空并投入使用，正逐渐使我国从地基测控网时代转入天基测控时代。

导航卫星在高分辨率对地观测卫星的应用显著提高了卫星测定轨和卫星时间系统的性能，它可以精确地确定卫星的位置和时间，相对于传统的基于地面测控站的无线电外测方式，具有位置和时间测量精度高、长时间连续观测的优点。现阶段，广泛应用于对地观测卫星测定轨及时统的应用。

我国航天测控网的主要发展途径是建立数据中继卫星系统，以及充分利用 GPS/GLONASS 和我国发展中的北斗全球卫星导航定位系统，逐步由陆海基测控网向天地结合的一体化综合测控网发展。

14.1.2　发展趋势

随着高分辨率对地观测卫星技术不断进步，卫星对测控系统的要求也在不断提高。主要表现在高时效性地完成遥测、遥控任务和高精度测定轨两方面。

具体而言,卫星测控系统具有以下发展趋势:

遥测、遥控功能由区域地面站方式向天基中继星全球覆盖方式发展。利用跟踪与数据中继卫星系统(TDRSS)全球覆盖的能力,结合地基测控站的方式,采用"天基-地基"一体化测控网络实现全球遥测、遥控覆盖能力,满足任意时刻对卫星进行指挥和观察工作状态的要求。其中,天基测控是指基于中继星的测控,地基是指基于地面站的测控。

测定轨功能由区域地面站方式向天基全球测定轨方式发展。充分利用 GPS 导航卫星系统的高精度测定轨和全球覆盖能力,满足高分辨率对地观测卫星连续的高精度测控轨数据获取的需求。此外,考虑战时自主可控测定轨的需求,系统还应当具备对我国自有 BD 导航系统的支持。

卫星遥感技术

14.2 需求分析与技术特点

14.2.1 需求分析

在测控系统设计过程中,首先需要进行需求分析,确定测控系统方案。测控系统主要需要满足跟踪测轨、遥控和遥测三个方面的需求。对于高分辨率对地观测卫星,其需求具体体现在以下几方面。

(1)高时效性测控需求:卫星要求指令响应及时,以便能够快速执行成像任务,实现实时操控,同时还需要实时监测卫星健康状态,在发生故障时能够及时发现及时处置,以上需求均要求卫星具有高时效性测控能力。传统地基测控属于区域性测控,难以满足高时效性测控需求。

(2)高精度测定轨需求:卫星具有高精度的定轨要求,且要求定轨数据可连续获得,以满足在任意时刻执行成像任务时保证卫星指向精度和图像定位精度的要求。传统采用地基无线电外测的方式不仅受限于可观测性差,而且单点测距精度较差,无法满足高精度定轨要求。

(3)高可靠、高安全测控需求:测控系统是卫星的生命线,测控系统的失效会导致整星报废。因此,要求卫星出现的任何一个故障都不能影响测控系统的正常工作,一方面是保证卫星能够正常执行任务,另外一方面是在处置故障时为整星提供必需的上下行链路,即多重故障模式下测控系统可正常工作。

（4）应急任务测控需求：测控系统的应急测控能力是确保卫星在轨快速响应任务能力、提升我国情报保障能力的重要手段。一方面，为了满足应急成像需求，地面系统需要及时调整低轨卫星的观测计划，确保情报获取的及时性。另一方面，在轨卫星一旦发生故障，测控系统需要将卫星运行过程足够全面、详细的遥测信息通过测控信道下传到地面系统，实现故障快速识别、定位和解决。

14.2.2 技术特点

不同类型的应用卫星，有不同的测控要求。对于高分辨率对地遥感卫星，其测轨精度要求很高。高分辨率对地观测卫星轨道高度一般较低，近地轨道卫星的特性决定了卫星测控具有轨道覆盖率低、测定轨精度和可靠性要求高的特点。

1. 采用"天基-地基"一体化测控技术提高测控的时效性

在地面设立的测控站（陆上、海上），由于受地球曲率的限制，每个地面站对近地卫星的跟踪时间只有几分钟到十几分钟。这种低轨道覆盖率，会造成遥测数据接收困难，除了地面站覆盖范围内可实时接收外，其余区域的遥测数据必须存储在星上，卫星过地面站时重放回传。此外，由于可测控时间短，许多指令或数据只能在卫星过地面站时预先发送至卫星，卫星存储后随着预定空域或预定时间的到来再执行。要想满足高覆盖率的测控要求，必须在全球设置大量地面站，形成庞大的全球测控网，建设难度极大。中继测控网可以较好地满足其高覆盖率的条件，对于轨道高度低于 1 000 km 的卫星，能够实现全球 100% 覆盖。

2. 采用"BD/GPS"一体化双模双频测定轨技术实现高精度定轨

对地观测卫星所获取的信息必须配合精确的卫星位置数据才具有完整的实际意义。高分辨率对地观测卫星对卫星指向精度和几何定位精度具有很高的要求。然而，对于近地轨道卫星，用有限的测控站对其进行跟踪定轨，精度不高，而且当处于测控盲圈（即当圈无测控站资源）时，其轨道位置只能通过外推预测，由于近地卫星受大气摄动、地球重力势摄动影响较大，外推轨道精度进一步下降。采用 GPS 和 BD 卫星进行自主导航，不仅能保证不间断地输出实时定轨数据，而且具有较高的定轨精度。导航定位功能兼容 GPS 和 BD 双模式，现阶段采用满足全球全覆盖导航定位的需求，同时采用 BD 导航系统兼顾卫星

导航定位技术自主可控的需求。

3. 基于多重故障模式下高可靠系统设计实现测控系统的高可靠性

测控系统可靠性关系整个卫星的安全，测控系统故障会导致上行指令无法上注、下行遥测无法下传，造成地面无法获取卫星工作状态信息，卫星无法接受载荷任务指令，甚至无法接收排故指令的严重故障，最终引起整星失效。因此，卫星测控系统的设计必须基于故障模式设计，通常需要从鲁棒性设计和故障恢复能力两方面进行针对性设计，即提高测控系统本身工作的稳定性（即鲁棒性设计），或者在测控系统发生故障后能够自动或人工干预使其从故障中恢复（故障恢复能力），以保证全扩频测控链路的可靠性及安全性。

第 14 章　遥感卫星测控与导航定位系统设计与分析

14.3　测控系统设计与分析

跟踪与数据中继卫星（TDRSS）是近代航天测控通信技术的重大突破。其设计思想从根本上解决了卫星测控的高覆盖问题，同时还解决了多目标测控技术难题。中继卫星在 36 000 km 高度的同步轨道上对下俯视中、低轨道用户航天器，利用三颗中继卫星即可覆盖中、低轨道航天器的整个轨道段，从而具备对用户航天器连续测控能力。此外，中继卫星可同时跟踪多个用户航天器，中继卫星上设了多个高增益抛物面天线和相控阵天线，可同时为几十个用户提供中继测控服务。

航天测控通信发展趋势是由地基网向天基网发展，采用"天基-地基"一体化的测控系统不仅能充分发挥中继卫星优势，还能兼容传统的地基测控工作模式。

14.3.1　系统设计约束分析

卫星测控系统的设计需要考虑三方面的约束：任务层面设计约束、工程大总体约束和卫星总体设计约束。根据上述三方面需求，确定卫星测控系统的配置、功能性能指标和产品技术状态。

1. 任务层面设计约束

任务层面设计约束主要包括遥测遥控码速率、测控时效性要求（包括卫星健康监视以及应急测控）。

卫星运行在高度 500 km 太阳同步圆轨道上，地面测控站最低跟踪仰角为 5°，星地数据传输最远距离约 2 000 km，在链路预算中对自由空间衰减起到决定性作用，综合考虑测控收发通道链路余量的要求，可确定遥测遥控码速率指标。通过链路计算，对地面站和对中继星遥控码速率一般为 2 000 b/s，遥测码速率为 5 000 b/s。

卫星遥测遥控数据可由地面测控接收站直接接收（固定站或移动站），也可通过中继卫星转发至地面。地面站和中继卫星的位置分布将影响测控传输可用弧段的长度，进而影响卫星测控的时效性。

2. 工程大总体约束

卫星工程大总体约束限定了测控系统的测控频率以及测控体制的选择，主要包括测控系统体制和频率、遥测遥控误码率、地面测控站接口参数、中继星接口参数等。

测控频段的选择主要考虑无线电传播特性，试验验证证明，频率在 300 MHz~10 GHz 之间的电波，大气损耗小，适合于穿透大气层传播。按照 CCSDS 的建议，目前可由卫星测控使用和地球站支持的频带有：S 频段 2 025~2 110 MHz（上行），2 200~2 290 MHz（下行）和 C 频段 3 700~4 200 MHz（下行），5 925~6 425 MHz（上行）。理论上讲，当天地系统天线口径、系统等效噪声温度和发射功率不变时，频率提高 N 倍，则接收端电平将提高 $20\lg N$ 倍。因此，中高轨卫星由于距离远，一般选用 C 频段，低轨遥感卫星一般选用 S 频段。

遥感卫星的遥测遥控信息要求具有截获概率低、抗干扰性好、保密性强的特点。扩频技术具有抗干扰能力强、隐蔽性好、可实现码分多址以及高精度测距等优点，在通信领域，尤其是军事通信中取得越来越广泛的应用。航天扩频测控通信采用直接序列扩频（DS）技术实现测控功能，提高了测控系统的测距精度，增强了系统的抗截获和抗干扰能力。因此，需要采用满足上述要求的扩频测控体制。

为保证链路传输的正确性，确保星上指令接收和地面遥测解析的正确性，要求对地和中继遥控通道的链路误码率均应满足"优于 1×10^{-6}"的指标要求，遥测通道的链路误码率均应满足"优于 1×10^{-5}"的指标要求。为确保链路误码率满足要求，需要设计合理的卫星等效全向辐射功率（EIRP）和品质因数（G/T）值，详见 14.3.4 节。

3. 卫星总体设计约束

卫星总体设计约束对测控系统最直接的影响是对天线方向图的影响，卫星星表的大型部组件会对测控天线造成遮挡，如载荷对对地测控天线的遮挡、反射面天线对中继测控天线的影响。卫星具备"滚动＋俯仰"±45°的姿态机动能力，在卫星全姿态捕获状态，为满足在任意姿态均能进行测控，要求卫星测控天线方向图为准全向设计。由于高分辨率相机载荷占据了大多数对地面，对地测控天线布局在卫星对地面的＋X/－X 侧是有效解决途径，中继测控天线布局在对天面。

14.3.2 系统配置与拓扑结构

卫星一体化测控系统为卫星和地面测控站以及中继卫星之间提供 S 波段射频通道，通过扩频测控体制确保遥测、遥控信号的正常传输，同时完成星地测距任务。每台一体化扩频应答机均包括对地接收通道、对地发射通道、中继接收通道、中继发射通道。其中，两台应答机的对地接收通道互为热备份长期工作，对地发射通道互为冷备份长期工作；中继接收通道互为热备份长期工作，中继发射通道仅在中继测控弧段期间与功率放大器一起以冷备份的形式工作，Ka/S 链路中继发射通道与中继测控天线发射通道冷备份。

遥控单元与两台应答机之间采用交叉备份方式，交叉接口在遥控单元端实现。中央处理单元与两台应答机之间采用交叉备份方式，交叉接口在中央处理单元端实现。测控系统组成如图 14-1 所示。

测控系统的信息流由两部分组成：地基测控信息流和天基测控信息流。信息流接口均为与数管分系统的基带信号接口。以下分别进行介绍。

1. 地基测控信息流

上行遥控：地面遥控 PCM 码流通过直扩方式形成扩频遥控信号。该信号由地面中心站发送，由扩频接收天线接收，经匹配网络分别送入 2 台天地一体化扩频应答机对地通道的接收机解扩解调处理后，送遥控单元；直接指令由遥控单元直接译码输出给用户，间接指令和上注数据由遥控单元发送给中央处理单元处理后再发送给终端用户。

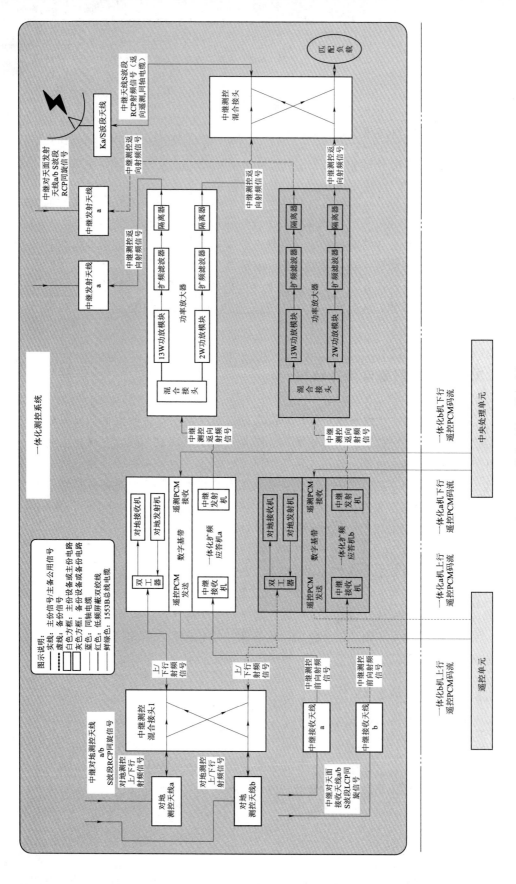

图 14-1 一体化测控系统组成框图

下行遥测：遥测信息流由中央处理单元进行组织打包，打包后的数据送给两台扩频应答机进行调制加扩后发送给地面。两台应答机对地发射机采用冷备份方式，主份长期工作，必要时切换至备份。

2. 天基测控信息流

前向遥控：中继星转发的遥控 PCM 码流通过独立的环锥形增益测控天线接收后，送入 2 台一体化扩频应答机中继通道接收机解扩解调处理后，送遥控单元。

返向遥测：卫星的遥测数据送扩频应答机扩频调制后，送功率放大器放大。功率放大器共有两路输出，一路 2 W 输出经滤波器处理后通过 Ka/S 中继天线的发射馈源发送中继星，该路遥测数据与中继数传数据通用同一副机械扫描天线的不同馈源辐射，因此需要控制天线指向中继星；另外一路 13 W 输出经过独立的环锥形增益中继测控天线发射至中继星，该路遥测数据通过全向测控天线辐射信号，无须控制机械扫描天线指向中继星，因此，使用上更加灵活。

需要说明的是，中继测控具有通过 Ka/S 天线和通过中继测控天线两条通道。这种设计的优点在于能够实现中继测控天线中继测控功能与 Ka/S 天线捕获跟踪中继星过程的剥离，在进入中继可观测弧段后即可直接进行中继测控任务，不需要 Ka/S 天线捕获中继星信标，实现 Ka/S 天线精确指向中继星后才可以进行中继测控任务，因此其工作模式不受 Ka/S 天线工作模式的限制，具有更好的灵活性。

14.3.3　卫星测控工作模式设计

一体化测控系统包含对地测控和中继测控两个通道。工作模式设计的原则是，中继卫星和地面扩频测控站应分时对卫星发送遥控信号，两种遥控通道的选择实施由地面测控中心统一调度。为保证卫星安全，同一时刻仅能有一个通道输出指令送卫星执行，对地测控通道和中继测控通道的优先级根据大系统接口要求确定。以下对对地测控和中继测控的具体工作模式进行说明。

1. 对地扩频测控系统工作模式

当卫星运行到境内时，一体化扩频子系统对地测控功能与地面测控站建立双向测控通道，完成卫星的遥测遥控、测距、测速任务。对地测控有 4 种工作模式，如表 14-1 所示。

表 14-1　一体化扩频子系统对地测控工作模式

模式	上行	下行	说明
1	—	R+TM	下行有测量帧和遥测
2	R	R+TM	上行有测量帧，下行有测量帧和遥测
3	TC	R+TM	上行有遥控信号，下行有测量帧和遥测
4	R+TC	R+TM	上行有测量帧和遥控，下行有测量帧和遥测

注：TC—遥控，TM—遥测，R—测距。

工作模式 1～4 中，上行遥控和测距均采用 PCM-CDMA-BPSK，两信号相互独立，使用码分多址，共用同一载波频点；下行遥测和测距也采用 PCM-CDMA-BPSK，两信号相互独立，使用码分多址，共用同一载波频点。测距采用非相干工作模式，测距信号独立于遥测、遥控通道，以 CDMA 的通信方式，实现测距信号的自我闭环处理，一体化扩频应答机测距通道基带对上行测距信号实现载波锁定、码锁定、帧同步后，开启返向测距通道。

2. 中继扩频测控系统工作模式

当卫星通过中继卫星测控时，扩频子系统中继测控功能通过中继星完成测控任务。中继子系统对中继测控有 2 种工作模式，如表 14-2 所示。

表 14-2　对中继测控工作模式

模式	上行	下行	说明	备注
1	—	TM（右旋）	SSA，1 路遥测	通过中继测控天线（右旋口）或 Ka/S 天线
2	TC（左旋）	TM（右旋）	SSA，1 路遥测 + 1 路遥控	通过中继测控天线（右旋口）

模式 1 仅具有返向遥测功能，使用 Ka/S 天线或中继测控天线建立测控链路。模式 2 具有 1 路前向遥控和 1 路返向遥测，只能使用中继测控天线建立测控链路。工作模式 1、2 中，上行遥控和下行遥测均采用 PCM-DS-BPSK。同时，为保证卫星安全，当中继星和地面扩频测控站同时对卫星发送遥控信息时，两种遥控通道的优先级选择由应答机完成。

14.3.4 测控系统设计

测控系统设计可概括为三个步骤：首先，根据工程大总体设计约束确定测控体制和测控频段；其次，根据卫星总体设计约束确定测控天线的安装位置、方向图和极化方式，实现准全向的测控天线方向图设计；最后，根据任务层面设计要求，设计测控上下行链路参数，包括接收灵敏度、发射EIRP、星地捕获时间等参数。完成上述设计后，测控系统的功能性能指标已满足系统设计约束。在此基础上，对测控系统可靠性安全性进行设计。

1. 测控链路理论建模与系统分析

任务层面约束影响卫星射频测控链路的设计，卫星射频测控链路是测控系统的重要组成部分，卫星遥控、遥测和测轨信息都通过该信道进行传输。卫星测控链路简化模型见图14-2。

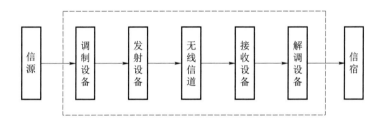

图14-2 卫星测控链路框图

链路分析及其结果即链路预算，包括对接收端获得的有用信号功率、干扰噪声功率的计算，发射端EIRP、信号衰减的计算。链路分析的主要目的是确定实际的系统工作点，并验证该工作点的误码率是否可以满足系统要求。

信号从卫星传输到地面站的过程中，要能够正确接收解调星上传输的数据信息，需要接收的载噪比（载波噪声功率之比）大于一定门限。以 C 表示载波功率，N_0 表示噪声总功率，则有：

$$(C/N_0)_{\text{实际接收}} = \frac{\frac{P_t G_t / L_{tc}}{L_f} G_r \frac{1}{L_a}}{k T_s B_n} - R_b \tag{14-1}$$

式中，P_t 为星上发射功率，G_t 为发射天线增益，L_{tc} 为馈线损耗，L_f 为自由空间损耗，G_r 为地面接收天线增益，L_a 为其他损耗（包括大气吸收、极化、天线指向等），k 是波尔兹曼常数，T_s 是接收系统噪声温度，B_n 是噪声等效带宽；R_b 为信息速率。

$$N_0 = kT_sB_n \tag{14-2}$$

为达到某个误码率所需要的理论载噪比为：

$$[(C/N_0)_{\text{理论要求}}] = \frac{E_b}{N_0} + R_b \tag{14-3}$$

式中，$\frac{E_b}{N_0}$ 为接收比特信噪比，即每比特信息能量与单边带噪声功率谱密度之比，需要考虑调制解调等非理想因素损耗和编码增益等因素。

接收机接收到的实际载噪比与达到某个误码率所要求的理论载噪比之差即为链路余量，用 M 表示。

$$[M] = [(C/N_0)_{\text{实际接收}}] - [(C/N_0)_{\text{理论要求}}] \tag{14-4}$$

以分贝（dB）形式表示的链路余量公式为：

$$[M] = ([P_t] + [G_t] - [L_{tc}]) - [L_f] - [L_a] - [k] - [R_b] - \left[\frac{E_b}{N_0}\right] + \left[\frac{G_r}{T_s}\right] \tag{14-5}$$

上式即为卫星链路预算的基本公式。

1) 误码率与信噪比的关系

BPSK 相干检波的误码率公式为：

$$P_e \approx Q(x)\sqrt{\frac{2E_b}{N_0}} = \int_{\sqrt{2E_b/N_0}}^{\infty} \frac{1}{\sqrt{2\pi}} \exp\left(-\frac{u^2}{2}\right) du \tag{14-6}$$

式中，E_b/N_0 表示符号信噪比；P_e 表示误码率；补误差函数 $Q(x) = \frac{1}{\sqrt{2\pi}} \int_x^{+\infty} \exp\left(-\frac{u_2}{2}\right) du$，当 $x > 3$ 时，$Q(x)$ 可采用如下近似函数：

$$Q(x) = \frac{1}{x\sqrt{2\pi}} \exp\left(-\frac{x^2}{2}\right) \tag{14-7}$$

图 14-3 给出了 BPSK 相干解调误码率曲线。根据该曲线可以得到：上行遥控误码率要求为 1×10^{-6}，该指标要求进入接收系统的码元信噪比 $\frac{E_b}{N_0}$ 理论值为 10.5 dB；下行遥测误码率要求为 1×10^{-5}，该指标要求进入接收系统的码元信噪比 $\frac{E_b}{N_0}$ 理论值为 9.6 dB。

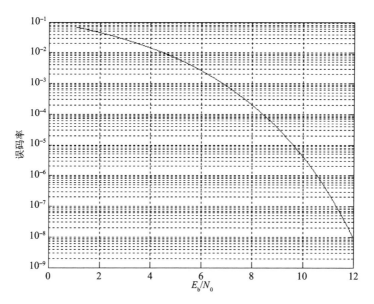

图 14-3 BPSK 相干解调误码率曲线

2）星上发射 EIRP 确定

星上发射功率 P_t 加上发射天线增益 G_t 并扣除馈线损耗 L_{tc} 即为星上发射 EIRP：

$$\text{EIRP} = P_t + G_t - L_{tc} \tag{14-8}$$

根据星上发射功率、馈线损耗和测控天线增益的初样产品实测值，可以计算得到测控链路（对地测控链路、中继对地测控链路和中继对中继链路）星上发射 EIRP（有效全向辐射功率）的值。

3）自由空间传输损耗确定

自由空间传输损耗可描述为：

$$L_f = \left(\frac{4\pi d}{\lambda}\right)^2 = \left(\frac{4\pi d f}{c}\right)^2 \tag{14-9}$$

式中，L_f 为自有空间损耗，d 为传输距离，λ 为信号波长，f 为信号频率，c 为光速。通常用分贝形式来计算。当 d 单位为 km、f 单位为 GHz 时，自由空间传输损耗可以表示为：

$$[L_f] = 92.44 + 20 \lg d + 20 \log f \quad (\text{dB}) \tag{14-10}$$

选取球形地球模型，卫星与地面站的位置关系如图 14-4 所示。R 为地球半径，H 为卫星轨

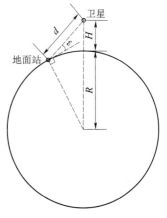

图 14-4 卫星与地面站关系示意图

道高度，卫星对地面站的仰角为 ε。根据正弦定理和余弦定理，可得星地传输距离为：

$$d = \sqrt{(R\sin\varepsilon)^2 + 2RH + H^2} - R\sin\varepsilon$$

根据用户测控天线最小接收仰角 $\varepsilon_{\min}$、卫星高度 H，可得最大传输距离 $d_{\max}$，再根据测控信号的中心频率即可获得自由空间传输损耗。

4）接收系统的等效噪声温度确定

卫星的接收系统通常包括接收天线、接收天线到接收机的连接网络和接收机，它们共同对接收系统的性能有影响，突出表现在接收系统的等效噪声温度 T，可以表示为：

$$T = T_a/L_r + (1 - 1/L_r)T_0 + (N_F - 1)T_0 \qquad (14\text{-}11)$$

式中，T_a 表示天线噪声温度，L_r 表示接收馈线损失，T_0 表示参考温度，N_F 表示噪声系数。

5）链路其他损耗的确定

此外，影响测控链路的还包括天线指向误差、极化损失、馈线损失参数。其中，天线指向误差是由于星上天线与地面天线的指向偏差导致的，工程中一般估算为 0.5 dB。极化损失是由于圆极化波实际中存在椭圆失真导致的链路损失，工程中一般估算为 0.5 dB。馈线损失是由星上连接各微波器件的高频电缆导致的误差，根据实际高频电缆长度获得。

2．对地测控天线组阵设计

为了满足卫星在大角度姿态机动或姿态失控条件下的卫星测控需求，要求对地测控天线装星后具有尽可能全向的方向图，通过天线组阵的方式实现。

高分辨率对地观测卫星一般采用纵轴对地的方式，卫星的对地面较小且基本被相机的遮光罩覆盖，难以进行测控天线的布局。如果采用压杆方式将测控天线压紧在卫星侧壁入轨后再展开，其可靠性无法满足测控安全性要求，因此采用在 $+X$、$-X$ 方向进行对地测控天线布局的方式，对地测控天线布局如图 14-5 所示。

此方式最大的影响在于同旋组阵的两副天线在 $+Z$ 方向为干涉最大区，即卫星在过地面测控站天顶时天线增益较低，影响时间为 20 s 左右，天线装星条件下对地测控天线组阵方向图如图 14-6 所示。测控站设备所具有的自动跟踪功能可以保证对卫星的连续跟踪，只是传统的连续测控方式需要进行调整，将一整段测控弧段分为两段进行测控操作。

第 14 章　遥感卫星测控与导航定位系统设计与分析

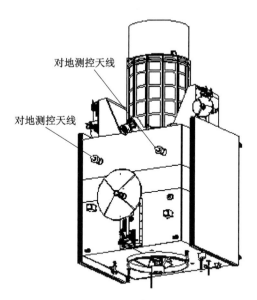

图 14-5　对地测控天线布局

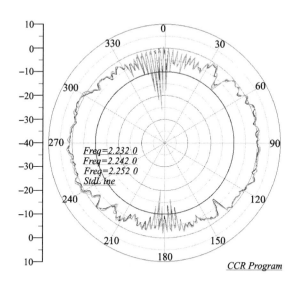

图 14-6　对地测控天线组阵方向图

需要说明的是，上述组阵方式是解决遥感卫星对地面空间紧张，无法安装对地测控天线的一种有效解决措施。然而，对于卫星的对地面具备安装对地测控天线的情况，对地测控天线一般应采用±Z方向组阵的方式，以避免干涉区经过地面测控站。

3. 中继测控天线组阵设计

布置于卫星 $-Z$ 面的 Ka/S 天线用于向中继星传输高速率数据，其口径为 1 m，会对同样布局在卫星 $-Z$ 面的中继测控天线造成遮挡。中继测控天线布局如图 14-7 所示。

需要分析 Ka/S 天线对中继测控天线的遮挡程度，作为计算卫星中继测控可见弧段的依据。天线装星条件下中继测控天线方向图如图 14-8 所示。

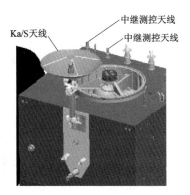

图 14-7 中继测控天线布局

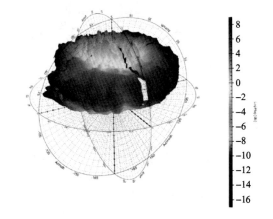

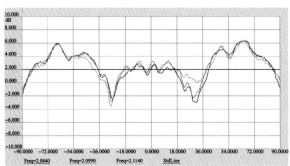

图 14-8 中继测控天线方向图

4. 故障诊断与恢复设计

（1）测控系统冗余设计策略：对地测控功能和中继测控功能互为备份。测控分系统在测控通道上同时使用互为备份的对地测控通道和对中继测控通道，即使一条测控链路完全失效后，另一种测控链路仍然可以完成全部的测控任务。当中继扩频测控系统失效后，对地扩频测控系统仍然可以与地面站建立扩频测控链路，完成扩频测控功能。对地测控和中继测控每一条测控链路都采用双冗余通道。两台互为备份的应答机采用接收机热备份、发射机冷备份的工作方式。当主份应答机发生故障失效后，均可由备份应答机完成相应的测控任务。

（2）人工干预故障恢复设计：在极端情况下，扩频应答机单机发生单粒子翻转导致的闩锁可能无法由重新装载 DSP 和 FPGA 的软件复位方式解除，因此扩频应答机必须具有电源加断电功能，以保证通过加断电使应答机重新运行。人工干预措施基于测控链路的冗余设计，基本原理是采用备份测控通道发送加断电指令，恢复故障链路。

（3）星上自主诊断与处理：由数管分系统对扩频应答机进行故障诊断和恢复。故障诊断的判据为 DS 量遥测参数中软件运行状态。当运行状态连续 3 个周期未按照 00、01、10 的顺序进行变化，则确认某台扩频应答机故障，由数管分系统的中央处理单元发出该应答机断电指令，5 s 后发出该应答机加电指令。

（4）在上述故障诊断的基础上，增加了对测控链路异常的诊断功能。即每 24 h 判断是否有上行直接指令，如果没有则对对地测控子系统主份应答机进行断电操作，5 s 后进行加电操作；间隔 12 h 后（即每 36 h）再次做出同样判断，若直接指令计数未增加则对中继测控子系统主份应答机进行断电操作，5 s 后进行加电操作。未收直接指令的时间计数要求作为整星的重要数据进行保存，对该参数的判决要求采取必要的安全保护措施。这一措施是保证遥控单元甲乙机的最高优先级通道处于正常工作状态，以保证测控链路的畅通。同一时间只对一台应答机进行操作，以提高加断电操作的安全性，避免操作或其他原因导致的故障对测控链路的影响，时刻保证有一条上行通道处于正常状态。

14.3.5 关键单机设计描述

1. 扩频应答机设计描述

卫星一体化扩频应答机硬件划分为五个模块，由对地接收和发射通道、中继接收和发射通道、数字基带、下位机、电源等模块组成。对地测控和中继测控共用数字基带和下位机，实现中继收发链路、对地收发链路的信号处理功能、状态遥测采集传输功能等；电源模块为其他 4 个模块实现二次电源的供电。其组成框图如图 14-9 所示。

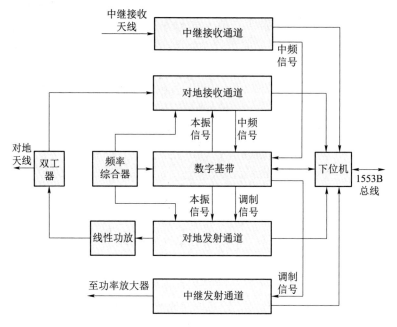

图 14-9　一体化扩频应答机组成示意图

一体化扩频应答机将接收到的上行（前向）遥控信号在对地（中继）接收通道完成低噪声放大、下变频、中频滤波、中频信号放大和 AGC 控制。数字基带对中频信号进行 A/D 采样，经采样后的数字序列在数字基带内完成伪码捕获与跟踪、载波恢复与解扩，将恢复出的遥控 PCM 码送至数管分系统。

一体化扩频应答机接收来自数管分系统的遥测 PCM 码流，经扩频处理后，送给发射通道进行射频调制，形成下行（返向）扩频调制信号。当采用对地通道时，下行射频信号经混合接头送至对地测控天线，发送到地面测控站；当采用中继通道时，返向射频信号送入功率放大器，送入中继测控发射天线，发送到中继卫星。

一体化扩频应答机还负责接收对地测距信号，解扩解调后，采集下行测量帧信息，经扩频处理后，送给发射通道进行射频调制，经功率放大后由混合接头送至对地测控天线，发送到地面测控站，实现测距功能。

2．功率放大器设计描述

卫星功率放大器主要由功分器、功放组件、隔离器、电源组件和滤波器组成，具体功能框图如图 14-10 所示。扩频应答机的输出信号输入到功放的输入端口，功放分两路输出，一路为 1.2 W，一路为 13 W，两路之间通过遥控指令切换。当 1.2 W 的功放组件开始工作，输出功率经 Ka/S 中继天线组件发射至中继卫星。当 13 W 的功放组件开始工作，输出的信号经环锥型中继测控天线发射到中继卫星。1.2 W 的功放组件由三级放大管构成射频放大链路，13 W 的功放组件由四级功放管构成放大链路。功放的输出信号通过滤波器的滤波处理，抑制带外的杂散信号，再分别输出。

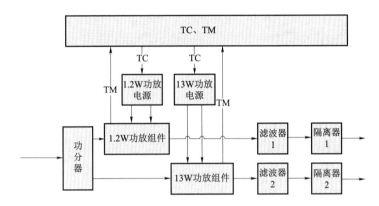

图 14-10　功率放大器原理框图

3. 测控天线设计描述

测控天线装在卫星上，与地面站或中继星配备的测控天线配合，形成空间无线传输通道的设备。其作用是把带有各种测控信息的下行载波按要求由导行波转换成空间波发送至地面站，同时接收由地面站向卫星发送的带有测控信息的上行载波，将空间波转换成导行波，传送到卫星相应的设备上。

天线作为一个系统，不仅要考虑方向性，还需要关心辐射效率，将两者结合起来，就是天线功率增益。天线功率增益定义为"在给定方向上，实际天线与无耗的各向同性参考天线的辐射强度之比"。增益通常指最大辐射方向的功率增益值，增益与方向性系数的唯一差别是使用的功率不同。

$$G = 10 \lg \eta D \tag{14-12}$$

式中，G 表示天线增益，D 表示天线方向系数，η 表示天线效率。

对地测控天线采用锥柱螺旋天线形式，如图 14-11（a）所示，其增益优于 4 dBi；中继测控接收天线和中继测控发射天线采用背射式圆柱形双线螺旋天线形式，如图 14-11（b）所示，其增益优于 0 dBi。对地测控天线和中继测控天线的螺旋升角和锥形夹角决定了天线辐射方向图。其中，对地测控天线以天线电轴为中心，半张角 70°，考虑链路余量后组阵形成准全向覆盖。中继测控天线以天线电轴为中心，半张角 80°，单圈中继可见弧段能够达到 35 min 以上，满足使用要求。

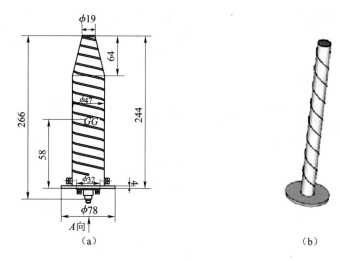

图 14-11 测控天线外形
（a）锥柱螺旋天线；（b）圆柱形双线螺旋天线

14.3.6 系统仿真分析与试验验证

1. 测控任务时效性分析

对卫星测控任务的时效性分析包含了对地面测控站测控和对中继星测控两方面。对于对地测控弧段仿真，考虑地面站选址，分析计算卫星一个轨道回归周期内，卫星正常姿态及卫星绕滚动轴（X 轴）和俯仰轴（Y 轴）不同角度组合下的单站测控跟踪弧段和多站接力条件下测控跟踪弧段信息，并对跟踪弧段进行统计。对于中继弧段仿真，采用中继测控天线，考虑中继卫星定点位置，每颗中继星对用户星的跟踪弧段信息，以及三颗中继星接力时的中继测控弧段（不考虑对不同中继星之间切换过程所需时间）。

1）对地测控可见弧段分析

对地跟踪天线被 Ka/S 天线遮挡的区域俯仰 55°～60°，据分析，卫星正常姿态时跟踪地面站的仰角为 106°～180°，即使考虑卫星 45°的侧摆角度，卫星跟踪地面站的仰角为 61°～180°，因此与被 Ka/S 天线遮挡的区域无交集，被 Ka/S 天线遮挡的区域不影响地面跟踪弧段。

无姿态机动情况下给出了一个回归周期内的详细单站及接力弧段数据表。对地测控跟踪弧段统计如表 14-3 所示。

第14章 遥感卫星测控与导航定位系统设计与分析

表14-3 无姿态机动情况下对地测控跟踪弧段统计

地面站	三亚	渭南	喀什	佳木斯	东风	多站接力
总过境次数	148	173	184	212	189	428
最短测控跟踪弧段/min	0.66	0.15	1.62	0.77	0.73	0.66
最长测控跟踪弧段/min	8.93	8.99	9.02	9.05	9.02	16.77
平均测控跟踪弧段/min	6.99	7.02	7.12	7.09	7.10	9.73
总测控跟踪弧段/min	1 035.0	1 213.9	1 309.5	1 503.1	1 341.6	4 163.2

可见，我国国境内测控站仅可以覆盖国境范围内测控，平均每圈测控时间为9.7 min。对于境外测控的需求，地面测控站无法保证，需要依靠中继测控系统完成。

2) 中继测控可见弧段分析

中继测控天线装星后由于受到遮挡，天线可用增益范围为不规则形状。分析中需考虑卫星正常姿态及卫星绕滚动轴（X轴）和俯仰轴（Y轴）不同角度组合下的中继测控弧段。据分析，侧摆或俯仰角度大小相同方向相反时，弧段计算统计结果基本一致，本节以典型的正常姿态中继测控可见弧段范围进行分析。

无姿态机动情况下中继跟踪弧段统计如表14-4所示。

表14-4 无姿态机动情况下中继跟踪弧段统计

跟踪类型	TL-1跟踪	TL-2跟踪	TL-3跟踪	接力跟踪
总过境次数	504	502	502	1 100
最短测控跟踪弧段/min	1.57	4.42	4.01	4.42
最长测控跟踪弧段/min	31.79	31.79	31.79	31.98
平均测控跟踪弧段/min	25.97	26.08	26.08	28.57
总测控跟踪弧段/min	13 090.9	13 089.9	13 089.9	31 422.2

可见，对于中继测控系统，平均测控时间达到28 min，考虑三颗中继星接力的情况，可实现对全球侦照范围内的测控准全覆盖。

2. 测控链路预算分析

卫星测控射频信道是星地测控系统的重要组成部分，卫星遥控、遥测和测轨（包括测距、测速和测角）等信息都通过该信道进行传输。卫星测控链路属于广义信道的范畴，其传输媒质为无线传输媒质。通过链路预算，设计人员可以知道整个系统的设计和性能，可以反映出测控系统是否存在硬件限制以及是否能在链路的其他部分弥补该限制。链路预算经常作为分析系统权衡、配置变化以及系统相关性的参考依据。链路预算与其他建模技术相结合有助于预测系统的质量、大小、功率要求、技术风险以及系统成本，它代表了系统性能优化的"底线"。以下对测控系统主要技术参数进行分析。

结合某资源卫星实际应用，对地和中继遥控通道的链路误码率通常要"优于 1×10^{-6}"，遥测通道的链路误码率要"优于 1×10^{-5}"。为保证链路误码率，需要设计合理的卫星 EIRP 和 G/T 值，该资源卫星实际应用中选取的参数为：对地测控发射通道 EIRP$\geqslant$11 dBm、中继测控发射通道 EIRP$\geqslant$41 dBm；对地测控接收通道 $G/T\geqslant-42.5$ dB/K，中继测控接收通道 $G/T\geqslant-26$ dB/K。根据"测控系统分析与计算"一节计算方法，卫星测控链路预算结果见表 14-5。可以看出，卫星测控链路符合链路余量的要求。

表 14-5　卫星测控链路预算结果

项目		设计值	链路预算结果
对地遥控链路		18.86	19.53
对地遥测链路		13.04	13.61
对地测距链路		16.17	16.74
中继遥控链路 SSA	一代	3.15	3.54
	二代	4.65	5.04
中继遥测链路 SSA	一代	1.07	0.73
	二代	3.17	2.83

14.3.7　在轨工作流程

测控分系统从发射前准备阶段就一直处于工作状态，对地及对中继工作模式的选择实施由地面测控中心统一调度，如图 14-12 所示。对地测控功能和中继测控功能互为备份。

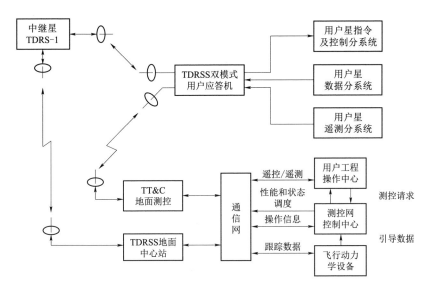

图 14-12　一体化测控系统工作图

卫星用户中心通过地面测控通信网，将上行遥控指令发送至地面测控站，经扩频调制后发送至用户星，或者通过中继卫星地面站经中继星转发至用户星。一体化测控系统的两条通道能够同时锁定由中继星和地面站发送的扩频信号，送入应答机数字基带进行统一信号处理，完成伪码的捕获、跟踪，以及发射伪码与接收伪码的同步处理，完成正向指令和数据信号检测，经过优先级选择后，传送给用户星执行。用户星的下行遥测可通过对地测控天线发送至地面测控站或通过中继测控天线经中继卫星转发至中继卫星地面站，两路下行遥测信号经地面通信网均发送至用户中心。

14.4 导航定位系统设计与分析

导航定位系统可以为卫星实时提供定位、定轨和原始测量数据。导航子系统可以完成导航信号的兼容接收处理,测定轨数据将作为卫星载荷的辅助数据,提高图像预处理的定位精度;导航接收机的授时功能将为星上时间系统提供高精度的授时数据;导航接收机将为星上控制系统实时提供高精度的轨道根数。卫星导航定位工作原理框图如图 14-13 所示。

导航接收机同时捕获超过 4 颗导航星后,即可获取伪距和载波相位等单点观测值,结合动力学模型,利用卡尔曼滤波获取卫星的定轨信息。同时通过遥测信道下传原始观测量信息至测控地面站,地面还可完成事后精密定轨,进一步提高定轨精度。

14.4.1 系统设计约束分析

1. 任务层面设计约束

高精度卫星测定轨是保证高分辨率对地观测卫星成像质量和卫星指向精度等系统级指标的前提,根据卫星总体方案论证结果,要求定位精度优于 10 m。卫星所处 500 km 轨道受地球重力场、大气阻力和电离层散射等多种因素的

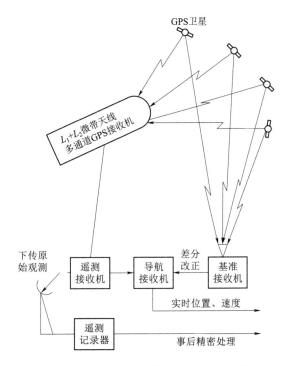

图 14-13 导航定位系统工作原理框图

影响,其动力学模型不仅复杂,而且具有很强的非线性。因此采用双频接收技术消除电离层散射造成的定轨误差,采用非线性卡尔曼滤波算法实现对地球重力场、大气阻力等摄动力影响的消除。为了能够快速捕获导航星,捕获时间要求小于 5 min。系统的灵敏度根据链路计算的结果,捕获灵敏度要求优于 -159 dBW,跟踪灵敏度要求优于 -161 dBW。

2. 工程大总体约束

导航定位系统在平时能够连续输出测定轨数据,在 GPS 可能无法使用的情况下,在我国及周边区域需要能够输出测定轨数据。为此,导航定轨系统采用 BD2+GPS 双模工作体制,其具有单 BD2 导航、单 GPS 导航两种工作模式。利用 GPS 导航系统全球覆盖能力以及 BD 导航系统覆盖我国及周边能力实现工程大总体要求。二代北斗导航不仅比一代北斗导航提高了定位精度,而且具备全球覆盖能力。

3. 卫星总体设计约束

卫星总体设计约束对测定轨系统最直接的影响是卫星星表大型部组件对天

线方向图和相位中心稳定度的影响,这将造成导航接收机捕获导航星的数量下降以及对所捕获导航星的伪距测量精度下降。同时,由于卫星具备"滚动+俯仰"±45°的姿态机动能力,还需要保证卫星在大角度姿态机动条件下具有良好的导航星捕获能力。因此要求导航天线布局在卫星对天面,天线电轴指向卫星+Z方向,且具有半球覆盖范围。

14.4.2 系统配置与拓扑结构

导航子系统完成卫星实时定轨、精确授时及精密定轨任务。其由 2 副导航接收天线、1 台前置放大器和 2 台导航接收机组成,如图 14-14 所示。导航子系统工作过程如下:卫星进入在轨飞行段时,导航子系统开机,进入盲捕状态,在捕获到 4 颗及以上 GPS 卫星或 BD2 卫星信号后,即可完成实时、精确的定位。

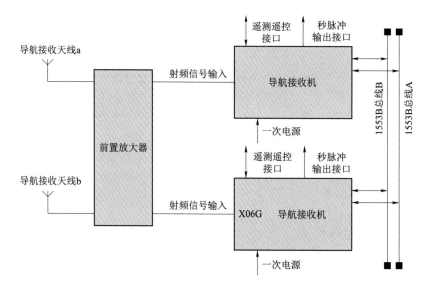

图 14-14 导航接收子系统连接框图

导航接收机可工作于双频 GPS 模式或双频 BD2 模式;双频 GPS 模式能够用于事后精密定轨和重力测量等领域,利用双频 GPS 接收机下传的原始观测量进行事后精密定轨处理,定轨精度径向可以达到厘米级。此外,双频 GPS 的最大优点在于事后精度高,使之具有处理双频 GPS 原始数据并进行事后精密定轨的能力,并将事后处理的定轨数据与卫星实时下传的图像数据进行有机结合,这样才能发挥双频 GPS 的功效。

14.4.3 工作模式设计

导航子系统采用被动接收的工作模式,从卫星入轨开机到卫星工作寿命末期,始终处于工作状态。导航接收机具有分别接收和处理 GPS/BD2 两种导航电文的能力。导航子系统具有双频 GPS 定位、双频 BD2 定位两种工作模式。在轨运行时,可选 GPS 定位模式,或者是 BD2 定位模式,从当前工作模式切换到另一种工作模式通过遥控指令进行控制。

14.4.4 系统分析与设计

从原理上说,只要知道了用户星与三个导航卫星之间的距离,就可以对用户星定位,如图 14-15 所示。从几何上看,以每一个导航卫星为球心,每个导航卫星到用户星的距离为半径,可得三个球,一般情况下,三球交于一点,这即是测量学中的测距交会确定点位的方法。从代数方程上有:

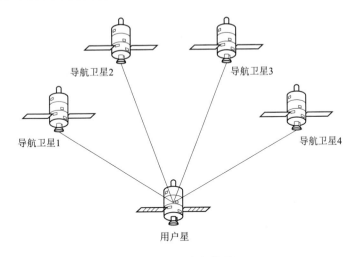

图 14-15 导航定位原理

$$\begin{cases} R_1^2 = (X-X_1)^2 + (Y-Y_1)^2 + (Z-Z_1)^2 \\ R_2^2 = (X-X_2)^2 + (Y-Y_2)^2 + (Z-Z_2)^2 \\ R_3^2 = (X-X_3)^2 + (Y-Y_3)^2 + (Z-Z_3)^2 \end{cases} \quad (14\text{-}13)$$

上式中,(X_1, Y_1, Z_1),(X_2, Y_2, Z_2),(X_3, Y_3, Z_3) 是三颗导航卫星各自的坐标,可以从导航卫星导航电文中得到;R_1,R_2,R_3 是用户星分别到三

颗导航卫星的距离,可以通过用户星接收到的导航卫星测距码或载波相位解算出来。这样,三个未知数 X、Y、Z 通过解三个联立方程即可得到。

实际应用中,由于用户星时钟与导航星的时钟不可能完全同步,存在一个时间差。假设用户星与导航卫星的时钟相差 τ,则由此带来的距离误差为 $c\tau$,c 为光速。因而公式(14-13)应修正为:

$$\begin{cases} R_1^2 = (X-X_1)^2 + (Y-Y_1)^2 + (Z-Z_1)^2 + c\tau \\ R_2^2 = (X-X_2)^2 + (Y-Y_2)^2 + (Z-Z_2)^2 + c\tau \\ R_3^2 = (X-X_3)^2 + (Y-Y_3)^2 + (Z-Z_3)^2 + c\tau \\ R_4^2 = (X-X_4)^2 + (Y-Y_4)^2 + (Z-Z_4)^2 + c\tau \end{cases} \quad (14\text{-}14)$$

上式中,τ 也是未知数。因此,实际应用中,用户星至少要接收到四颗导航卫星的信号,通过解式(14-14)中即可得到自己的坐标。这也就是导航定位原理。

1. 系统冗余设计与安全使用策略

导航接收机和前置放大器均采用双机冷备份的方式,在轨主机失效,通过遥控指令切换至备份。同时,星上数管计算机还实时监控导航接收机缓变遥测数据包中的秒计数,如果连续判断 10 次秒计数不变,或者导航接收机导航定位有效性在可用星数大于 5 颗的前提下仍然无效,则判定导航接收机出现故障,需要执行相关安全策略,处理措施为对导航接收机进行复位操作,若仍无法解除故障,则切换至备份。

2. 导航天线组阵设计

卫星配备 2 副导航接收天线,布置于卫星 $-Z$ 面靠近 $-X$ 面的位置,Ka/S 中继天线组件的转动包络与导航接收天线的相对关系如图 14-16 所示。

为尽量避免 Ka/S 中继天线组件转动包络对导航接收天线视场的遮挡,可将导航接收天线偏向 $-X$ 方向倾斜安装,如图 14-17 所示。设导航接收天线的法向与卫星 $-Z$ 轴夹角为 α。显然,α 越大,中继天线转动包络的遮挡越小,多径效应对天线相位中心稳定度的影响也越小。但当 α 达到 22°时,地球会进入导航接收天线的视场。导航接收天线偏向 $-X$ 方向倾斜安装,会造成卫星在北半球高纬度地区成像时,导航接收天线的法向指向正北方,而 GPS 星座在两极地区的可视星数较少,有可能会影响此时的测量精度。北半球除格陵兰岛和加拿大北部伊丽莎白女王群岛以外,绝大多数陆地均在 75°N 以南,故 α 可取 $90°-75°=15°$,以保证卫星在 75°N 以南地区成像时,导航接收天线的法向不指向正北方。按照 α 取 15°的状态,中继天线转动包络对导航接收天线的遮挡范围占其半球视场的 1.7%。

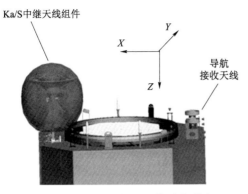

图 14-16 中继数传天线转动包络与导航接收天线的相对关系

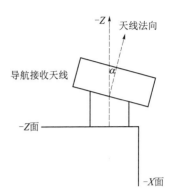

图 14-17 导航接收天线倾斜安装示意图

基于上述前提条件,对导航接收天线在 15°斜装条件下相位中心稳定度进行了仿真分析,如图 14-18 所示。结果表明,L_1 和 L_2 频点处的相位中心稳定度分别为 5.72 mm 和 3.83 mm,一般来说,相位中心稳定度小于 20 mm 即可满足精密定轨使用需求。

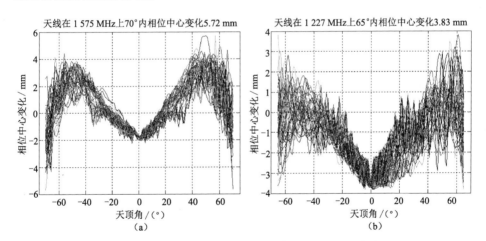

图 14-18 导航接收天线 15°斜装时相位中心稳定度

(a) L_1 频点相位中心稳定度;(b) L_2 频点相位中心稳定度

14.4.5　双频双模导航接收机设计描述

导航接收机由电源板、射频板、1 块导航信息处理板和 1 块定轨接口板共 4 种功能模块组成,如图 14-19 所示。

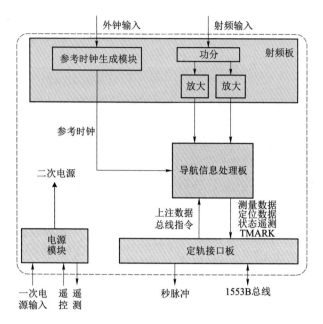

图 14-19 导航接收机组成原理框图

电源板完成一次电源母线保护、一次电源到二次电源变换、电压遥测的功能。射频板主要包括射频模块与时频模块，射频模块对天线输入的信号进行分路，然后将分路后的信号送给导航信息处理板；时频模块完成内外钟切换，并负责导航信息处理板参考时钟的生成。导航信息处理板采用 GPS 双频测量定位方式或 BD2 双频测量定位方式，实现 GPS/BD2 双频导航信号捕获跟踪，完成绝对定位，并将定位结果及原始观测量数据发送至定轨接口板。定轨接口板作为整机对外接口单元，对内接收导航信息处理模块的数据进行定轨解算，对外完成导航接收机所有用户要求的协议输出。

14.4.6 测定轨精度仿真分析

导航子系统精度指标主要有定位精度、定轨精度、定位模式速度精度、定轨模式速度精度。仿真需模拟在轨工作环境监理半物理仿真场景。以某遥感卫星为例，仿真条件如下。

（1）生成初轨：利用仿真器理论轨道，生成近地点轨道高度为 500 km 的太阳同步轨道初轨，由于仿真器产生的初轨不具有动力学特性，验证中所采用的轨道需要利用初轨积分获取动力学轨道。

（2）生成动力学轨道：采用动力学模型利用初轨进行轨道积分获得动力学轨道，采用的动力学模型包括 120 阶 EIGEN_GL05C 重力场模型、大气阻力（大气密度模型为 DTM94）模型、太阳光压、太阳系行星产生的三体引力、相对论效应以及经验加速度。

（3）生成仿真观测值：利用动力学轨道、GPS 理论轨道、接收机钟差生成仿真观测值，作为仿真数据。

定位精度、定位模式速度精度、定轨精度、定轨模式速度精度的仿真结果如图 14-20、图 14-21，仿真分为单 GPS 模式和单 BD2 模式两种情况下完成。从表 14-6 所示分析结果可见，两种模式下卫星定位精度优于 10 m，定轨精度优于 3 m，定位模式速度精度优于 0.2 m/s、定轨模式速度精度优于 0.1 m/s。

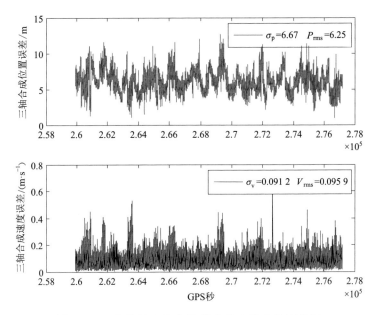

图 14-20　定位精度和定位模式速度精度仿真结果

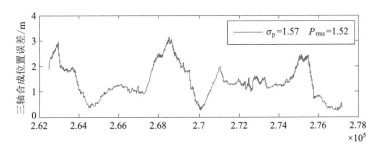

图 14-21　定轨精度和定轨模式速度精度仿真结果

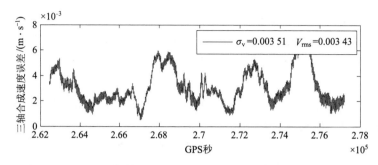

图 14-21　定轨精度和定轨模式速度精度仿真结果（续）

表 14-6　卫星测控链路预算结果

工作模式	定位模式		定轨模式	
	定位精度/m	速度精度/(m·s^{-1})	定轨精度/m	速度精度/(m·s^{-1})
单 GPS 模式	6.53	0.105	1.49	0.004 8
单 BD2 模式	6.37	0.111	1.7	0.003 7

第 14 章　遥感卫星测控与导航定位系统设计与分析

14.5　与测控大系统接口设计及验证

卫星与地面测控系统接口涉及的单位较多，接口关系复杂，包括与地面测控系统和与中继测控系统的接口。

14.5.1　与地基测控接口设计

地面测控大系统包括卫星和地面测控系统（图 14-22）。卫星作为测控对象，完成测距帧转发、上行遥控数据接收以及下行遥测数据发送。主要功能涉及测控分系统和数管分系统。其中测控分系统实现 S 频段测控数据接收解调、S 频段遥测数据调制、定位信息和时间信息生成；数管分系统将 S 频段接收解调后的遥控数据进行处理，完成指令的译码执行和数据的解析及转发。同时，还完成遥测数据的组帧，并发送给测控分系统。地面测控系统目前由多个地面测控站和西安卫星测控中心组成，地面站测控资源由中心统一调度，依据卫星测控要求及卫星用户需求对在轨卫星完成遥控指令发送、遥测数据接收及处理、卫星测距、测速等任务。

需要说明的是，地基测控接口还包含测距帧结构的要求，具体格式已形成国家军用标准，设计时需要遵照执行。

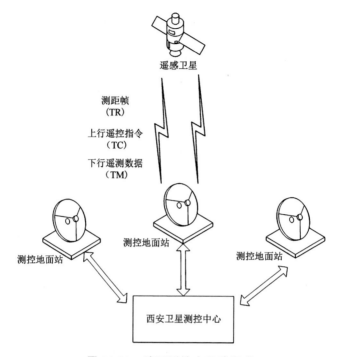

图 14-22 地面测控大系统组成

14.5.2 与中继测控接口设计

卫星与中继系统接口关系如图 14-23 所示。整个链路有四个关键节点：遥感卫星、中继卫星、地面终端站、用户应用中心。

遥感卫星处于图中"用户航天器"的位置，可通过中继卫星完成"返向链路"数据传输，通常均包含 S 频段遥测数据（返向 SSA），也可包含 Ka 频段图像数据（返向 KSA）；还可通过中继卫星接收"前向链路"数据，通常为 S 频段遥控数据（前向 SSA）。与中继功能相对应，遥感卫星上通常按照以下几个部分进行设计。中继测控实现 S 频段测控数据接收解调、S 频段遥测数据调制；数管需对中继测控送来的 S 频段接收解调后的测控数据进行译码，将直接指令分发到后端的遥控单元（TCU）、将间接指令分发到后端的远置单元（RTU）、将总线指令分发给后端的远程终端（RT）。同时，还完成遥测数据的组帧，并发送给中继测控；中继数传实现 Ka 频段图像数据的返向发送；捕获跟踪要完成对中继星的实时跟踪，建立稳定的传输链路，并辐射 Ka 返向无线信号，也可接收 S 前向无线信号、辐射 S 返向无线信号。

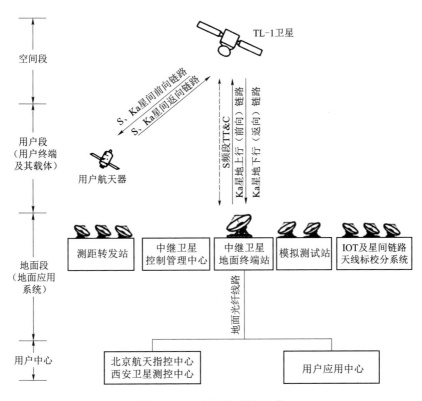

图 14-23 中继大系统组成

中继星完成对用户星的实时稳定跟踪,并通过透明转发方式接收和发送各种无线射频信号(S频段、Ka频段)。地面终端站配置大口径天线,完成 Ka 频段图像数据和 S 频段遥测数据下行接收,并实现 S 频段遥控数据的上行发送。与中继星相配套,目前地面站有 2 个。用户应用中心将接收到的图像数据进行处理。

14.5.3 测控信道接口要求

对地扩频和中继扩频信号的接口形式相同,仅通过不同的通道送达地面。上行(中继前向)信号载波标称频率为 S 频段,遥控码速率为 4 000 b/s,PN 码码速率为 3.069 Mb/s,信号码型为 NRZ-L。下行(中继返向)信号载波标称频率为 S 频段,遥测数据码速率为 8 192 b/s,信号码型 NRZ-L,PN 码码速率为 3.069 Mb/s。中继天线极化形式:SSA,接收 LCP/发射 RCP。对地天线极化形式:同旋组阵,接收 LCP/发射 LCP。

14.5.4 与工程大系统对接试验

卫星在发射前,一般需要与地面测控系统和中继系统进行对接试验,目的是在发射前对卫星与地面测控系统的接口匹配性进行验证。对接试验需要从射频兼容性测试和数据流测试两方面,分别对卫星与测控大系统射频接口的兼容性以及基带数据的兼容性进行检测。其中,射频兼容性测试项目包括星地测控信道连通、定标和系统捕获试验、测速随机误差测试、星上距离零值标定、星地测距随机误差统计、遥控接收误码率测试、抗干扰试验、遥测接收误码率测试。数据流测试项目主要包括遥控数据流试验,目的是对指令码字正确性进行巡检;遥测数据流试验,目的是遥测数据处理正确性检查、遥测格式切换功能检查。星地时延测试,目的是作为将来在轨常数装订至地面测控系统。

随着高分辨率对地观测遥感卫星技术的不断发展,对测控系统的要求也在不断提高,概括地说,不断提高测控时效性、提高应急测控能力和测定轨精度是测控系统需要持续不断发展的方向。我国现有地面测控网逐渐难以满足测控系统时效性的要求,且现有地面测控网规模难以无限扩大,应积极发展天基测控网,充分利用天基数据中继卫星的强大优势提高测控系统时效性和应急测控能力,充分发挥我国北斗卫星导航定位系统在航天测控系统中的作用,早日实现 BD 导航系统全球覆盖能力,摆脱对 GPS 系统的依赖,同时发展实时和事后高精度精密定轨技术,这些是实现我国自主可控的天基高精度测定轨技术的重要发展方向。

参 考 文 献

[1] 谭维炽,胡金刚. 航天器系统工程[M]. 北京:中国科学技术出版社,2009.

[2] 彭成荣. 航天器总体设计[M]. 北京:中国科学技术出版社,2011.

[3] 夏南银. 航天测控系统[M]. 北京:国防工业出版社,2002.

[4] 于志坚. 航天测控系统工程[M]. 北京:国防工业出版社,2008.

[5] 周智敏. 航天无线电测控原理与系统[M]. 北京:电子工业出版社,2008.

[6] 周智敏. 现代航天测控原理[M]. 北京:国防科技大学出版社,1998.

[7] 陈宜元. 卫星无线电测控技术[M]. 北京:中国宇航出版社,2007.

[8] 饶启龙. 航天测控技术及其发展方向[J]. 信息通信技术,2017(3).

[9] 李艳华. 航天遥测技术的新进展[J]. 飞行器测控学报,2007(5).

[10] 徐会忠. 天地一体化测控网络体系结构研究[C]. 中国宇航学会飞行器测控专业委员会2007年航天测控技术研讨会,2007,杭州.

[11] 沈荣骏. 我国航天测控技术的发展趋势与策略[J]. 宇航学报,2001(3).

[12] 杨天社. 低轨航天器天基测控方法研究[J]. 空间科学学报,2007(3).

[13] 张碧雄. 2030年前航天测控技术发展研究[J]. 飞行器测控学报,2010(5).

第 15 章
遥感卫星供配电系统设计与分析

第15章 遥感卫星供配电系统设计与分析

15.1 概述

进入 21 世纪后,随着美国的"世界观测"(WorldView)、"地球之眼"(GeoEye)和法国的 Pleiades 系列为代表的高分辨率商业卫星快速发展,砷化镓太阳电池逐渐由单结过渡到更高效的三结。2008 年,欧洲"土壤湿度和海洋盐度"(SMOS)卫星首先使用 SAFT 公司 VES100 型锂离子蓄电池,开创了低轨遥感卫星应用锂离子蓄电池组储能的先河。截至目前,国际上最先进的高分辨率遥感卫星,如欧洲"太阳神-2"(Helios)卫星等,都采用了"三结砷化镓太阳电池+锂离子蓄电池组"的电源系统方案。国外典型高分辨率遥感卫星电源系统配置情况见表 15-1 所示。

表 15-1 国外典型高分辨率遥感卫星电源系统配置情况

分类	卫星	国家	发射时间	分辨率/m	电源系统配置
光学遥感卫星	WorldView-1	美	2007	全色 0.5	双翼三结砷化镓,100 Ah 氢镍电池,28 V 不调节母线、3 232 W
	GeoEye-1	美	2008	全色 0.5 多光谱 2.0	2 kW 三结砷化镓,2 个 80 Ah 氢镍电池组,28 V 不调节母线、3 862 W
	WorldView-2	美	2009	全色 0.46 多光谱 1.8	双翼 3.2 kW 三结砷化镓,100 Ah 电池组

续表

分类	卫星	国家	发射时间	分辨率/m	电源系统配置
光学遥感卫星	WorldView-3	美	2014	全色0.31 多光谱1.24	双翼3.1 kW三结砷化镓，100 Ah电池组
	WorldView-4	美	2016	全色0.31 多光谱1.24	三结砷化镓、锂离子蓄电池组
SAR卫星	Cosmo-Skymed	意	2006	SAR 1.0	4 kW（BOL）三结砷化镓，336 Ah、9 s224 p锂离子蓄电池、MPPT双母线系统
	TerraSAR-X	德	2007	SAR 0.7	3 kW三结砷化镓，108 Ah锂离子蓄电池，MPPT双母线系统，35～50 V不调节，5 kW；28 V全调节，1.5 kW

可以看出，国外目前最先进的高分辨光学遥感卫星和SAR卫星，都采用了高效率的三结砷化镓太阳电池和高比能量、无记忆效应的锂离子蓄电池组。在电源控制方面，光学遥感卫星和SAR卫星选择了两种不同的拓扑：前者采用单一母线进行供电，后者则多采用了双母线进行供电。此外，随着载荷用电功率需求的增加，电源母线的供电电压等级会逐渐提高。

本章结合我国高分辨率遥感卫星研制经验和空间电源技术发展，重点介绍遥感卫星电源系统总体设计方法。

15.2 需求分析与技术特点

从载荷特性上,遥感卫星可分为光学遥感卫星和微波遥感卫星两大类,以下将分别对两类卫星电源系统需求及特点进行分析。

15.2.1 光学遥感卫星

光学遥感卫星具有敏捷机动成像的特点,包括点目标成像、条带、拼幅、立体成像等多种工作模式。

(1)载荷工作的短时功率需求大:卫星平台用长期负载功率需求一般比较稳定,通常在 800~1 500 W 之间。但是,当光学相机开机成像或者在轨将大容量数据对地进行数传时,载荷功率瞬时增加非常大,根据统计,卫星短时功率需求可达到 5 000 W 以上。因此,电源系统设计必须能够覆盖卫星载荷工作时的短时大功率用电需求。

(2)敏捷机动成像:为适应光学成像卫星敏捷机动成像要求,电源系统中太阳电池阵总面积受到了极大限制。如果太阳翼幅展面积过大,会增加卫星转动惯量、降低卫星机动性能,因此必须采用"小面积太阳翼"的设计思路。而在敏捷成像模式下,卫星需要频繁进行滚动、俯仰、偏航等动作,并且姿态机动角度非常大,最大可达±60°。在如此大角度,并且频繁的机动成像过程中,太阳电池阵受太阳光照极其不稳定，可以预想到，在大部分时间内太阳光照条件十分恶劣（当太阳光入射角为60°时，太阳电池阵发电功率将比在太阳光直射条件下发电功率减少一半），因此，在卫星敏捷机动成像期间，通常需要由蓄电池组与太阳电池阵联合为载荷供电。

（3）相机对地观测任务能力急剧提升：以往光学遥感卫星所携带的相机载荷对地观测任务量通常是15~40个/天，由于敏捷机动能力提升，高分辨率光学卫星任务量大幅提升至100~200个/天，这样在联合供电情况下，要求蓄电池组承担大部分负载功率，因此蓄电池组容量应尽可能加大。

（4）高效轻量化设计：电源分系统中太阳电池阵光电转换效率、蓄电池组能量比质量、电源控制器调节效率要极大提高，以此减轻重量和功耗。

（5）按"多圈平衡"使用策略进行能源系统设计：遥感卫星具有对地覆盖频繁的特点，它能够在一天之内对地球上某一特定区域进行连续、多圈成像，这将造成卫星太阳电池阵不能一直以最大功率对外发电，并且会出现连续几个轨道圈负载用电能量激增。

因此，电源分系统需要采取"小太阳翼+大蓄电池组"的设计，即在大功率载荷成像、数据下传期间由蓄电池组和太阳电池阵联合供电，而在光照期非载荷工作时段由太阳电池阵为蓄电池组充电，卫星能源平衡的使用理念也应该由"单圈平衡"转变为"多圈平衡"甚至"按天平衡"。

15.2.2 微波遥感（SAR）卫星

SAR卫星属于一种特殊的微波遥感卫星，主要有以下几个方面的特点：

（1）成像模式多，峰值功率大：SAR卫星基本成像模式有聚束模式、条带模式和扫描模式等，每种成像模式的针对性、工作时间和功率需求各不相同。如欧洲Cosmo-Skymed卫星，其聚束成像模式每次最大持续时间为10 s，功率需求为19 kW；条带或扫描模式每次最大持续时间为10 min，功率需求为11 kW，电源系统设计应能满足其极大的峰值功率需求。

（2）载荷功率与平台功率比值较大：以欧洲Cosmo-Skymed卫星为例，该卫星SAR载荷峰值功率为19 kW，而平台功率不大于1 kW，其载荷与平台功率比达19:1，而前文提及的光学遥感卫星的载荷与平台功率比仅为（1.5~2.0）:1，两类卫星载荷与平台功率比值相差较大，电源系统需统筹考虑平台、载荷设备供电需求，以系统总体最优的设计方法对电源系统拓扑结构、母线体制等进行全面论证。

（3）SAR载荷用电呈脉动特性：SAR卫星要求电源系统能够适应其频繁的

大功率加减载需求,具体而言,电源系统首先要满足卫星平台设备的供电需求,为平台设备提供高品质的供电母线;其次要求电源系统输出阻抗极低,具备瞬时大功率(高达 19 kW)输出能力,并在加减载过程(例如 19 kW 降为 1 kW)中保持电源系统的稳定工作。另外,SAR 载荷呈脉冲性工作特点(SAR 载荷中发射接收组件、固放等均以不同的脉冲重复频率工作,其频率一般为 1~5 kHz),大功率脉冲性工作会使供电母线纹波增加,系统稳定性降低,这就要求电源系统具备较强的纹波滤除能力,确保平台设备与载荷设备的供电安全。

(4) 快速姿态机动应用需求:通常,SAR 天线有两种体制,即抛物天线和相控阵天线体制。其中,抛物天线体制需要卫星快速姿态机动成像,其多目标遥感成像效能取决于卫星姿态机动能力。相控阵天线自带电扫功能,不需要卫星姿态快速机动,但如果卫星通过双侧视模式实现高覆盖、高重访时,同样需要卫星进行大角度快速滚动姿态机动。可见,无论采用哪种天线体制,卫星均需要进行大角度机动成像。因而太阳电池阵的光照条件将极其不稳定,并且大面积凸出的天线会对太阳电池阵产生遮挡,太阳光照条件十分恶劣。

15.3 光学遥感卫星供配电系统设计

高分辨率光学遥感卫星通常设计有姿态机动、成像、对地回放、中继回放、边记边放等典型工作模式，其中成像模式又可分为同轨多目标成像、连续条带成像、同轨多条带拼接成像、同轨同目标多角度成像等。卫星成像与数传工作模式组合复杂多样，这对供配电系统设计提出非常高的要求。

15.3.1 系统设计约束分析

1. 任务层面设计约束

目前，国外成熟商用高分辨率光学遥感卫星多运行于 450～1 000 km 的太阳同步圆轨道，降交点地方时一般设计为 10：30 或 13：30。结合我国某高分辨率资源卫星典型应用，可选择 500 km、降交点地方时为 10：30 的太阳同步圆轨道。该轨道周期约 96 min，其中最长地影期时间约 36 min，最短光照期时间约 60 min，卫星所处轨道面太阳入射角最大为 29°。

卫星在对地成像时，需要进行大角度的姿态机动，最大侧摆幅度设计为 ±45°，侧摆角度叠加卫星轨道面与太阳光的固定夹角，将使得太阳电池阵的发电功率大幅减少。在卫星寿命 5 年期内，电源系统需满足短期载荷最大 5 000 W 的供电需求，对地成像任务按每圈 5～15 min 进行设计。

第 15 章 遥感卫星供配电系统设计与分析

2. 卫星总体设计约束

由于太阳翼展开后对整星惯量影响很大,因此卫星构型设计限制了太阳电池阵总面积,将其控制在 16 m² 以下。由于卫星数传天线、中继天线等凸起物会对太阳电池阵造成一定遮挡,因此,卫星供配电系统在设计时,必须对太阳翼遮挡影响进行分析。

根据初步统计,卫星长期负载功率约为 1 500 W,成像模式下峰值功率高达 5 000 W,数据回传功率约 3 000 W,供配电系统设计应满足以上用电需求。

15.3.2 总体设计思路

为满足卫星高机动敏捷成像需求,太阳电池阵总面积应尽量减小,电源系统总重量应尽量减轻。同时,为应对卫星长期负载功耗大幅增加的实际需求,供配电系统必须采取以下措施提高卫星的供电能力。

(1) 采用高效发电设计,缩减太阳电池阵面积。卫星电源总体设计应通过提高太阳电池光电转换效率、提高电池布片率、减少太阳翼遮挡优化等三个方面来提升电源系统的发电能力,以解决因太阳电池阵总面积减少所造成的太阳电池阵发电总功率降低的问题。

(2) 采用高刚度太阳翼设计,提高基频、减小惯量。太阳翼构型设计十分关键,相比"一"字展开的太阳翼构型,采用"H"形展开的太阳翼可有效减小太阳翼质心与卫星质心之间的距离,从而减小卫星转动惯量、使构型布局更为紧凑,同时也有助提高太阳翼刚度和基频,保证高精度的相机载荷进行更加稳定的成像。

(3) 采用更高能量密度的锂离子蓄电池组,减轻系统重量。通常,蓄电池组重量占卫星电源系统比重在 50% 以上。以往遥感卫星多采用氢镍或镉镍蓄电池组作为卫星的储能装置,由于这两类化学储能电池组的能量密度低(一般在 50 Wh/kg 左右),导致电源系统总重量始终居高不下。如果采用更高能量密度的锂离子蓄电池组(能量密度一般在 120~140 Wh/kg),可大幅减轻蓄电池组重量。

(4) 采用高效充、放电设计,提高电源系统功率密度。与氢镍、镉镍蓄电池组相比,锂离子蓄电池组自身的充放电效率非常高,目前技术水平可达到 95% 以上,而前两类电池的充放电效率仅为 80%。此外,提高电源控制的效率也是提高电源系统功率密度的一种有效手段,例如充电电路调节效率由以往 86%~88% 提升到 94%;放电电路调节效率由以往 88% 提升到 94%。

(5) 采用系统级能源管理设计,通过多圈能源平衡支持密集成像任务。卫星能源的使用策略不应再继承以往"按圈平衡"的设计思路,而应采取"小太阳翼＋大蓄电池组"的设计思想,通过控制"蓄电池组短期最大放电深度不超限"和"多圈平衡",支持卫星对目标密集区域的连续高效成像。

15.3.3 供配电体制选择

根据光学遥感卫星在轨运行特点,需要对供配电体制进行优化设计。卫星供配电体制选择一般包括母线电压等级、电源调节拓扑、配电方式等三个方面。

1. 电源母线电压等级选择

国内外光学遥感卫星供电母线通常为单母线供电,因此选择单母线供电具有良好的继承性。卫星电源系统母线供电电压一般有 28 V、42 V、100 V 三种制式,相应负载设备及二次电源都是按照这三种母线电压进行设计的。通常,卫星的负载功率越大,电源一次母线的供电电压应当越高,这样可以减小一次母线供电电流,进而降低供电源端至用电负载端的传输通路损耗,减轻整星电缆网重量。根据标准要求,一般负载功率 2 kW 以下的卫星选择 28 V 低压母线;2~4 kW 以内的卫星选择 42 V 中压母线;4 kW 以上的大功率负载的卫星选择 100 V 高压母线。

对于高分辨率光学遥感卫星,其短期功耗达 5 kW,但其长期功耗仅为 1.5 kW,计算其平均功耗在 2~3 kW 之间,属中压母线范围,因此可采用 42 V 电压母线。

2. 电源调节拓扑选择

太阳电池阵输出的电压和电流是非线性、不确定的,蓄电池组端电压也是在较大范围内波动,二者的输出电压必须通过电源控制器调节后,才能为卫星载荷提供所需要的电能,为此,必须选择合适的电源调节拓扑。

对太阳电池阵输出功率调节有 DET 和 MPPT 两种方式。传统 S3R、S4R 等属于 DET 调节,这是目前国内外空间应用最广泛的功率调节拓扑。DET 的优点是能量直接传递,不需二次电源变换,因此主功率通路传输效率比较高;缺点是它只能按照固定参考电压点进行调节。MPPT 则不然,它能自动搜寻并锁定太阳电池阵最佳工作点电压,使太阳电池阵始终以最大功率输出,但是为了能够调节最佳工作点电压,必须串联 DC/DC 变换电路进行二次电源变换,因此存在一定的转换损耗。通常,对太阳电池阵最佳工作点电压影响最大的是环境温度,低轨道卫星太阳电池阵受太阳光照温度一般很稳定,而深空探测类卫星(比如欧空局的"火星快车"任务)环境温度变化巨大,因此,低轨遥感卫星一般采用 DET 方式,而深空探测卫星应首选 MPPT 方式。

早期遥感卫星一般采用供电阵、充电阵分开的太阳电池布阵方式,如图 15-1 所示。在光照期内,由一套独立的分流调节器通过对太阳电池供电阵输出功率调节供给一次电源母线输出,太阳电池充电阵由另外一套独立的充电调节器为蓄电池组进行充电。在阴影期内,由放电调节器对蓄电池组输出功率进行调节,供给一次电源母线上负载使用。

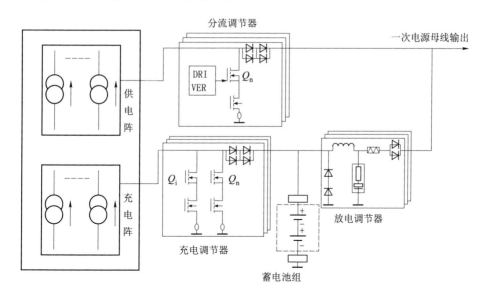

图 15-1 供电阵、充电阵分开的卫星电源调节拓扑

供电阵、充电阵分开并且单独进行电源调节的拓扑主要有以下几个缺点:其一,电源调节系统设备配套多、电路复杂;其二,太阳电池阵输出功率到达一次电源母线输出的路径繁冗,需要多级变换,电源控制效率低;其三,太阳电池将供电阵和充电阵分开,相互之间不存在能源互补通路,对发电端能源利用率较低。为解决以上问题,卫星采用对太阳电池阵 S4R 调节与对蓄电池组 BDR 调节的全调节单母线电源调节拓扑,电源拓扑如图 15-2 所示。

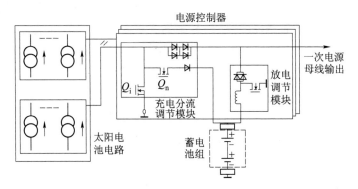

图 15-2　高分辨率光学遥感卫星电源调节拓扑

从上图可看出，太阳电池阵进行统一布阵（不再区分供电阵和充电阵），发电能源利用率更高，而且 S4R+BDR 型电源调节拓扑对电路集约化程度更高，整星只配置一台电源控制器，即可取代过去卫星分流调节器、充电调节和放电调节器等多台设备，电路更为简单，且模块重量轻、充电电流大，特别适合于低轨光学遥感卫星因光照-阴影循环导致电池频繁充放电使用的情况。

3. 配电方式选择

低轨遥感卫星一般采用分级配电体制，首先由主配电器将一次电源母线引至各分系统的配电器端，再由各分系统配电器单独配电到本系统内的各台单机，从而实现"主配电器-分系统配电器"的分级配电管理，如图 15-3 所示，本卫星也采取上述分级配电体制。

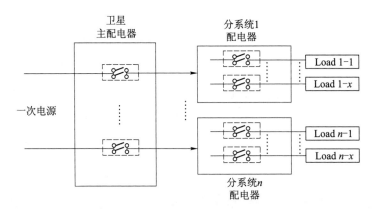

图 15-3　遥感卫星一次电源分级配电模式

15.3.4 系统功能设计

根据卫星运行的不同阶段，对供配电系统功能设计如下：

（1）发射阶段：卫星从发射前转内电至太阳翼展开并对日定向，此段时间由蓄电池供电。在发射阶段，除太阳翼展开用火工品切割器所需的脉冲功率外，只有长期功率。

（2）入轨初期：从太阳翼展开开始，卫星由太阳电池阵供电，卫星建立正常姿态，服务系统进入正常工作模式，卫星负载为长期负载。

（3）在轨运行阶段：卫星经历发射阶段和入轨阶段后进入在轨工作阶段。在轨工作阶段，卫星在较长时间内处于稳定的长期负载工作模式下。如果在光照期内，电源系统可利用太阳电池阵将太阳能转变成电能进行发电，一部分给负载供电，多余的能量通过蓄电池存储起来，以备卫星进入阴影期或在太阳电池阵无法满足峰值负载时补充供电；比如，当卫星执行对地成像任务时（一般安排在光照期内），由于峰值功率大，电源系统必须利用太阳电池阵和蓄电池组联合供电。在地影期内，主要由蓄电池组为整星提供所需要的电能。

为满足卫星在寿命期间内能稳定、高效地供电，电源系统还要实施对一次电源的管理和控制，包括对电源母线稳压控制、对蓄电池充/放电的控制及均衡管理等。

15.3.5 系统配置与拓扑结构

卫星电源采用基于 S4R 技术的太阳电池阵双翼统一调节和对蓄电池组 BDR 升压型电源调节拓扑，采用"小太阳翼、大蓄电池"的总体设计思路，在载荷工作期间，通过限制最大放电深度来实现多圈能源平衡。供配电系统配置和拓扑结构如图 15-4 所示。

卫星配置两组太阳电池阵、一台电源控制器、两组锂离子蓄电池组、一台配电管理器。太阳电池阵采用合阵设计，电源控制器通过对太阳电池阵功率调节，实现稳定母线电压和对蓄电池组充电控制的功能，同时电源控制器集成下位机，完成对锂电池组过充/过放保护、均衡管理等。

卫星配电采用"一次电源分级配电、二次电源分散配电"的体制。为了提高一次配电设备的集成性，将主配电器、火工品控制器集成为一台配电管理器，使用继电器对卫星平台关键分系统进行配电管理，如控制、测控、综合电子等；使用 SSPC 电子开关对相机、数传等载荷分系统进行灵活配电管理。同时配电管理器引入了下位机，具备了短路保护、过流保护等智能保护功能。

15.3.6 太阳翼构型设计

遥感卫星太阳翼有"一"字展开的太阳翼和"H"形太阳翼(如:World-View-1卫星)两种构型,前者又可分为固定式太阳翼(如 GeoEye-1 卫星)和可旋转太阳翼(如 GF-3 卫星)两种,具体如图 15-5 所示。

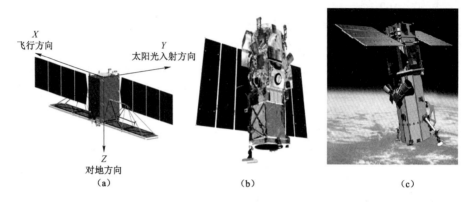

图 15-5　卫星遥感卫星太阳翼构型
(a)"一"字展开可旋转太阳翼;(b)"一"字展开固定式太阳翼;(c)"H"形太阳翼

相比"一"字展开的太阳翼构型,采用"H"形展开的太阳翼可有效减小太阳翼质心与卫星质心之间的距离,从而减小卫星转动惯量、使构型布局更为紧凑,同时也有助提高太阳翼刚度和基频,保证高精度的相机载荷进行更加稳定成像。因此,卫星选择"H"形太阳翼的构型设计,同时配置帆板驱动机构,使得太阳翼帆板能单轴调整对日定向。

15.3.7 太阳电池阵设计

在太阳电池阵总体设计上,应考虑在提高太阳电池光电转换效率、提高电池布片率、减少太阳翼遮挡优化等几个方面提升发电功率。

1. 太阳电池阵单体及总面积设计

为解决"太阳电池阵面积缩减,但用电需求增加"这二者之间的突出矛盾,方法一是采用高效的太阳电池片,通过工艺筛选,三结砷化镓太阳电池片的光电转换效率可由以往 26%～28% 提升到 30%～32%。方法二是尽可能扩大太阳翼面积,使之接近卫星总体的限值(要求小于16 m^2)。

2. 太阳电池布阵方式设计

太阳电池阵应采用合阵设计,不再区分供电阵和充电阵,这样,太阳电池阵输出功率既可以对母线直接供电,也可用于对蓄电池组进行充电,确保阵与阵之间能源能够"互补"。

太阳电池单体尺寸的选择必须与基板面积匹配,才能达到最大的布片利用率。通过分析设计,采用 30 mm×40 mm 的太阳电池单体,取代以往 40 mm×60 mm 的电池单体,可将太阳电池阵有效布片利用率从 85% 提升到 89% 以上。

3. 太阳翼遮挡影响分析

卫星表面存在不规则凸起物,如数传天线等,会造成太阳翼出现被遮挡,从而导致太阳电池阵输出功率降低,有必要对太阳翼遮挡情况进行影响分析和评估。

利用卫星的 ProE 模型,对卫星各种姿态下遮挡进行仿真分析,如图 15-6 所示。分析结果表明:卫星在无侧摆/侧摆 30°情况下,一个轨道圈内因遮挡导致的功率损失分别约为 3.88% 和 5.63%。在进行太阳电池阵发电功率计算时,必须将以上功率损失计算在内。

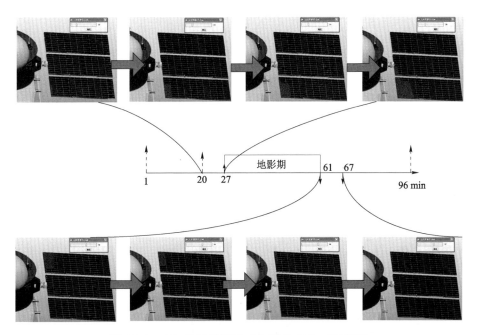

图 15-6 +Y 翼遮挡情况(入射角 29°、无侧摆)

4. 太阳电池阵发电功率计算

寿命初期太阳电池阵发电功率计算式为：

$$P_{\text{BOL}} = S_0 X X_s X_e A_c N F_j \eta F_c (\beta_P \Delta T + 1) \cos\theta \tag{15-1}$$

式中，P_{BOL} 为寿命初期太阳电池阵最大输出功率；S_0 为太阳常数，1 353 W/m²；θ 为太阳光与太阳电池阵法线方向的夹角，这里取 29°；X 为遮挡功率损失因子，这里取 5%；X_s 为太阳光强季节性变化因子，春秋分时为 1.000 0，夏至为 0.967 3，冬至为 1.032 7；X_e 为地球反照对太阳电池阵输出功率的增益因子，低轨一般取 1.00~1.05；A_c 为单体太阳电池的标称面积；N 为太阳电池阵所有单体太阳电池总数；η 为单体太阳电池光电转换效率；F_c 为太阳电池阵组合损失因子，这里取 0.98；β_P 为太阳电池阵功率温度系数（%/℃）；ΔT 为太阳电池轨道工作温度与标准温度之差。

寿命末期太阳电池阵发电功率计算式为：

$$P_{\text{EOL}} = P_{\text{BOL}} \cdot F_{\text{RAD}} \cdot F_{\text{UV}} \cdot F \tag{15-2}$$

式中，P_{EOL} 为寿命末期太阳电池阵最大输出功率；F_{RAD} 为太阳电池粒子辐照衰减因子；F_{UV} 为太阳电池紫外辐照衰减因子；F 为太阳电池阵其他衰减因子。

经计算，卫星太阳电池阵在寿命初期发电功率约为 3 600 W，末期发电功率约为 3 000 W。

15.3.8　蓄电池组设计

锂离子蓄电池的能量比质量指标大约是氢镍蓄电池的 2 倍、是镉镍蓄电池的 3 倍，能量比体积指标是氢-镍电池组的 4 倍以上。这意味着，在输出同等能量情况下，采用锂离子蓄电池可显著地减小星上储能装置重量和体积，这对敏捷性、机动性要求非常高的高分辨率遥感卫星而言，具有很大的吸引力。

卫星长期负载功率 1 500 W，在光照期进行成像任务，单圈成像时间不超过 5 min，成像所需的 5 000 W 峰值功率，由太阳电池阵提供约为 3 000 W（寿命末期），蓄电池组需补充输出 2 000 W。在地影期内，卫星完全由蓄电池组进行供电，当进行对地数传任务时，功率需求为 3 000 W，且数传时间不小于 10 min，通过比较，在阴影期内蓄电池组放电更为严重，蓄电池组容量也是基于阴影期放电进行设计的。

蓄电池组额定容量与寿命末期输出功率关系为：

$$C_{\text{额定}} = P_{\text{EOL}} \times t \times 1.2 / (V_{\text{EOL}} \times \text{DOD}) \tag{15-3}$$

式中，$C_{额定}$ 为蓄电池组电池额定容量（Ah）；P_{EOL} 为寿命末期蓄电池组最大输出功率；t 为放电时长；V_{EOL} 为寿命末期蓄电池组放电电压；DOD 为蓄电池组最大允许放电深度。

$$V_{EOL} = \frac{N-1}{N} \times U_{EOL} - U_{cd} \tag{15-4}$$

式中，U_{EOL} 为寿命末期蓄电池组最低放电电压；N 为蓄电池组单体串联数；U_{cd} 为蓄电池组放电线路压降。

经计算，卫星蓄电池组总容量为 180 Ah。当卫星光照区进行 5 min 成像任务时蓄电池放电深度小于 5%；在地影期载荷不工作时蓄电池放电深度小于 17.6%，在地影期当卫星进行 10 min 对地数传时蓄电池放电深度小于 22.8%，如果在寿命末期蓄电池组 1 节单体失效时放电深度≤26.8%。可见，以上各种任务工况下最大放电深度都不大于 30%。由于 30 Ah 锂离子单体电池为空间用型谱化产品，因此，单体容量选择为 30 Ah。整星蓄电池组可分为 2 组，每组 90 Ah，那么每组蓄电池组由 30 Ah 单体 3 并 9 串组成，每"3 并"组成一个并联块，"9 串"主要是适应 42 V 供电母线。

15.3.9 电源控制设计

1. 一次电源控制方案

卫星一次电源采用 S4R+BDR 电路拓扑，配置两组太阳电池阵，一台电源控制器，两组锂离子蓄电池组，如图 15-7 所示。太阳电池阵采用合阵设计，电源控制器完成对太阳电池阵功率调节，实现稳定母线电压、蓄电池组充电控制功能，同时电源控制器集成下位机功能，完成锂电池充电控制、均衡管理、Bypass 等功能。

在光照期，太阳电池阵通过 S3R/S4R 顺序开关分流，将母线电压稳定调节在 42 V±0.5 V 范围内。在满足负载供电的情况下，通过 S4R 模块给锂离子蓄电池进行恒流转恒压充电；当相机等有效载荷开机导致负载需求功率增大时，由太阳电池阵和蓄电池组联合供电。卫星进地影过程中，太阳电池阵功率逐步下降，当不能满足整星功率时，开启放电调节电路（BDR）进行补充供电直到进入全地影。在地影期蓄电池通过 BDR 调节，母线电压控制在 42 V±0.5 V 范围内。在出地影过程中，太阳电池阵功率逐步增加，BDR 电路输出电流逐步减小，直到进入全光照区，此时将关闭 BDR 电路并给蓄电池充电。

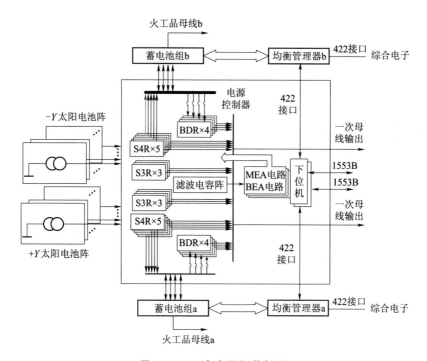

图 15-7 一次电源拓扑框图

S3R/S4R 模块设置一般根据太阳电池阵的发电功率而定，根据前文计算，太阳电池阵在寿命初期发电功率约为 3 600 W，那么 S3R/S4R 电路模块的功率设置至少为 3 600 W。BDR 模块设置一般根据蓄电池组最大放电功率而定，根据统计，蓄电池组最大放电功率为 3 000 W，再考虑 BDR 效率为 90%，那么 BDR 功率至少应设置为 3 400 W。

2. 锂电池充电策略

过去低轨光学遥感卫星选用氢镍或镉镍蓄电池组作为整星的储能设备，它们的充电策略一般选用"V-T 曲线"控制，即根据蓄电池组当前温度 T 选定对应的充电终压 V，并且通常设计为"两段式充电"：即当"一阶段限流充电"电压达到对应的充电终压 V 时，转入"二阶段涓流充电"，由于涓流充电电流比较小，因此对充电时间一般不做限制，即使蓄电池组过充，也会将过充的电能转化为热能耗散，不会对氢镍或镉镍蓄电池组安全性造成影响。然而，锂离子蓄电池组对过充电十分敏感，一旦过充，对其安全性影响较大，因此，对锂电池组的充电策略必须严格控制，应选用"恒流（或限流）转恒压"的控制策略。

锂电池组充电控制的关键是选定好"转恒压"的控制点。一般在寿命初期，低轨卫星用锂电池单体电压充电至 4.05 V 是比较安全的；在寿命末期，随着锂电池容量衰减及特性退化，单体充电电压可提高至 4.15 V。考虑到蓄电池组设计为 9 串，因此，在寿命初期，锂电池组充电控制的"转恒压"控制点可选 4.05 V×9＝36.45 V；在寿命末期，充电控制的"转恒压"控制点可选 4.15 V×9＝37.35 V。此外，由于锂电池组在轨可能出现因某一节单体失效、采用 Bypass 旁路装置对该单体进行切除的情况，因此卫星所采用的充电电压曲线至少应设计为 4 挡，即 4.05 V×9＝36.45 V、4.05 V×8＝32.4 V、4.15 V×9＝37.35 V、4.15 V×8＝33.2 V。

一般不推荐选择较大倍率的充电电流对锂离子蓄电池组充电，特别是在低温环境下，如果对锂电池进行大倍率充电，将导致锂电池组性能不可逆损坏。因此，卫星对锂离子蓄电池组进行"限流充电"控制，结合低轨卫星的具体使用特点，一般建议充电电流不超过 $0.3\,C$，其中 C 代表蓄电池组额定容量。由于锂离子蓄电池组每组容量设计为 90 Ah，按以上规定，每组充电电流不应超过 0.3×90＝27（A）。结合卫星太阳翼具体发电情况，卫星总体选定每组充电电流限制为不超过 25 A。

为了对锂离子蓄电池组充电控制更加精细化，卫星对锂电池充电电流曲线按每个步长 5 A 递减，即设计有 25 A、20 A、15 A、10 A、5 A、0 A 共 6 挡。通过设置多挡倍率的限流和限压充电，可根据需要自由切换挡位，实现卫星在轨对锂离子蓄电池组充电的精细控制。

3. 锂电池均衡管理

锂离子蓄电池组由于其自身差异及外部因素影响，在长期充放电使用后，会造成各单体间的电压离散，如果单体间电压离散较大并且不能有效控制，将影响蓄电池整组的性能，必须对锂离子蓄电池组进行有效的均衡管理。根据应用经验，当单体电池间电压压差≥60 mV 时，表示单体电池性能分化比较严重，应对具有较高电压的单体电池进行"均衡"，即给其单独提供一个电阻支路进行放电，该电池单体电压会因为放电而下降；当该电池单体电压与其他单体压差≤10 mV 时，可断开该单体的"均衡"，停止对其单独放电。以上过程便是对锂离子蓄电池均衡管理的过程。

在卫星寿命初期一般不需要对锂离子蓄电池进行"均衡"管理，因为在入轨初期各个锂电池单体的性能都相对比较稳定、处于一个比较好的状态。随着卫星在轨使用年限的增加，同一组蓄电池组内的各个单体间便可能呈现出"分化"的状态，比如有的单体特性变差呈现出"充得快、放得快"的外在表现，判断的标准就是单体电池间电压压差是否大于 60 mV，一旦满足上述标准，便应当立即对该电池单体实施"均衡管理"。

4．锂电池 Bypass 控制

由于蓄电池单体存在开路故障模式，为避免因某只单体开路导致整组电池发生开路故障，需要对发生开路故障的单体进行旁路控制。

如果采用镉镍或氢镍蓄电池组，通常在每只电池单体两端双向并联二极管，在正常情况下，外加双向并联的二极管不允许投入工作。当电池单体开路时，整组蓄电池充放电仍有可靠的通路。

由于锂离子电池单体电压较高（约为 4.1 V，镉镍电池单体电压约为 1.25 V），如果仍然沿用之前采用二极管作为防开路故障的措施，则必须采取多只二极管串联才能确保其正常条件下不对整组蓄电池充放电产生影响，这种电路设计的可靠性较低，不建议使用，应当使用锂电池专用 Bypass 器件进行开路防护。

Bypass 器件串接在上下两个蓄电池单体（并联块）之间，如图 15-8 所示，当图中并联块 1 需要切除时，通过给 Bypass 驱动电路 T4、T5 通电，使得器件中的熔断器熔断，释放 Bypass 内部的连接压紧装置，改变连接方式，将并联块 1 旁路。

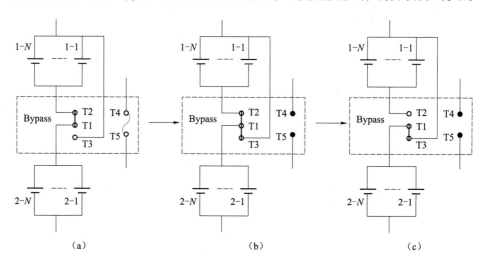

图 15-8　锂离子蓄电池组 Bypass 工作原理图
（a）Bypass 动作前；（b）Bypass 动作中；（c）Bypass 动作后

若"某电池单体电压长期小于 2 V 或大于 4.5 V"，则认为该单体性能已严重退化，应当对其进行 Bypass 旁路控制。Bypass 器件一旦动作，则不可恢复，这意味着锂离子蓄电池组少了一个并联块，整组可输出的总能量相应减少，因此，对锂电池 Bypass 控制必须谨慎。

5. 电源可靠性、安全性设计

为确保卫星供电安全，必须对电源控制的可靠性、安全性和故障隔离进行有效设计。一般情况下采取冗余或者备份的手段：对于硬件电路，如太阳电池阵、蓄电池组、电源控制器等，采用多个模块冗余备份，如热备份、冷备份、温备份等；对于软件编程，采用"三模冗余"等可靠性措施。

如图 15-7 所示，电源拓扑框图中 "S3R×3" 代表设计了 3 个 S3R 电路模块，"S4R×5" 代表设计了 5 个 S4R 电路模块，"BDR×4" 代表设计了 4 个 BDR 电路模块，这样，在电源系统中对太阳电池电路共设计了 16 路 S3R/S4R 模块对其进行分流控制；对整星两组蓄电池组共设计了 10 路 S4R 对其进行充电控制，每组蓄电池各对应 5 路 S4R 模块；对整星两组蓄电池组共设计了 8 路 BDR 对其进行放电控制，每组蓄电池各对应 4 路 BDR 模块。16 路 S3R/S4R 电路分别对应太阳电池阵的 16 个子阵，当其中 1 个 S3R/S4R 电路或者 1 个太阳子阵发生故障时，不影响后级母线电压的稳定；而对应每组蓄电池组的 4 路 BDR 同时在线工作，允许 1 路失效且不影响供给后级母线用电功率，即 4 取 3 "热备份"。

锂电池组允许每组有一节单体开路或短路失效，依然能保证电源系统正常充电、放电；太阳电池阵允许每串子阵中有 1~2 片单体短路或开路，仍然保证在寿命末期太阳电池输出功率能满足卫星功率需求；电源控制器主功率通路上设计二极管隔离，确保电源控制器供电链路上任一支路发生短路故障也不影响整星主供电母线安全。

15.3.10 配电设计

通常，卫星一次母线的主功率配电开关采用继电器，但它只能实现简单的通断控制，无法对每个配电通路的输出电流和开关状态等信息进行判断，也不具备对出现故障（如短路等）的负载进行自主切断以防止故障蔓延的功能，不适应遥感卫星多任务自主能源管理需求。

对于高分辨率遥感卫星，由于每轨成像任务大幅增加，对载荷开关机次数远超过功率型继电器的机械触点开关次数限制，必须采用 SSPC 电子开关。SSPC 是基于 MOSFET 的固态电子开关，与传统的继电器相比，具有无触点、无电弧、电磁干扰小、寿命长、响应快等优点，并且在负载发生过流或短路故障时，SSPC 按 I^2t 反时限曲线跳闸保护，关断时间与其电流值的大小成反比关系，即故障电流越大，所需关断时间越短。主配电器采用 SSPC 给整星各分系统用一次母线进行配电，SSPC 与后级用电负载入口端熔断器保护的配电设计如图 15-9 所示，各分系统内单机入口端采用熔断器进行过流保护（可根据实际情况，采用平衡式并联或非平衡式并联两种方式）。通过前级 SSPC 与后级熔断器保护动作配合，可有效提高卫星供配电链路可靠性和安全性。

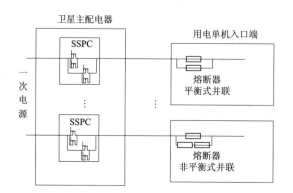

图 15-9　SSPC 电子开关与熔断器的联合保护设计

15.3.11　自主能源管理设计

由于低轨卫星存在不可控弧段，因此，在轨自主能源管理功能非常重要。以往卫星多采用氢镍或镉镍蓄电池组，由于这两类蓄电池端口电压与电池容量无直接对应关系，因此通常采用安时计来计算蓄电池组的当前电量。但是安时计是通过蓄电池组充、放电电流对时间积分完成，测量误差、积分累积误差等将导致安时计算不准确，因此难以实现对整星能源的精细化管理。

卫星采用了锂离子蓄电池组，由于锂电池端电压与电池容量的对应关系较为明确，因此可通过对锂电池组电压的精确测量，获取电池组电量。此外，供配电系统还配置电源控制下位机，通过与星上综合电子系统协调，实现星上自主能源管理功能。

图 15-10 给出了一种星上自主能源管理的融合调度方案，由一次电源发电能力预测、负载需求预测、能量平衡计算和负载用电动态管理等模块构成。

（1）一次电源发电能力预测：根据整星姿态实时计算太阳翼入射角（太阳翼入射角的变化，最终影响发电功率），再根据太阳电池阵总面积、太阳翼输出常值电流等遥测参数，获得下一个飞行周期光照期的一次电源发电功率。

（2）负载需求预测：根据飞行任务程序，统计各个任务对应的负载功耗，通过对任务时间的积分，求得负载总用电量。

（3）能源平衡计算：比较任务周期内的总发电量和负载总用电量，不足以部分由蓄电池组放电提供，多余的部分可为蓄电池组充电。根据锂电池组容量（蓄电池组电压）监测可判断能源系统是否处于充放电平衡，判断标准是"蓄电池组放电电量能够在一天之内多个光照期得到有效充满"，若不平衡，必须对负载用电进行动态管理。

（4）负载用电动态管理：通过与整星综合电子系统配合，划分出多个任务优先级别，包括两类操作：一，电源供电能力不能满足当前负载用电需求时，根据电源的实际供电能力，采取按负载优先级由低到高顺序依次切除负载，以实现能源的供需平衡；或直接采取降低任务能级，使负载用电能力与电源供电相适应。二，如果电源供电满足当前负载用电和蓄电池充电需求，还有一部分能量被分流器分流掉，此时可以适当增加负载，以便完成尽可能多的飞行任务。图15-11给出一种负载加载控制的逻辑流程图。

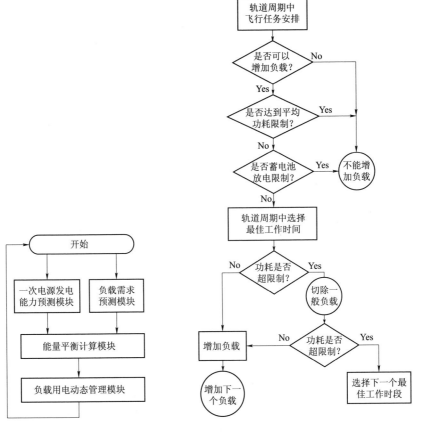

图15-10　能源自主管理的融合调度方案

图15-11　负载加载控制逻辑

15.3.12 能源平衡仿真分析

能源平衡仿真的输入条件是：轨道平均每圈约 96 min，其中地影期时间约 36 min（最长），光照期时间约 60 min（最短）；太阳入射角最大为 29°。卫星典型工作模式为：光照期成像（最长 8 min）、光照期/地影期对地回放（最长 15 min）、光照期/地影期中继回放（最长 36 min）、光照期边记边放（6～8 min）等。

1. 卫星工作模式及其功耗分布特性

卫星典型工作模式及其对应的功耗情况如表 15-2 所示。

表 15-2 典型工作模式功耗统计

序号	工作项目	模式编排	工作时段	功耗统计/W
1	长期负载	仅平台负载投入工作	光照期/地影期	1 500
2	成像记录	除平台负载外，相机分系统和数传分系统设备均投入工作，为记录模式	光照期	4 200
3	对地回放	平台负载投入工作，相机停止成像，数传分系统工作在对地回放模式	光照期/地影期	3 000
4	中继回放	平台负载投入工作，相机停止成像，数传分系统工作在中继回放模式	光照期/地影期	2 700
5	边记边放	平台负载投入工作，相机分系统和数传分系统设备均投入工作，为边记边放模式	光照期	5 000

2. 仿真建模描述

利用 Matlab/Simulink，建立卫星电源系统能源平衡仿真模型，它主要由光照及发电模块、功率需求统计模块、功率平衡分析模块等三个功能模块组成。

3. 单任务模式下仿真结果分析

单任务模式下能源平衡仿真主要目的是验证卫星单圈的最大工作能力。卫星成像时按太阳电池阵背阳侧摆 30°，要求单圈实现蓄电池充放电能源平衡且放电深度不超限。表 15-3 给出各种工作模式下的最长工作时间的仿真结果。

表 15-3 能源供给最大能力仿真结果（卫星成像按太阳电池阵背阳侧摆 30°）

卫星状态	工作模式	时间/min	平衡圈数	最大放电深度/%
成像记录 （7 min）	长期负载	43	1	17.2
	机动累计（摆、回）	9		
	机动等待	1		
	成像记录	7		
	地影期	36		
对地回放 （光照期 15 min）	长期负载	45	1	12.8
	对地回放	15		
	地影期	36		
对地回放 （地影期 15 min）	长期负载	60	1	18.03
	对地回放	15		
	地影期	20		
中继回放 （光照期 30 min）	长期负载	30	1	12.8
	中继回放	30		
	地影期	36		
中继回放 （地影期 27 min）	长期负载	60	1	22.5
	地影期中继回放	27		
	地影期长期负载	9		
边记边放 （边记边放 8 min， 继续回放 8 min）	长期负载	34	2	21.9
	机动累计（摆、回）	9		
	机动等待	1		
	成像对地边记边放（成像）	8		
	对地数据回放	8		
	地影期	36		
边记边放模式 （边记边放 4.5 min， 继续回放 4.5 min）	长期负载	41	1	17.9
	机动累计（摆、回）	9		
	机动等待	1		
	成像对地边记边放（成像）	4.5		
	对地数据回放	4.5		
	地影期	36		

从表15-3可以看出以下结论：

（1）卫星在侧摆30°的情况下，能够支持最长7 min的对地成像记录，最大放电深度17.2％，当圈内能源可平衡；如果是对地边记边放模式，则最长支持4.5 min，最大放电深度17.9％，当圈内能源可平衡；

（2）卫星在进行对地回放和中继回放时，是不需要进行侧摆动作的，因此同等条件下，太阳电池阵发电电能更多，可支持卫星工作的时间会更长，对地回放时间一般在15 min左右，中继回放时间一般在30 min左右；

（3）无论是在地影期或是光照期内，卫星对地回放15 min，均可实现当圈内能源平衡，其中，在地影期对地回放15 min时，蓄电池组放电深度最大为18.03％；

（4）卫星在光照期进行30 min中继回放，蓄电池组放电深度最大为12.8％，当圈内能量可平衡；在地影期，为达到当圈平衡的条件，则最多只能支持27 min中继回放，放电深度最大为22.5％。

4. 多任务模式下仿真结果分析

根据卫星在轨任务仿真分析结果，设计了卫星一天在轨典型多任务工作模式，考核电源系统的供电能力，卫星按照寿命末期、每天成像40 min、数据通过中继和对地回放、卫星成像按太阳电池阵背阳侧摆30°等约束条件仿真。卫星在轨一天典型工作模式定义和仿真结果如表15-4所示。

表15-4 卫星典型任务编排（卫星成像按太阳电池阵背阳侧摆30°）

圈次	阴影/光照	典型工作模式	当圈最大放电深度/％	本圈末是否平衡
1	地影期	长期负载36 min	15.8	是
	光照期	成像记录4 min，长期负载56 min		
2	地影期	长期负载36 min	16.2	是
	光照期	成像记录5 min，长期负载55 min		
3	地影期	中继回放20 min，长期负载16 min	25	否
	光照期	成像记录6 min，长期负载54 min		
4	地影期	长期负载36 min	20	否
	光照期	成像记录5 min，长期负载55 min		
5	地影期	中继回放20 min，长期负载16 min	28.7	否
	光照期	成像记录5 min，长期负载55 min		
6	地影期	中继回放10 min，长期负载26 min	27.2	否
	光照期	成像记录5 min，长期负载55 min		

续表

圈次	阴影/光照	典型工作模式	当圈最大放电深度/%	本圈末是否平衡
7	地影期	长期负载 36 min	22	否
	光照期	长期负载 60 min		
8	地影期	对地回放 10 min,长期负载 26 min	20	是
	光照期	长期负载 60 min		
9	地影期	对地回放 10 min,长期负载 26 min	21.5	否
	光照期	成像记录 5 min,长期负载 55 min		
10	地影期	对地回放 10 min,长期负载 26 min	22.8	否
	光照期	成像记录 3 min,长期负载 57 min		
11	地影期	对地回放 2 min,长期负载 34 min	18.8	是
	光照期	成像记录 2 min,长期负载 58 min		
12	地影期	长期负载 36 min	12.1	是
	光照期	中继回放 20 min,长期负载 40 min		
13	地影期	长期负载 36 min	12.1	是
	光照期	长期负载 60 min		
14	地影期	长期负载 36 min	12.1	是
	光照期	中继回放 14 min,长期负载 46 min		
15	地影期	长期负载 36 min	12.1	是
	光照期	长期负载 60 min		

卫星一天能源平衡仿真计算结果如图 15-12 所示,可以看出以下结果:

(1) 每日前 2 圈,分别进行 4 min 和 5 min 的光学成像,可实现当圈平衡,最大放电深度约为 16.2%;

(2) 第 3 圈开始由于在阴影期进行了长达 20 min 的数据回放,紧接着在光照期进行 6 min 成像,蓄电池组最大放电深度达到 25%,但当圈未能实现蓄电池充放电平衡;

(3) 第 4 圈在阴影期仅有长期负载、在光照期开展了 5 min 的成像操作,在第 4 圈末卫星能源使用情况有所好转,但仍未达到蓄电池组的充放电平衡;

(4) 第 5 圈在阴影期进行了长达 20 min 的数据回放、紧接着在光照期进行 5 min 成像,最大放电深度达到 28.7%(一天内最大),接近"蓄电池组最大放电深度不超过 30%"的指标要求;

(5) 之后第 6/7/8 圈工作模式有所缩短,蓄电池组逐渐充电至满充状态;

第 9~11 圈，实现 3 圈内能量平衡；第 12~15 圈，当圈平衡，也意味着卫星能源在一天内达到了平衡。

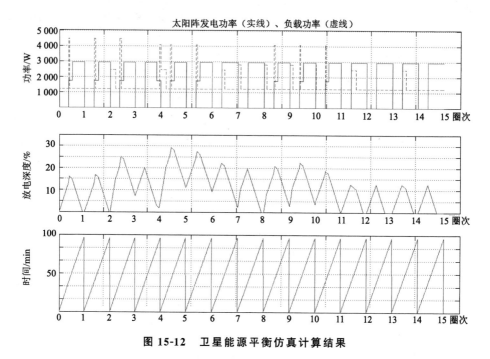

图 15-12　卫星能源平衡仿真计算结果

综上，卫星能源能够实现在一天内的能源平衡，并且全天各圈次蓄电池组最大放电深度不超过 30%（出现在第 5 圈阴影区长时间中继回放），一天平均放电深度小于 20%，满足系统任务需求。

15.4 SAR卫星供配电系统设计

与光学遥感卫星不同，SAR卫星典型特点是载荷-平台功率比较大，但载荷工作多为短时性质，要求供配电系统进行统筹考虑并且优化设计。

15.4.1 系统设计约束分析

1. 任务层面设计约束

SAR卫星有效载荷为X波段合成孔径雷达，该星设计轨道类型为太阳同步圆轨道，轨道高度为700 km，设计寿命8年。

该轨道属"晨昏轨道"，一年内约有2/3时间处于全光照期，其余1/3时间轨道上有阴影期。卫星运行在该轨道平均每圈约99 min，其中地影期时间约17 min（最长），光照期时间约82 min（最短）；该卫星所处轨道面在夏至日的太阳入射角最大（为31.8°），此时对太阳电池阵发电功率影响最大。

2. 卫星总体设计约束

卫星用电设备分两种：平台载荷和SAR载荷。平台载荷为相对稳定的长期功率，约为1 100 W。SAR载荷最大连续成像时间达50 min，具有周期性、重复性工作的特点（比如，某成像模式工作特点如下："成像时，功率 8 000 W，时间 1.32 s；不成像时，功率 2 000 W，时间 6 s"，以此循环），因此，在设计时对其进行取平均值，计算约为 3 000 W。

由于卫星整体构型设计限制，对太阳电池阵展开的总面积要求小于 30 m²。

15.4.2　总体设计思路

SAR 卫星负载有以下特性：① 工作模式多、间歇重复性、不同成像模式功率需求也相差较大。如某监测模式为 5 000 W，某条带成像模式功率需求为 8 000 W。个别成像模式工作在间歇重复状态，如某波模式成像功率 8 000 W，成像时间 1.3 s；间歇功率 3 000 W，间歇时间 6 s，以此循环。② 负载功率跨度大，SAR 卫星上的用电设备对电源的需求分为平台载荷和 SAR 载荷，平台载荷为相对稳定的长期功率（约 1 100 W）；SAR 载荷峰值功率最大接近 8 000 W。

考虑到 SAR 载荷脉冲工作特性将对平台稳定负载产生干扰，应尽量采用相互独立的电源母线进行供电，并且应充分考虑电源功率配置的合理利用，优化太阳电池阵、蓄电池组资源配置。

15.4.3　供电体制选择

SAR 卫星供电体制选择应重点关注母线形式、电源拓扑和母线电压等级三个方面。

1. 电源母线形式选择

电源母线形式有两种：一种为单母线供电体制，一种为双母线供电体制。如果选用单母线供电，必须采取有效的干扰抑制手段消除 SAR 载荷瞬时大电流产生的干扰。由于目前国内航天电源领域高水平滤波技术的储备略显不足，在充分考虑国内现有的技术基础以及继承性的前提下，SAR 卫星电源系统采用双母线供电体制：一条母线给平台稳定载荷供电（称为"平台母线"），一条给 SAR 载荷供电（称为"T/R 母线"），两条母线相互独立、互不干涉。

2. 电源母线调节拓扑选择

目前，在航天电源领域母线拓扑结构大致可分为全调节母线、半调节母线

第 15 章 遥感卫星供配电系统设计与分析

和不调节母线三种。

（1）全调节母线：优点是供电母线电压始终稳定在规定范围内，稳压精度高。其适用于对母线电压要求较高，且用电负载相对稳定的卫星电源系统。其中，S4R 两域控制全调节母线拓扑能有效提高太阳电池阵能源利用率，在低轨卫星应用优势明显。

（2）半调节母线：半调节母线系统适用于对电源系统输出电压精度要求不高，且用电设备多数为长期稳定负载，光照期太阳电池的输出功率能够满足负载需求，不需蓄电池联合供电。

（3）不调节母线：不调节母线具有极低的输出阻抗，最大限度地满足了短期峰值负载和脉冲负载的供电需要，非常适合 SAR 卫星电源的使用要求，目前，国内外大多数 SAR 载荷卫星电源都采用了不调节供电母线系统。

通过对比，S4R 两域控制全调节母线拓扑，适合低轨应用，能够较好地满足卫星平台对电源的需求。不调节母线非常适合 SAR 载荷电源的使用要求。因此，SAR 卫星平台母线选用 S4R 两域控制全调节母线拓扑形式，T/R 母线采用传统不调节母线拓扑形式。

3. 星上母线电压配置

国内卫星电源系统母线供电电压一般有 28 V、42 V、100 V 三种制式，相应负载设备及二次电源都是按照这三种母线电压进行设计的。根据相关标准和设计规范要求，一般负载功率 2 kW 以下的卫星选择 28 V 低压母线；负载功率 4 kW 以内的卫星选择 42 V 中压母线；4 kW 以上的大功率负载的卫星选择 100 V 高压母线。

（1）平台母线电压：平台母线为 S4R 全调节两域控制全调节母线，平台负载功率 1 100 W 左右，选用 28 V 母线电压比较合适。

（2）T/R 母线电压：T/R 母线选用不调节母线，峰值功率接近 8 000 W。通过分析 Cosmo-Skymed 卫星、Radarsat-2 卫星等国内外同类型卫星电源系统参数，母线电压范围的选取比较灵活，它主要取决于蓄电池组的配置。T/R 母线拟采取由 16 只锂离子蓄电池串联组成的电池组，因此，母线电压范围为 45~67.5 V。

15.4.4 系统功能设计

供配电系统为星上所有用电负载供电，必须满足卫星在整个寿命期间、各种工作模式下的功率需求。具体应完成以下功能：

（1）在卫星发射主动段和在轨运行期间，保证为星上仪器和设备正常工作时的可靠供电；

（2）光照期间利用太阳电池阵发电，为星上设备供电和蓄电池充电；当太阳电池输出功率不能满足负载需求时，蓄电池参与联合供电以满足星上设备用电需求；阴影期间蓄电池释放电能，为星上设备供电。

（3）分别对平台母线、T/R母线用电负载供电进行管理和控制。

15.4.5 系统配置及拓扑结构

卫星供配电系统采用双母线供电体制：平台母线供给平台负载使用，T/R母线供给 SAR 载荷使用，两条母线相互独立，互不干涉。

整星设置＋Y、－Y两个太阳翼，通过分区、隔离配置，分别供平台母线和T/R母线使用。平台母线设置一台平台电源控制器、两组镉镍蓄电池组 A/B、一台平台配电器；T/R母线设置一台 T/R 电源控制器、一组锂离子蓄电池组、两台 T/R 配电器。此外，卫星还另外配置一台并网控制器，供卫星在紧急情况下由 T/R 母线上的大容量锂离子蓄电池组通过并网控制器向平台配电供电，确保连接在平台母线上的关键设备（如姿轨控、综合电子、测控等分系统设备）的用电安全。参见图 15-13。

15.4.6 供配电系统设计

1. 太阳翼构型设计

根据力学响应分析，确定采用"一"字展开、可旋转的太阳翼构型，单翼由连接板、内板、中板和外板组成，单翼总面积不大于 14.2 m^2，两翼总面积不大于 28.4 m^2。

2. 太阳电池阵设计

1）太阳电池片选型

当前，量产的空间用三结砷化镓太阳电池转换效率已达 28% 以上，因此，选择效率不低于 28% 的三结砷化镓太阳电池。

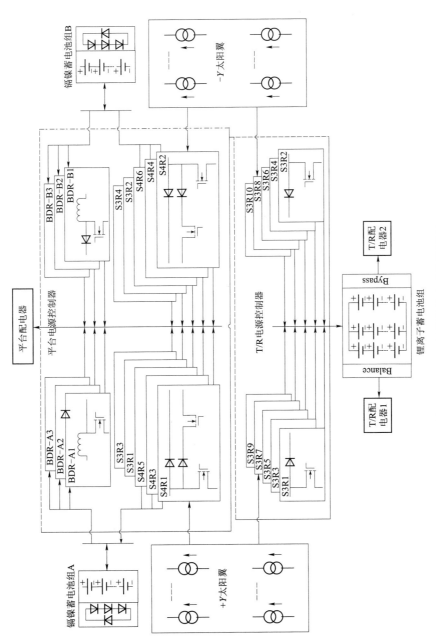

图 15-13 SAR 卫星供配电系统配置图

2）太阳电池布阵方式设计

卫星采用了两套完全独立的电源拓扑，即平台母线和 T/R 母线完全物理隔离的双母线体制，太阳电池阵也应进行合理分区，并且为平台母线和 T/R 母线单独布阵，具体设计思路如图 15-14 所示。

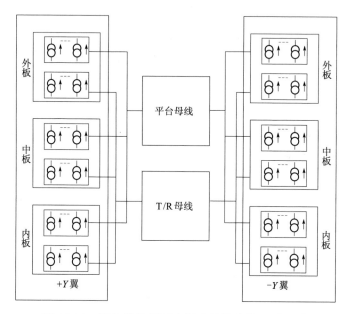

图 15-14　双母线体制下太阳电池阵布阵设计思路

SAR 卫星设计有 +Y 和 −Y 两个太阳翼，太阳电池电路（子阵）就分别布置在各自的基板上。通过合理分区，确保每个太阳翼、每块基板上都有各自独立的太阳电池子阵能够分别为平台母线、T/R 母线供电，并且同一基板上为不同母线供电的太阳子阵间相互隔离、互不关联，以此提高供电可靠性和独立性。

3）太阳翼遮挡影响分析

前文提到，当卫星在正常运行或在姿态机动过程中，卫星本体或天线等部件将导致太阳翼出现遮挡，从而导致太阳电池阵输出功率降低。

基于卫星 ProE 三维模型，对卫星在不同姿态情况下，对太阳翼遮挡情况进行仿真。图 15-15 所示为该卫星在右侧视模式下卫星姿态及太阳入射角的关系，可以看出太阳翼受到 SAR 天线和展开桁架遮挡比较严重。

遮挡部位主要包括三角链接板（遮挡涉及 3 串 T/R 太阳电池串）、内板（遮挡涉及 3 串 T/R 太阳电池串）。功率损失测算结果为 T/R 母线功率损失 1.8%、平台母线功率无损失。

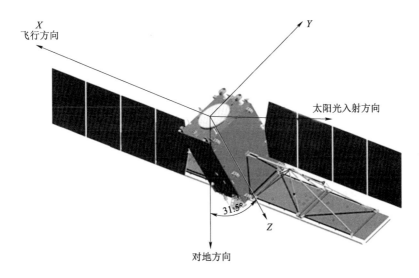

图 15-15　卫星右侧视状态示意图

4）太阳电池阵发电功率计算

按照式（15-1）和式（15-2）计算：寿命初期，平台母线太阳电池阵输出功率为 2 500 W，T/R 母线太阳电池阵输出功率为 6 500 W；寿命末期，平台母线太阳电池阵输出功率为 1 000 W，T/R 母线太阳电池阵输出功率为 3 000 W。

3. 蓄电池组设计

空间用储能电池有三种，分别是镉镍蓄电池、氢镍蓄电池和锂离子蓄电池。下面针对平台母线和 T/R 母线用蓄电池组分别进行设计。

1）平台母线用蓄电池组设计

根据式（15-3）计算，卫星平台母线用蓄电池组总容量为 100 Ah，分为两组，每组 50 Ah。通过对现有蓄电池参数对比，100 Ah 镉镍电池组约为 80 kg，氢镍蓄电池组约为 58 kg，锂离子蓄电池组约为 35 kg。虽然镉镍蓄电池组的重量最重，但镉镍蓄电池在国内低轨卫星应用最成熟、技术基础和继承性好，因此，卫星平台选用镉镍蓄电池组。

2）T/R 母线用蓄电池组设计

根据式（15-3）计算：卫星 T/R 母线用蓄电池组容量需求为 225 Ah。通过对现有蓄电池参数对比，225 Ah 锂离子电池约为 160 kg，氢镍电池约为 340 kg，镉镍电池约为 650 kg。锂离子蓄电池组的减重效果好，且技术优势明显，因此卫星 T/R 母线蓄电池组选用锂离子蓄电池组。

4. 电源控制设计

1) 平台母线设计

平台母线电源控制采用"S4R+BDR"两域控制全调节母线,母线电压为 28 V,系统框图如图 15-16 所示。

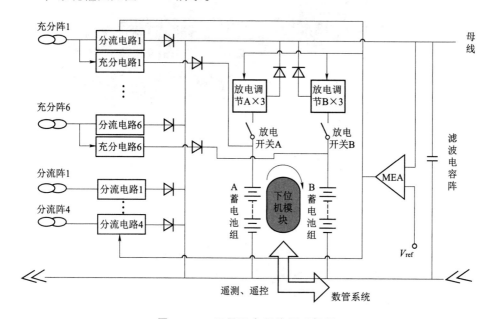

图 15-16 卫星平台母线原理框图

在光照期,太阳阵优先满足负载功率,多余的功率通过充电分流调节模块对蓄电池进行充电;当充电电流达到限流点时,蓄电池以限流点电流充电;在限流充电的过程中,如果太阳阵功率继续富余,分流电路工作来稳定母线电压。在充电过程中蓄电池电压达到 V-T 曲线控制点时转入二阶段涓流充电,同时下位机也可根据蓄电池的在轨情况发送停充或恢复充电指令。如果光照期太阳电池阵的输出不能满足母线负载功率需求,太阳电池阵的输出全部向母线供电,同时主误差放大器控制放电调节器工作,形成太阳电池阵与蓄电池组联合供电的工作模式。在阴影期,A、B 组蓄电池分别通过对应放电模块对母线负载进行供电。

下位机模块主要完成系统各项工程参数的采集任务,并通过 1553B 总线传送至中央单元,同时可以接收由中央单元发出的遥控指令信号控制硬件电路。

2) T/R 母线设计

T/R 母线为不调节母线,T/R 母线控制器完成锂离子电池的恒流-限压充电控制功能,并将多余功率对地分流,同时完成T/R母线输出管理和蓄电池组过充保护,并提供遥控遥测接口,系统框图如图15-17所示。

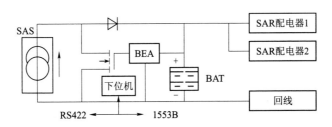

图 15-17 卫星 T/R 母线原理框图

由于T/R母线直接从锂离子蓄电池组取电,蓄电池组电压即为母线电压,这种母线反应速度快,蓄电池能量利用率高,而且物理通路上没有其他电源变换设备,因此,T/R母线电压设计范围是 45～67.5 V。

在光照期,当蓄电池组需要充电时,BEA控制S3R电路依次退出分流,太阳电池输出功率首先满足SAR载荷用电需求,剩余功率为蓄电池组充电,在充电过程中,BEA电路实现蓄电池的恒流-限压的充电管理,母线电压会随蓄电池组电压升高而升高;如果太阳电池的输出功率不能满足负载需要,蓄电池组参与放电,联合供电;当蓄电池组充满电后,太阳电池输出功率只满足负载需要,多余太阳电池功率由S3R对地分流。在阴影期,蓄电池组直接对母线供电,母线电压会随蓄电池组电压降低而降低。下位机完成工程参数的采集与遥控指令的下达,通过1553B总线与数管分系统通信,以实现遥测/遥控的功能。

3) 母线间应急供电设计

为提高卫星在轨安全性,整星采用并网控制器(直流/直流变换器)将T/R母线高压电源转换为低压电源,供平台设备使用。在正常情况下,并网控制器属于待机状态;只是在紧急情况下,由地面控制中心通过发送指令才能开启并投入工作。

15.4.7 能源平衡计算分析

SAR卫星运行轨道平均每圈约99 min,其中最长地影期时间约17 min,最短光照期时间约82 min。该卫星所处轨道面在夏至日的太阳入射角最大,为31.8°,此时对太阳电池阵发电功率影响最大,据此条件开展对卫星能源平衡仿真。

卫星设计有四种工作模式，分别定义为：模式一，海陆联合观测；模式二，陆地观测；模式三，海洋观测；模式四，左侧视。各模式下用电功率统计如表 15-5 所示。

表 15-5　卫星工作模式及用电功率

序号	工作模式		用电功率
1	海陆联合观测	平台母线	0～17 min：800 W；18～32 min：1 000 W；33～40 min：800 W；41～100 min：500 W
		T/R 母线	0～30 min：5 000 W；31～40 min：8 000 W
2	陆地观测	平台母线	0～15 min：800 W；16～17 min：500 W；18～32 min：800 W；33～100 min：500 W
		T/R 母线	17～32 min：8 000 W
3	海洋观测	平台母线	0～17 min：800 W；18～32 min：1 000 W；33～50 min：800 W；51～100 min：500 W
		T/R 母线	0～50 min：3 500 W
4	左侧视	平台母线	0～22 min：800 W；23～32 min：1 000 W；33～100 min：800 W；
		T/R 母线	0～22 min：2 000 W；23～32 min：8 000 W

根据以上供电输入参数和不同工作模式下功率统计结果，按最长地影 17 min 对整星能源平衡情况进行仿真计算。具体分为两种情况：一是平台母线和 T/R 母线系电池组无单体失效，二是平台母线和 T/R 母线系电池组在寿命末期各有 1 只单体失效，计算结果如表 15-6 和表 15-7 所示。

表 15-6　能源平衡计算结果

序号	工作模式	平台母线			T/R 母线		
		放电容量/Ah	充电容量/Ah	放电深度/%	放电容量/Ah	充电容量/Ah	放电深度/%
1	海陆联合观测	11.44	15.07	11.44	48.43	48.90	21.52
2	陆地观测	7.52	15.87	7.52	22.26	55.42	9.89
3	海洋观测	11.44	14.07	11.44	36.88	52.98	16.39
4	左侧视	12.36	14.70	12.36	20.12	51.35	8.94

表 15-7　能源平衡计算结果（寿命末期 1 节单体失效）

序号	工作模式	平台母线			T/R 母线		
		放电容量/Ah	充电容量/Ah	放电深度/%	放电容量/Ah	充电容量/Ah	放电深度/%
1	海陆联合观测	12.11	15.07	12.11	52.63	48.90	23.39
2	陆地观测	7.97	15.87	7.97	24.38	55.42	10.83
3	海洋观测	12.11	15.17	7.97	40.10	52.98	17.82
4	左侧视	13.09	14.70	13.09	21.47	51.35	9.54

根据表 15-6 可以看出，在无蓄电池单体失效情况下，经历最长地影 17 min，平台母线蓄电池组和 T/R 母线蓄电池组均能实现当圈能量平衡，充电容量大于放电容量平台蓄电池组最大放电深度 12.36%，T/R 母线蓄电池组最大放电深度 21.52%，均满足卫星任务要求。

根据表 15-7 可以看出，当寿命末期平台母线和 T/R 母线蓄电池组各有 1 只单体失效情况下，经历最长地影 17 min，模式 1~4 的平台母线蓄电池组均能实现当圈能量平衡，且最大放电深度为 13.09%；T/R 母线蓄电池组在模式 1 下不能实现当圈能量平衡，充电容量小于放电容量，最大放电深度 23.39%，仍满足最大放电深度 30% 的指标要求，由于该圈蓄电池组容量亏空仅 3.73Ah，第 2 圈进行待机或者缩短该模式的工作时间，即可全部补回，因此可实现两圈内平衡。其他工作模式下（模式 2~模式 4），T/R 母线蓄电池组均能实现当圈能量平衡，最大放电深度为 17.82%，满足设计要求。

实际上，光学遥感卫星和 SAR 卫星所携带的有效载荷均属于短期工作模式，两类卫星的平台设备用电需求比较稳定且相差不大。当前，由于光学卫星有效载荷的峰值功率（或者说，载荷功率与平台功率比值）相比 SAR 卫星少，由此造成了二者在母线形式上有所区别。可以预见，随着用户对更高质量的图像需求日益增加，更高分辨率的光学遥感卫星和 SAR 卫星的峰值功率将日趋接近，二者同样将呈现出"载荷功率与平台功率比值巨大、大功率载荷短期性工作"等特点，由此，未来在电源系统设计时，无论是光学相机载荷还是 SAR 载荷，电源系统设计将趋于统一。

参 考 文 献

[1] 程三友,李英杰. SPOT系列卫星的特点与应用 [J]. 地质学刊. 2010, 34 (4).

[2] 张晓峰,张文佳,郭伟峰. 国外SAR卫星电源系统分析与启示 [J]. 航天器工程, 2015, 24 (3).

[3] 韩昌元. 近代高分辨地球成像商业卫星 [J]. 中国光学与应用光学, 2010, 3 (3).

[4] 范宁,祖家国,杨文涛. WorldView系列卫星设计状态分析与启示 [J]. 航天器环境工程, 2014, 3 (31).

[5] 司耀锋,应海燕. 法国"太阳神"光学成像侦察卫星系统简介 [J]. 国际太空, 2010 (7).

[6] 殷小军,张庆君. 海洋盐度探测卫星的现状分析和未来趋势 [J]. 航天器工程, 2016, 1 (25).

[7] 士元. 欧洲侦察卫星系统的发展 [J]. 国际太空, 2005 (1).

[8] 陈筠力,李威. 国外SAR卫星最新进展与趋势展望 [J]. 上海航天, 2016, 6 (33).

[9] 曲宏松,金光. "NextView计划"与光学遥感卫星的发展趋势 [J]. 中国光学与应用光学, 2009, 6 (2).

[10] 林文立. 空间串联型MPPT电源系统稳定性研究 [J]. 中国空间科学技术, 2014, 4 (34).

[11] 黄莉,丰震河. 高比能量锂离子蓄电池技术研究 [C]. 第二届高分辨率对地观测学术年会, 2013.

[12] 马世俊. 卫星电源技术 [M]. 北京:宇航出版社, 2001.

第 16 章
遥感卫星结构与机构分系统设计与分析

卫星遥感技术

16.1 概　　述

卫星结构与机构分系统包括结构部分与机构部分。通常结构部分包括推进舱、电子舱、载荷适配结构和星箭对接段，机构部分包括星箭解锁装置和太阳翼机械部分。

卫星结构功能包括以下三个方面：一是承受作用在卫星上的静力和动力载荷，这些载荷包括地面产生的载荷、发射过程中的载荷、入轨机构动作产生的载荷、在轨由于温度交变、真空状态和变轨产生的载荷等。卫星应保证在上述各种载荷作用下不产生破坏，即结构具有一定的强度；同时应避免发射过程中与运载火箭的动力耦合，避免在轨运行中温度交变造成的精度基准偏差超出要求等，即结构应具有一定的刚度。二是为设备提供安装面，设备的安装精度、载荷环境、热控措施、对空间的防护能力等一定程度也需通过结构来实现。三是为整星提供构型，卫星结构是整星的骨架，为整星提供构造外形，为星箭的连接提供接口，为地面操作及安装提供接口等。

卫星机构中星箭解锁装置是卫星与运载火箭的连接分离装置，在卫星发射及动力飞行阶段保证卫星与火箭可靠连接，动力飞行结束后实现卫星与运载火箭的可靠解锁，并给出星箭解锁信号；太阳翼在轨道运行光照区将太阳能转变为电能，为卫星提供能源，太阳翼机械部分保证其在地面、发射和在轨工作时收拢和展开的构型的完整性，实现太阳翼电路部分的安装和固定，在地面操作、发射和在轨工作时承受其上的载荷。

第 16 章 遥感卫星结构与机构分系统设计与分析

本章结合我国高分辨率遥感卫星研制经验和空间结构与机构技术进展，重点介绍遥感卫星结构与机构分系统总体设计方法。

16.1.1 发展概况

以往的卫星结构与机构分系统设计多是基于各个独立单元的功能实现出发，这些独立单元具有独立的设计思路和独立的支承结构，但将这些单元组装到连接结构上组成卫星时，却存在结构功能重叠、设计冗余、重量浪费等问题。随着遥感卫星几十年的发展，分辨率等要求越来越高，技术手段越来越先进，卫星结构设计也不断改进以实现卫星性能的不断提升。表 16-1 为国内外高分辨率遥感卫星结构形态。

表 16-1 国内外遥感卫星的典型结构构型设计状态

构型形式	典型结构构型	国外卫星	国内卫星	特点分析
承力筒＋箱式＋有效载荷＋一字形太阳翼		SPOT-1 太阳神-1 太阳神-2	ZY-1 ZY-2 ZY-3 GF-2 GF-3	载荷与平台两个系统设计时在结构上相互独立，通过对接界面实现与平台的连接；连接方式简单有效，力学特性较好，但传力路径较长；结构布局松散，整星惯量大，不利于姿态机动；燃料携带量较小
推进舱＋电子舱＋有效载荷		KH-12	TH-1；CAST2000平台；低轨遥感大平台	载荷嵌入式安装于平台内部，传力形式直接，整星刚度易保证。承力筒直径大，承载能力大；独立推进舱，燃料携带量大，利于拓展；空间利用率较低
桁架式结构＋固定翼/H形太阳翼		GeoEye-1 WorldView-1 WorldView-2 WorldView-3 WorldView-4	遥感公共平台	卫星与平台一体化设计，主体是相机，其他部分以达到性能最优为目标进行整星布局优化设计；整星刚度易保证，承载能力大，燃料携带量大，适宜轨道机动性强的要求；结构紧凑，空间利用率较高，惯量较小

16.1.2 发展趋势

通过对国内外高分辨率遥感卫星结构技术发展状况进行调研，归纳为以下趋势：

（1）分辨率不断提高，有效载荷规模不断增大，对卫星结构提出了大承载要求。优于 1 m 分辨率的遥感卫星基本上都已通过 1 000 kg 量级的卫星得以实现，长焦距、大口径光学载荷及 SAR 载荷的应用已成为高分辨光学遥感卫星的发展趋势，卫星对于平台的高承载需求愈发的强烈。

（2）定位精度指标不断提升，对卫星结构提出了高稳定度要求。作为在轨主载荷的安装平台，卫星结构既起支撑连接作用，又要具备耐受真空、温度交变影响的高稳定性，为载荷提供高稳定的结构安装平台；同时太阳翼应具备较高的刚度，以减小太阳翼大挠性对平台稳定度的影响。

（3）系统综合效能不断提升，对卫星结构提出了一体化设计要求。如法国的 Pleiades-HR 卫星，相机与整星的主结构互相加强，成为一个整体，相机本身提供星上敏感器等其他设备的安装接口，形成一个高精度、高稳定度光-机-电-热集成的多功能结构整体。

（4）姿态机动能力不断提升，对结构设计提出了轻量化要求。国外分辨率优于 1 m 的高分辨率光学遥感卫星都采用了更加灵活的在轨飞行模式，可大范围快速姿态机动并且快速稳定成像，以提高成像效能。卫星结构作为设备安装的基体，其设计的合理性一定程度上决定了设备布局的集中度，也决定了结构在整星的重量占比，太阳翼的结构形式都也会影响卫星的转动惯量。

16.2 需求分析及技术特点

遥感卫星主要分为微波遥感与光学遥感两大类，两类卫星的主要差别在于有效载荷不同，微波遥感的有效载荷为SAR天线，光学遥感的有效载荷为光学相机，相应的结构与机构分系统方案也有所差别。两种载荷的安装方式也差别较大，其中微波遥感卫星的SAR有效载荷安装于平台外侧，通过隔板旋臂的方式与承力筒连接，传力路径长，造成整星纵向刚度低；光学遥感卫星的光学相机有效载荷嵌入式安装于平台顶部，通过隔板纵向拉压方式与承力筒连接，传力路径较短，纵向刚度较高，但是质心较高，造成横向刚度低。根据两类卫星特点，需要进行不同的结构方案设计，光学遥感卫星要更多关注整星横向刚度特性，并重点考虑关键连接点的强度。

(1) 结构高承载设计：主承力结构的设计需考虑卫星主载荷及运载对接接口型式。例如采用力学性能好、空间利用率高、承载能力和适应性强的主承力筒结构型式，集主承力结构和大型贮箱安装于一体，在满足力学和大容量燃料携带的同时，能够降低卫星的质心，提高整星的刚度。

(2) 结构高稳定性设计：有效载荷、高精度姿态测量部件的安装支撑结构需进行高稳定度设计，如采用导热性能和热膨胀系数较小的复合材料，结合高稳定结构研制，需开展结构热稳定性仿真分析和试验验证，以满足真空、温度交变载荷下结构微变形要求，确保在轨主结构的稳定性。

（3）结构-功能一体化设计：卫星结构设计需综合考虑整星布局设计、主载荷承力结构设计、整星热设计等多方面需求。有效载荷结构作为卫星主承力结构的一部分，在增强结构紧凑型、减轻结构重量的同时提升传力效率；各单机围绕相机布局、整星被动热控一体化设计、整星线缆布局一体化设计，以提高整星的功能密度，有效降低整星重量，压缩体积，降低研制成本。

（4）结构轻量化设计：在结构-功能一体化设计的基础上，采用轻质、高性能的复合材料，在满足强度和刚度的前提下尽可能降低结构的重量。如承力筒普遍采用碳纤维复合材料，其具有良好的比强度、比刚度和可设计性；铝基复合材料有着高于钢材的弹性模量和超高的比模量（接近铝合金、钛合金的三倍），能显著提高系统力学特性，同时可大幅减轻重量，已广泛应用于卫星与运载对接结构设计。太阳翼采用并联式的"H"形设计方案，相比传统的串联式太阳翼，重量减轻，刚度提高，更重要的是能够减小对整星惯量的影响。

（5）结构标准化、模块化设计：推进舱、电子舱和载荷适配结构各部分功能相对独立，便于独立开展适应性设计和总装集成；通过固定舱间接口形式实现标准化设计；外部接口设计具备一定的灵活性，能够适应各种需求的变化，如独立的推进舱能适应不同燃料携带量的需求，主承载结构能够满足不同规格贮箱的安装，星箭解锁装置具有广泛适应性。

16.3　系统设计约束分析

本章结合我国高分辨率遥感卫星研制情况，重点介绍遥感卫星结构与机构系统总体设计方法。

1. 任务层面设计约束

运载条件是卫星结构设计的基本约束之一，常用的运载有 CZ-4B、CZ-3B 等，卫星在轨工作寿命一般要求 5～8 年，地面总装测试 1.5～2 年，储存 1～3 年，发射过程约 13 min。

2. 工程大系统设计约束

为了防止出现星-箭耦合共振，运载火箭对卫星结构系统的最关键设计约束是固有频率要求，不同的运载其频率要求也不同。以往 CZ-4B 运载对卫星的固有振动频率要求为：整星横向一阶固有频率≥10 Hz；整星纵向一阶固有频率≥30 Hz；整星扭转一阶固有频率≥25 Hz。

卫星与运载火箭接口形式多数为包带型接口，遥感卫星常见的接口规格有 ϕ1194 型、ϕ1194A\B 型、ϕ2334 型接口，通过星箭解锁装置实现卫星与运载的对接和分离。

3. 卫星总体设计约束

以某典型资源卫星为例，其主要总体设计约束如下：

1) 关键柔性部件振动固有频率要求

太阳翼收拢状态一阶固有频率一般要求：≥34 Hz；

太阳翼展开状态一阶弯曲固有频率一般要求：≥1.2 Hz；

太阳翼展开状态一阶扭转固有频率一般要求：≥1.2 Hz。

2) 卫星系统负载要求

卫星总质量 3 550 kg，不含对接段和星箭解锁装置。卫星质心高 1 800 mm，不含对接段和星箭解锁装置。

3) 质量约束

卫星本体结构：≤460 kg；

对接段和星箭解锁装置：≤80 kg；

单个太阳翼机械部分一般要求：≤21 kg。

4) 强度、刚度与材料要求

强度要求：能承受地面操作环境、发射环境和在轨工作环境。

刚度要求：结构件固有频率避免与卫星及设备固有频率接近。

材料要求：所选用非金属材料在真空中的挥发性能应满足总质量损失 TML 一般要求不大于 1%；可凝挥发物 CVCM 一般要求不大于 0.1%。

5) 卫星总装及运输要求

(1) 接地和搭接：金属件电阻一般要求不大于 20 mΩ，两舱间搭接电阻一般要求不大于 5 mΩ，碳纤维件电阻一般要求不大于 50 Ω，结构外板与主结构间搭接电阻一般要求不大于 5 mΩ。

(2) 热控要求：卫星结构能够为设备提供散热面，同时可作为多层隔热材料、表面喷漆、预埋热管、隔热垫片等热控措施实施的基础。

(3) 卫星总装要求：满足卫星停放、起吊、翻转要求，满足特定需求下卫星转运和运输要求。

16.4 卫星结构传力设计

卫星结构由对接段、推进舱、电子舱和载荷适配结构 4 部分组成。结构传力路径的设计基于大承载、传力路径直接、传力效率高的承力体系设计，对接段-推进舱承力筒/贮箱支撑结构-电子舱板系-载荷适配结构共同构成了卫星结构平台的主承力体系。

为了提高承载能力，对接段结构采用弹性模量和比模量较高的铝基复合材料，上下分别与推进舱承力筒和运载三级支承舱对接，进而实现整星载荷的高效传递；推进舱采用力学性能好、承载能力强的碳纤维承力筒结构型式，并利用其空间效率高、适应性强的特点，内部与贮箱支撑结构连接，为贮箱安装提供接口的同时承载燃料的载荷；电子舱采用板系结构，下部与承力筒上框相连，上部有效载荷通过载荷适配结构，嵌入式安装于电子舱中部，板系结构为设备安装提供空间、散热通道、传递力学载荷的同时，能够利用蜂窝板自身的阻尼特性有效抑制姿态执行部件对相机载荷的微振动影响，载荷适配结构可通过优化设计将相机的载荷合理地分布于平台主承力体系上，同时可通过接口的适应性更改提高卫星平台对主载荷的适应性。

整星受纵向力学载荷作用时，相机的力学载荷通过载荷适配结构传递给由隔板、外侧板和底板组成的主承力构架；电子舱的力学载荷直接传递给承力筒上框，最终由推进舱通过对接段传向运载。推进舱上安装的贮箱等设备的力学载荷，通过贮箱支撑构架结构传递给承力筒，再通过承力筒传递给对接段并传到运载。整星纵向传力路径如图 16-1 所示。

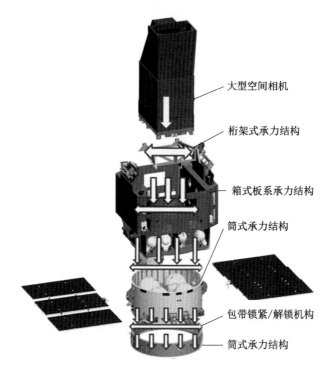

图 16-1　整星纵向/横向传力路径

在横向受载时，相机的力学载荷通过载荷适配结构传递给由隔板、外侧板和底板组成的主承力构架；受法向力学载荷作用的电子舱外侧板主要通过拉压将力学载荷传递到隔板和电子舱底板；受面内力学载荷的外侧板主要通过剪切将力学载荷传递到电子舱底板和顶板；电子舱的力学载荷最终传递到承力筒上框。推进舱上安装的贮箱等设备的力学载荷，通过贮箱支撑构架结构传递给承力筒，再通过承力筒传递给对接段并传到运载。整星横向传力路径如图 16-1 所示。

在传力路径设计中，电子舱隔板、外侧板与承力筒上框的连接是关键，力学载荷主要通过多个主承力接头传递，这些主承力接头的强度性能对整星有重要的影响，其位置如图 16-2 所示。载荷适配结构与电子舱竖隔板及外板的连接也是关键，力学载荷主要通过多个主承力接头传递，其位置如图 16-3 所示。

第 16 章 遥感卫星结构与机构分系统设计与分析

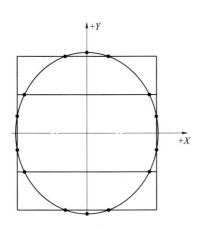

图 16-2 电子舱与推进舱对接主承力点示意图

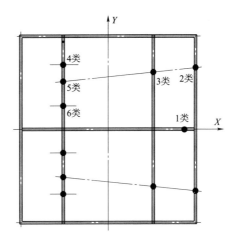

图 16-3 载荷适配结构与电子舱竖隔板及外板主承力接头分布

16.5 卫星结构与机构系统组成

结构与机构系统由对接段、星箭解锁装置、推进舱、电子舱、载荷适配器、太阳翼等组成，如图16-4所示。

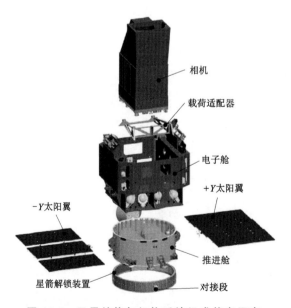

图 16-4 卫星结构与机构系统组成状态示意

16.6 对接段设计

16.6.1 承载需求分析

对接段的功能是：在发射过程中，连接卫星与运载火箭，承受卫星的全部力学载荷；系统入轨后，通过星箭解锁装置实现卫星与运载的解锁分离。对接段不参与卫星在轨飞行。

大型高分辨率遥感卫星对承载能力要求很高，还要求平台有很强的扩展应用能力。针对新一代遥感卫星发展需求，要求对接段具备卫星质量 5 000 kg、质心高度不低于 2 000 mm 的承载能力，与过去资源系列卫星相比力学负载有大幅增大。

16.6.2 运载火箭动力学特性要求

根据运载火箭对卫星的要求，在对接段根部固支的情况下，卫星的基频需要满足：整星横向一阶固有频率≥10 Hz、整星纵向一阶≥30 Hz、整星扭转一阶≥25 Hz。对接段是整星的基础结构，其自身刚度对整星的固有频率特性起决定性影响。

16.6.3 火箭力学载荷条件

根据运载火箭对卫星的要求,卫星结构设计的静力载荷条件以卫星质心处的过载形式给出,常见的载荷条件如表 16-2 所示,星/箭运输分离面处低频正弦振动常见试验条件如表 16-3 所示。

表 16-2 卫星质心处的极限载荷

过载系数 飞行工况	纵向过载系数			横向过载系数
	静	动	综合	综合
跨音速抖振及最大动压	−2.0	±0.6	−1.4 −2.6	1.5
一、二级分离前瞬间	−5.2	±0.6	−4.6 −5.8	1.0
一、二级分离	−0.9	±3.0	+2.1 −3.9	0.9

注:① 纵向负号为压,正号为拉;② 纵向、横向载荷同时作用,横向载荷可垂直于箭纵轴的任何方向。

表 16-3 低频正弦振动条件

轴向	频率范围/Hz	验收级	鉴定级
X,Y,Z	5~8	2.34 mm	3.52 mm
	8~100	$0.6g$	$0.9g$
扫描速率		4 oct/min	2 oct/min

16.6.4 对接段设计关键点分析

对接段的主要功能是在发射段承载卫星的全部载荷,其设计的关键点是其强度、刚度性能。强度设计主要考虑因素为对接段的应力分布,可以根据运载提供的静力载荷条件,推算对接段根部单位长度受力,其计算方法见式(16-1),以此为基础设计主要承力部件的材料和厚度尺寸,设计原则为承力部件的实际应力分布不超过材料的许用强度,并留有足够的安全裕度。

$$\begin{cases} \phi = \dfrac{N}{2\pi R} + \dfrac{F_{LA} H_{CG}}{\pi R^2} \\ N = M \cdot a_{LO} \\ F_{LA} = M \cdot a_{LA} \end{cases} \tag{16-1}$$

式中，ϕ 为器箭连接面单位长度支反力，N 为底面正压力，R 为底面半径，H_{CG} 为整器质心高度，F_{LA} 为作用在质心处的力，M 为整器质量，a_{LO} 为质心处纵向加速度，a_{LA} 为质心处横向加速度。

对接段的刚度设计主要考虑两方面因素：一是对接段拉压刚度，直接影响整星的动力学特性，是保证整星固有频率满足运载要求的关键环节。其中基频与质量特性及主承力结构材料性能的关系见公式（16-2），即基频与材料弹性模量的 0.5 次方成正比。二是在静动力载荷作用下不发生失稳，对接段的稳定性系数不小于临界值，并具有足够的安全裕度。其中稳定性系数与质量特性及主承力结构材料性能的关系见式（16-3），即稳定性系数与材料的弹性模量成正比。

$$f = K \cdot \sqrt{E/M} \tag{16-2}$$

式中，f 为整星一阶固有频率，K 为修正系数，E 为材料弹性模量。

$$\lambda = K \cdot E/M \tag{16-3}$$

式中，λ 为结构稳定性系数。

综上所述，对接段是星-箭传力关键环节，其设计关键点是大承载、高刚度、高强度、轻重量，其承载能力可扩展 5 000 kg 以上。为了实现以上目的，就要尽量采用强度、模量高的材料。

16.6.5 对接段设计方案

根据卫星构型设计和以往型号的经验，对接段采用加筋壳结构，整体状态如图 16-5 所示，由上下框、蒙皮、桁条、支座和强分支架组成，其中蒙皮和桁条是主要的承力部件。

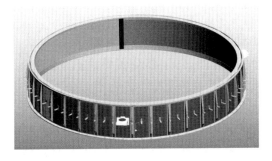

图 16-5 对接段结构整体状态示意图

考虑到高分辨率遥感卫星规模大，承载要求高，且要求重量轻，对接段蒙皮桁条材料若采用传统的硬铝合金，则需要付出较大重量代价。为了有效节省重量，且不增加工艺难度，对接段蒙皮和桁条选用强度、模量均比前者高出50％左右的铝基碳化硅复合材料，在相同重量条件下，结构强度可提高约50％，整星基频可提高约10％，结构稳定性系数可提高约50％。铝基碳化硅复合材料虽然属于复合材料，但其工艺性却接近金属材料，延展性好，工艺性能良好。该措施有效保证了整星基频，提高了局部稳定性，降低了结构重量，同时显著提高了卫星平台承载能力和扩展性。

对接段的设计采用了基于高强度、高模量铝基碳化硅复合材料的轻型蒙皮桁条结构型式，显著提高了对接段的结构刚度和承载能力，而且显著减轻结构重量。设计验证结果表明，对接段质量不超过50 kg，而其最大负载能力不低于5 750 kg，结构效率很高。而在获取同等承载能力的条件下，如果采用传统设计，则对接段质量将达到65 kg。

16.7 星箭解锁装置设计

16.7.1 承载需求分析

星箭解锁装置的主要功能是：在卫星地面运输和动力飞行时，由夹块和分离包带承受连接力学载荷。当两个连接部件需要分离时，分离包带预紧力释放，并带动夹块脱离连接部件的对接框，解除连接部件的连接状态。与此同时，在拉簧的拉力作用下，分离包带收拢于下对接段上，从而完成星箭连接的可靠解锁，解锁信号由解锁遥测元件提供。

16.7.2 星箭解锁装置设计关键点分析

星箭解锁装置设计的关键点是其强度、刚度性能和连接解锁功能。强度设计主要考虑因素为解锁装置的主承力部件的应力分布。卫星动力飞行阶段，星箭连接解锁装置应能承受卫星质心过载载荷条件，保证卫星与运载火箭的可靠连接，对接面轴向和径向均不应有相对位移。星箭连接解锁装置受轴向拉力 S、横向剪力 Q、弯矩 M 的作用如图 16-6 所示。可以据此推算主要承力部件的受力，并以此为基础设计主要承力部件的材料、结构型式和参数，其设计准则为承力部件的实际应力分布不超过材料的许用强度，并应留有足够的安全裕度。

星箭解锁装置的刚度设计主要考虑两方面因素：一为解锁装置拉压刚度，其直接影响整星的动力学特性，保证整星固有频率满足运载的技术要求；另一方面是在预紧力作用下包带不发生太大变形，包带伸长量不大于爆炸螺栓的可调节余量，并具有足够的安全裕度。

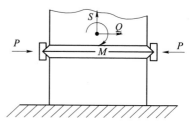

图 16-6　星箭连接解锁装置
受力分析示意图

综上所述，星箭解锁装置是星-箭传力和星箭解锁关键机构组件，其设计关键点不仅要求大承载、高刚度、高强度、轻重量，而且要求传力性能好、可靠性高。因此，对于关键承载的包带应尽量采用强度、模量高的材料；对于火工品，则应尽量选取经过飞行验证的成熟产品。

16.7.3　星箭解锁装置设计方案

根据卫星构型设计和总体技术要求，星箭连接解锁装置主要由包带、夹块、爆炸螺栓、夹具、拉簧、解锁遥测元件及限位弹簧和限位波纹板等组成，如图16-7所示，其中包带和爆炸螺栓是主要的承力部件。

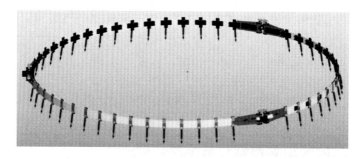

图 16-7　星箭连接解锁装置结构整体示意图

星箭连接解锁装置工作原理是用多个"V"形夹块将两个连接部件的对接框夹住，夹块通过夹具用螺钉分别固定在三条沿圆周方向箍紧的分离包带上，分离包带之间采用预置爆炸螺栓连接。在航天器地面运输和动力飞行时，由夹块和分离包带承受连接载荷。当两个连接部件需要分离时，在电激励作用下点火器起爆导致爆炸螺栓从预置缺陷处断裂，分离包带预紧力释放，并带动夹块脱离连接部件的对接框，解除连接部件的连接状态，分离包带头部的左、右连接杆间安装的限位弹簧及限位波纹板可将星箭连接解锁装置解锁后的径向扩张限制在允许范围内。与此同时,在拉簧的拉力作用下,分离包带收拢于下对接框上,从而完成星箭连接的可靠解锁,解锁信号由解锁遥测元件提供。

爆炸螺栓是星箭解锁装置的关键承力组件,作为火工品,其设计既要满足承载能力要求,又要考虑电爆解锁的可靠性。为保证可靠性,应尽量采用成熟产品。1194B-II型星箭解锁装置采用了9T爆炸螺栓,其设计、工艺、力学、解锁可靠性均得到了大量的试验验证。分析计算表明,9T爆炸螺栓承载能力可满足星箭解锁装置的设计要求,不进行任何改进设计,也就不需要进行试验验证,有效节约研制周期和成本。

目前,937型和1194B-II型等型号的星箭解锁装置包带材料采用的均为TB2带材,其优点是材料和工艺成熟,但材料的弹性模量较低,刚度较差。

星箭解锁装置在进行电爆解锁时,会有较大的冲击,给其他结构和设备造成不利影响。冲击能量很大一部分来源于包带的预紧力,其能量与包带材料性能的关系见式(16-4),即冲击能量与材料的弹性模量成反比。

$$T = K \cdot l \cdot F^2 / (E \cdot A) \tag{16-4}$$

式中,T 为包带预紧能量,K 为修正系数,l 为包带长度,F 为包带的预紧力,E 为材料弹性模量,A 为包带横截面积。

为了满足大型遥感卫星发展需求,新研制2334型星箭解锁装置包带的长度比传统的1194B型增大约一倍,如果仍采用成熟的TB2带材,则在预紧力作用下伸长量将增大一倍,不仅造成爆炸螺栓的预紧调节余量不足,而且造成解锁分离冲击增大。

为了解决以上问题,卫星包带采用了高模量的00Ni18Co7Mo5Ti马氏体时效钢带材,其强度高于TB2带材,且弹性模量约为后者的2倍,在相同预紧力的作用下,弹性变形可以减小一半,有效降低解锁冲击能量。

星箭解锁装置的设计采用成熟的结构型式和新型高性能材料,既保证了连接解锁功能和工艺性能,又节省结构重量。设计验证结果表明,星箭解锁装置质量不超过25 kg,而其最大负载能力不低于5 750 kg,结构效率高于以往同类卫星。

16.8 推进舱结构设计

16.8.1 承载需求分析

推进舱位于卫星本体的下部,电子舱、有效载荷都间接或直接安装于推进舱上,4个贮箱、2个气瓶及推进管路等通过支承结构装载在推进舱内部,太阳翼安装在推进舱外侧。推进舱承载着整星的所有载荷。

16.8.2 推进舱设计关键点分析

推进舱的主要功能是:在发射段承载卫星的全部力学载荷,设计的关键点是其强度、刚度性能。强度设计主要考虑因素为推进舱主承力部件的应力分布,可以根据运载提供的静力载荷条件,推算主要部件承力筒根部单位长度受力,其计算方法见式(16-1),以此为基础设计主要承力部件的材料、结构型式和参数,其设计准则为承力部件的实际应力分布不超过材料的许用强度,并具有足够的安全裕度。

推进舱中经常用到撑杆和加强梁结构,其杆件拉压应力计算方法由式(16-5)确定。

$$\sigma = \frac{F_N}{A} \tag{16-5}$$

式中，σ 为应力，F_N 为轴力，A 为横截面积。

欧拉梁弯曲应力由式（16-6）确定。

$$\begin{cases} \sigma_{\max} = \dfrac{M}{W} \\ W = \dfrac{I_z}{y_{\max}} \end{cases} \tag{16-6}$$

式中，$\sigma_{\max}$ 为最大应力，M 为弯矩，W 为扛弯截面系数。

推进舱的刚度设计主要考虑两方面因素：一是推进舱整体拉压和弯曲刚度，直接影响整星的动力学特性，是保证整星固有频率满足运载要求的关键环节，且各部件局部固有频率不与整星发生动力耦合；二是在静动力载荷作用下推进舱不发生失稳，推进舱各部件的稳定性系数不小于临界值，并留有足够的安全裕度。

推进舱撑杆结构，其欧拉杆失稳载荷由式（16-7）确定。

$$F_{cr} = \dfrac{\pi^2 EI}{(\mu l)^2} \tag{16-7}$$

式中，F_{cr} 为临界载荷，E 为材料弹性模量，l 为扛弯刚度系数，μ 为修正系数，I 为轴力杆件长度。

综上所述，推进舱设计的关键是设计一个大承载、高刚度、轻重量的承力筒结构，最大限度承载推进剂、大型电子舱和大型相机，要求强度刚度高、重量轻和可扩展性。因此，推进舱设计应充分利用空间，增大贮箱支撑结构的纵向尺寸以提高刚度，并尽量采用高强度、高模量的复合材料。

16.8.3 推进舱设计方案

根据卫星构型设计和总体技术要求，推进舱整体设计状态如图 16-8 所示，主要组成部分包括承力筒、贮箱支架、十字支撑板架、底板、中继天线安装板和 SADA 支架等部件，其中承力筒是最重要的承力部件。

为适应不同的轨道机动需求，贮箱燃料携带量在 200～2 000 kg 之间，比过去资源卫星平台的 300 kg 燃料携带量大大增加。为了适应不同的燃料携带量，贮箱支撑结构有所差别，主要表现在十字隔板架和承力筒高度不同，但与电子舱接口、对接段接口、贮箱接口均保持一致，贮箱支架采用同一状态，采用同一铸造磨具和加工工装，以提高通用性，有效提高研制效率。

承力筒是推进舱的主要承力结构，如图 16-9 所示。采用基于国产的高强、高模量碳纤维材料的超轻型蒙皮桁条式结构方案，可同时保证力学性能、工艺性和供货渠道。其向上通过多个主承力点与电子舱连接，局部连接状态如图 16-10 所示，尽量分散电子舱传递过来的集中载荷；向下通过星箭解锁装置与对接段连接，局部连接状态如图 16-11 所示，受载较均匀。承力筒质量不超过 80 kg，而其最大负载能力不低于 5 000 kg。

图 16-8　装配后的推进舱结构状态示意

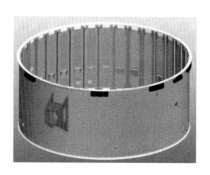
图 16-9　蒙皮桁条结构承力筒状态示意

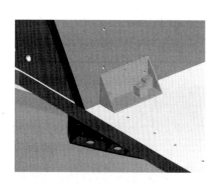
图 16-10　电子舱隔板与底板、推进舱承力筒上框的连接状态示意

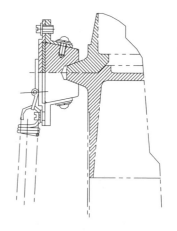
图 16-11　推进舱下框与对接段局部连接状态示意

贮箱支撑结构支承 4 个贮箱、2 个气瓶及推进管路。贮箱支撑结构继承遥感大平台设计，采用贮箱安装支架和十字交叉构架组成，结构整体如图 16-12 所示。贮箱安装支架是贮箱支撑结构的主要部分，采用镁合金铸造和机械加工而成，可以将贮箱的 $\phi 850$ 圆形接口转接到承力筒 $\phi 2\ 300$ 接口。十字交叉构架采用超高模量碳纤维蒙皮蜂窝板制成，可以有效增加贮箱安装支架结构的纵向刚度和强度。贮箱支撑结构质量不超过 60 kg，而其最大负载能力不低于 2 500 kg，提高了结构承载效率。

推进舱承力筒具有承载能力大、刚度高、重量轻等优点。然而，对于与电子舱隔板连接的受力关键部位，采取局部增加特殊加强角盒，保证局部连接强度；对于与贮箱支撑十字隔板连接的受力集中部位，采用局部增加特殊加强角条，保证局部连接强度，而不是整体加厚蒙皮和连接框，可以有效节约结构重量。十字隔板与大储箱的传力，也存在较明显的载荷集中，采取了在隔板中预埋加强梁，并在其关键部位外贴蒙皮的方式加强，保证其连接强度和刚度。仿真与试验验证结果表明，推进舱结构各项性能均满足设计预期目标，结构效率也较高。

图 16-12　贮箱支承结构整体状态示意

综上所述，推进舱的设计采用基于高强、高模量碳纤维材料的超轻型蒙皮桁条式结构和轻型高刚度贮箱支撑结构，显著提高了其力学性能，解决了大型高分辨率遥感卫星承载和 2 000 kg 大容量推进剂承载难题。

卫星遥感技术

16.9 电子舱结构设计

16.9.1 功能及承载需求分析

电子舱的主要功能是：为相机高精度安装的载荷适配结构提供安装面；安装服务系统及有效载荷系统的仪器设备。卫星电子舱承载需求为安装相机并承载其发射力学载荷，以及安装各种电子设备，总负载约为 2 500 kg。

16.9.2 电子舱设计关键点分析

电子舱设计的关键点是其强度、刚度性能，并兼顾设备安装的便利性，且具有导电、导热等物理性能。

强度设计主要考虑因素为复杂电子舱主承力部件的应力分布，可以根据运载提供的静力载荷条件，推算其主要部件隔板的受力，以此为基础设计主要承力部件的材料、结构型式和参数，其设计准则为承力部件的实际应力分布不超过材料的许用强度，并具有足够的安全裕度。其中常用的蜂窝夹层结构主要失效模式计算公式如下：

（1）面板皱曲失稳：蜂窝夹层板面板的临界皱曲应力见式（16-8）。

$$\sigma_{cr1} = Q\sqrt{\frac{E_f E_c t_f}{(1-v_x v_y)\ h_c}} \tag{16-8}$$

式中，σ_{cr1} 为蜂窝夹层板面板的临界皱曲应力，Q 为失稳系数（一般取 $0.33\sim 0.82$），E_f 为面板弹性模量，E_c 为芯子抗压模量，t_f 为面板厚度，h_c 为芯子高度，v_x 为面板材料 x 方向泊松比，v_y 为面板材料 y 方向泊松比。

（2）蜂窝夹层板剪切皱损：当蜂窝芯子的剪切刚度较小时，芯子的剪切破坏引起夹层板整体的剪切皱折失稳，面板的临界剪切皱折应力见式（16-9）。

$$\sigma_{cr2} = \frac{h^2 G_c}{(t_{1f} + t_{2f}) h_c} \tag{16-9}$$

式中，σ_{cr2} 为面板的临界剪切皱折应力，h 为两面板中面之间的距离，G_c 为芯子剪切模量，t_{1f} 为上面板厚度，t_{2f} 为下面板厚度。

（3）蜂窝孔间的面板凹陷：蜂窝夹层面板在蜂窝孔间的临界凹陷应力见式（16-10）。

$$\sigma_{cr3} = \frac{2E_f}{1 - v_x v_y} \left(\frac{t_f}{S}\right)^2 \tag{16-10}$$

式中，σ_{cr3} 为蜂窝夹层面板在蜂窝孔间的临界凹陷应力，S 为蜂窝芯格内切圆直径。

电子舱的刚度设计主要考虑两方面因素：一为电子舱拉压和弯曲刚度，直接影响整星的动力学特性，涉及整星固有频率能否满足运载的频率要求，且各部件局部固有频率不与整星发生动力耦合；另一方面是在静动力载荷作用下不发生失稳，电子舱各部件的稳定性系数不小于临界值，并具有足够的安全裕度。

除了主要相机载荷之外，电子舱安装了大量的电子设备，要求结构具有导热、导电等良好的物理性能，并具备较好的工艺性。

综上所述，电子舱设计关键点是设计一个大承载、高刚度、轻重量的板系承力结构，增多与载荷适配结构的连接点数量以分散相机的主载荷，采用力学性能好、工艺性好、导热、导电的结构材料。

16.9.3 电子舱设计方案

根据卫星构型设计，卫星电子舱采用新的板架式结构，由主承力隔板加外侧板组成，整体状态如图 16-13 所示。所有的结构板均采用蜂窝夹层结构板，其重量轻，结构效率高，且设计和生产工艺简单，面板材料采用硬铝合金，不仅力学、工艺性能好，且具有导热、导电、电磁屏蔽等优良的物理性能，符合承力要求和

图 16-13 电子舱结构示意图

电子设备的安装要求。

相机的主要传力接口为四处，通过载荷适配结构，将该四处的力学载荷分解到电子舱隔板上端的多个主承力点，有效化解力学载荷过于集中的问题。对于受力关键部位，采用在隔板局部增加特殊大埋件，并外贴加强蒙皮的方式，保证局部连接强度，而不是整体加厚蒙皮，以节约结构重量。最终设计验证结果表明，电子舱结构各项力学和物理性能均达到预期设计目标，结构效率也较高。

16.10 载荷适配结构设计

16.10.1 承载需求分析

载荷适配结构的承载需求为安装相机并承载其发射力学载荷,总负载为 1 000~1 500 kg。相机采用"4+3"的方式安装于载荷适配结构上,即 4 个主要承力点+3 个柔性连接点,其中 4 个主承力点在发射过程中处于锁紧状态,承受主要的力学载荷,卫星入轨后解锁分离,由 3 个柔性连接点实现在轨运行。

16.10.2 载荷适配结构设计关键点分析

载荷适配结构设计的关键点是其强度、刚度性能和精度要求。

强度设计主要考虑因素为载荷适配结构的应力分布,可根据运载提供的静力载荷条件,推算其受力分布,以此为基础设计材料、结构型式和参数,设计准则为承力部件的实际应力分布不超过材料的许用强度,并具有足够的安全裕度。

载荷适配结构的刚度主要表现在两方面:一为载荷适配结构拉压和弯曲刚度,直接影响整星的动力学特性,设计约束为整星固有频率满足运载的技术要求,且与相机组合体的局部固有频率不与整星发生动力耦合;另一方面是在静动力载荷作用下不发生失稳,设计约束为载荷适配结构的稳定性系数不小于临界值，并具有足够的安全裕度。

载荷适配结构的精度主要表现在相机安装面的平面度和角度精度要求，设计约束为各项精度指标满足设计要求，包括主承力点和柔性连接点的匹配性等问题。

综上所述，载荷适配结构设计的关键点是设计一个大承载、高刚度、轻重量、高精度、高稳定的承载桁架结构，将大型相机的少数连接点力学载荷有效分解、扩散到适配结构上多个承力点，传给电子舱，即减小电子舱的局部受力，又提高适配结构的刚度和稳定性。

16.10.3　载荷适配结构设计方案

根据卫星构型设计和总体要求，相机与载荷适配结构的安装方式和连接接口状态如图 16-14 所示。

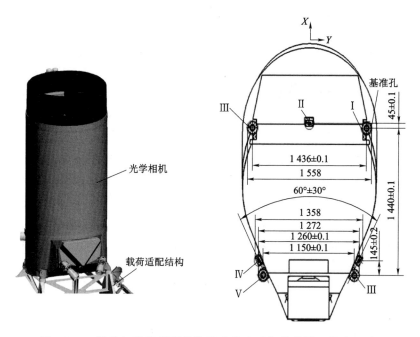

图 16-14　相机与载荷适配结构的安装方式和连接接口状态示意

载荷适配结构的设计，既要保证传力路径的合理性和可行性，又要保证相机安装精度，且要兼顾减轻重量。综合考虑各项因素，载荷适配结构采用高强度铸造铝合金整体式结构，设计状态如图 16-15 所示，力学性能良好，工艺简单。

图 16-15　载荷适配结构状态示意图

为了保证受力关键点强度，在相机安装位置以及与电子舱连接位置，采用局部加厚措施，有效提高结构强度，并在非主要承力部位开设减轻孔，以节约结构重量。为了保证相机的最终安装精度，采用整星部装后整体机加安装面的方式，保证相机安装面的最终平面度、倾角精度和表面状态满足相机高精度安装要求。

载荷适配结构的设计采用基于高性能材料、铸造和组合机加技术，实现高强度、高刚度的轻量化结构型式，解决了超大型相机高精度大承载适配安装难题，规避了与电子舱的局部应力集中风险，有效保证整星的刚度和稳定性。设计验证结果表明，载荷适配结构质量不超过 35 kg，而其最大负载能力不低于 1 500 kg，负载状态局部固有频率高于 30 Hz，与整星实现动力解耦，结构效率高。

 卫星遥感技术

16.11 太阳翼机械部分设计

16.11.1 设计需求分析

太阳翼的设计需求是：能够承受发射段的力学载荷而不损坏；入轨后能够可靠展开，并且展开锁定冲击不会对卫星和太阳翼自身结构造成损伤；展开状态质心靠近卫星、转动惯量小，利于卫星快速姿态机动；展开状态刚度高，卫星姿态或轨道机动引起的太阳翼颤振能够快速衰减，利于卫星实现姿态的快速稳定和高精度观测成像；结构与机构部件应进行轻量化设计，以降低卫星总重量。

16.11.2 太阳翼设计关键点分析

太阳翼机械部分设计的关键点是其展开功能和性能、刚度和强度。太阳翼由于面积较大，需要制成多块太阳电池板并且折叠压紧在卫星侧壁，入轨后通过铰链等展开机构将多块太阳电池板展开成一个平面结构，然后通过驱动机构使太阳翼的太阳能电池一面朝向太阳，从而发电。太阳翼展开之后才能发电，因此太阳翼设计首先考虑的就是保证可靠展开，而保证展开最重要的设计因素之一就是展开静力矩裕度，其定义如下：

$$\eta = \frac{T_s}{T_r} - 1$$

式中，η 为太阳翼静力矩裕度；T_s 为太阳翼总驱动力矩，Nm；T_r 为太阳翼总阻力矩，Nm。

通常，要求太阳翼最小展开静力矩裕度大于等于 1，这能够保证太阳翼在最恶劣情况下仍然能够可靠展开。太阳翼也需要进行展开过程动力学仿真分析，以获得展开时间、展开锁定冲击载荷等其他展开性能。

卫星发射过程中，太阳翼压紧在卫星侧壁上，需要有足够的结构强度，以承受发射段力学载荷而不破坏。通常遥感卫星太阳翼的太阳电池板都是由刚性基板铺贴电池电路组成，刚性基板就是指蜂窝夹层板，太阳翼收拢状态的强度和刚度都是由基板提供，其结构设计按蜂窝夹层板的设计准则进行。发射过程中，太阳翼的刚度即基频也应满足一定的要求，以免与卫星或星上设备发生显著的共振（动力耦合）而造成某一方发生损坏。太阳翼展开锁定时，太阳翼自身及星上与太阳翼直接或间接相连接的结构或设备，也需要承受展开锁定冲击载荷而不应发生损坏和故障，因此也需要针对展开锁定冲击载荷对太阳翼及星上相关结构或设备进行结构强度校核，必要时可采取一些设计措施或降低展开速度或增大结构强度，以保证在锁定冲击载荷作用下太阳翼和星上结构或设备的安全。

太阳翼展开后形成一个平面结构，应具有一定的刚度，即展开状态基频。展开状态的刚度（或基频）越高，太阳翼因卫星姿态或轨道机动等引起的振动的衰减速度就越快，卫星姿态稳定下来需要的时间就越短，卫星在轨道和姿态机动之后就能够较快成像。这种机动之后快速成像能力对于高分辨率遥感卫星非常重要，因此展开状态基频就是高分辨率遥感卫星太阳翼最重要、最关键、最核心的技术指标。高分辨遥感卫星对太阳翼的展开状态基频提出了非常高的要求，依据不同任务，一般要求达到常规太阳翼展开状态基频的 2 倍甚至 10 倍以上，这也是高分辨遥感卫星设计的难点所在。

常规的矩形刚性太阳翼的基频 f，可按下面的公式进行初步估算，

$$f \approx \frac{1}{2\pi}\sqrt{\frac{E_p \cdot I_p}{0.2235 \cdot L^4 \cdot W \cdot \rho_{Ap}}} \tag{16-11}$$

式中，E_p 为太阳翼基板弹性模量，I_p 为太阳翼基板截面惯性矩，L 为太阳翼长度，W 为太阳翼宽度，ρ_{Ap} 为太阳翼面密度。

更为精细准确的太阳翼基频计算，需要建立太阳翼详细的结构有限元模型，并进行基频分析。

16.11.3 太阳翼设计方案

根据卫星低惯量、高刚度等要求,采用三块电池板并联的刚性太阳翼方案,机械部分由根部铰链、一块中心板、两块侧板、四个侧板铰链、一套侧板释放装置和四套压紧装置组成。中心板与两块侧板外形尺寸相同,比侧板略厚;收拢状态通过四个压紧点压紧在卫星侧壁上。太阳翼根部铰链与中心板直接相连,两块侧板分别通过两个铰链与中心板长边相连,形成根部铰链与中心板串联、中心板与两块侧板并联的构型,太阳翼展开状态如图16-16所示,收拢状态如图16-17所示。

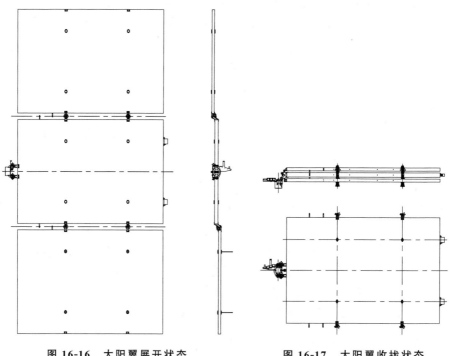

图 16-16　太阳翼展开状态　　　　图 16-17　太阳翼收拢状态

太阳翼展开过程见图 16-18,分两步:第一步,所有的压紧释放装置点火工作,太阳翼释放,三块太阳电池板在根部铰链的作用下展开,直至中心板展开到位,此过程中两个侧板依靠侧板释放装置压在中心板上,见图 16-18(a)～(c);第二步,当中心板展开到位时,侧板释放装置被触发,释放两块侧板,两侧板在侧板铰链的作用下展开到位并锁定,见图 16-18(d)～(g)。

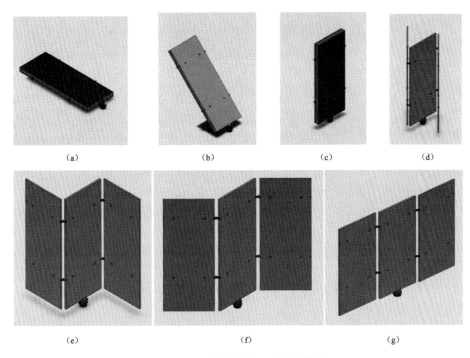

图 16-18　太阳翼展开过程示意图

（a）收拢状态；（b）整体展开 45°；（c）整体展开 90°；（d）侧板展开 45°；（e）侧板展开 90°；
（f）侧板展开 135°；（g）侧板展开 180°（结束）

基板采用高性能碳纤维/铝蜂窝夹层结构，铰链为高刚度铰链，压紧装置采用火工切割器/压紧杆方案，侧板释放装置通过根部铰链触发。

卫星太阳翼在轨展开后太阳翼长度很短，宽度较宽，与星体整体呈"H"形，与传统的外伸"一"字形相比，展开后转动惯量显著减小，约半个数量级。铰链采用了最先进的高刚度自预紧锁紧技术，刚度较常规提高半个数量级，刚性基板也进行了轻量化、高刚度的增强设计，从而保证面积为 8 m^2 的太阳翼展开状态基频能够达到 2.3 Hz 以上。此外，采用纯机械式的侧板释放装置实现侧板解锁释放，与火工装置释放方案相比，具有重量轻、系统简单、展开控制程序简单等优点。

16.12 分析与试验验证

16.12.1 静力学分析与试验验证

静力学分析及试验的主要目的是检验卫星的结构是否能满足发射状态强度、刚度的要求，以及有关重点部位变形情况。通过试验对结构设计及分析模型的正确性进行验证，并为修正理论模型提供依据。

静力学分析方法通常采用工程简化方法和有限元法，对于常见的复杂结构，一般采用有限元方法。通过对结构进行离散后，结构静力平衡问题转化为以节点位移为基本未知量的一组线性代数方程，通过求解代数方程组获得计算结果。

1. 静力仿真分析结果

根据静载荷下应力计算结果，与材料的相应许用应力进行比对，计算结构强度和稳定性裕度，评估结构强度、刚度是否满足设计要求。

针对卫星携带 2 000 kg 燃料的状态进行静力计算，计算工况为在飞行载荷基础上乘以 1.5 的鉴定系数，即鉴定级载荷工况，具体工况描述见表 16-4。

表 16-4 静力计算子工况 g

方向	工况 1	工况 2	工况 3	工况 4	工况 5	工况 6	工况 7	工况 8	工况 9
X	2.25	-2.25		1.5	-1.5		1.35	-1.35	
Y			2.25			1.5			1.35
Z	-3.9	-3.9	-3.9	-8.7	-8.7	-8.7	3.15	3.15	3.15

结构主要采用有限元方法计算，计算模型中将承力筒蒙皮、太阳翼及其他蜂窝板简化为复合材料板单元，对接段、贮箱支架、载荷适配结构及太阳翼压紧座简化为板单元，桁条、主承力连接点简化为梁单元，有限元模型如图 16-19 所示。对于受力均匀的结构部位，如连续结构板中部，模型单元相对较稀疏，以减小模型规模，节约计算资源；对于局部开孔和关键连接点位置，进行模型局部加密处理，以提高计算精度。

仿真结果表明，各结构部件的最大应力典型计算结果如表 16-5 所示，关键连接点的受力情况典型计算结果如表 16-6、表 16-7 所示，各部位强度、刚度符合设计目标。

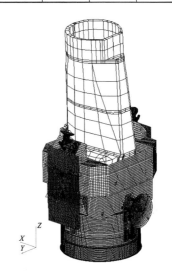

图 16-19 整星计算有限元模型

表 16-5 各结构部件的典型最大应力值及安全裕度

部件	最大应力值/MPa	安全裕度	裕度要求	是否满足要求
推进舱隔板	211	2.78	>0.25	是
推进舱底板	118	1.20	>0	是
电子舱隔板	119	1.18	>0	是
电子舱底板	56.2	3.63	>0	是
电子舱外侧板	101	1.57	>0	是
承力筒蒙皮	333	1.39	>0.25	是
对接段蒙皮	66.9	4.38	>0	是
载荷适配结构	95.1	2.47	>0	是
太阳翼压紧座	32.1	7.10	>0	是
贮箱支架	22.5	3.44	>0	是
承力筒桁条	75.7	1.64	>0.25	是
对接段桁条	37.2	8.68	>0	是

表 16-6　电子舱与推进舱承力筒上框间典型主承力接头最大轴力载荷及安全裕度

部件	最大轴力/N	许用载荷/N	安全裕度	是否满足要求
1 类主承力接头	10 700	24 000	1.24	是
2 类主承力接头	25 900	40 000	0.54	是
3 类主承力接头	33 800	55 000	0.63	是
4 类主承力接头	4 440	20 000	3.50	是

表 16-7　电子舱与载荷适配结构间典型主承力接头最大轴力载荷及安全裕度

部件	最大轴力/N	许用载荷/N	安全裕度	是否满足要求
1 类主承力接头	8 860	25 000	1.82	是
2 类主承力接头	13 700	36 000	1.63	是
3 类主承力接头	14 300	25 000	0.75	是
4 类主承力接头	8 840	25 000	1.49	是
5 类主承力接头	25 100	55 000	1.19	是
6 类主承力接头	4 160	25 000	5.01	是

典型的应力分布如图 16-20～图 16-22 所示，典型的失稳波形如图 16-23 所示。最小强度裕度为 1.18，最小稳定性裕度为 5.3，符合相关规范要求。

图 16-20　推进舱结构上的典型
最大应力分布

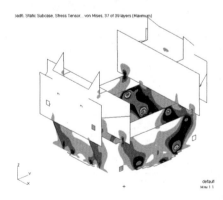

图 16-21　电子舱主承力结构上的
典型最大应力分布

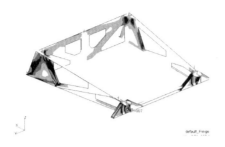

图 16-22　载荷适配结构上的典型
最大应力分布

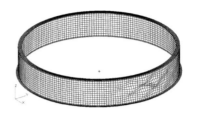

图 16-23　静力过载作用下
典型失稳波形

根据静力分析结果,可判断结构各部件的强度性能有适当的安全裕度。

2. 静力试验结果分析

静力试验内容主要包括关键连接点局部静力试验、舱段级静力试验、整星结构静力试验。试验中典型的载荷位移曲线和载荷应变曲线如图 16-24 所示。根据试验结果,可判断卫星结构最大承载能力不低于鉴定级载荷的 1.05 倍。

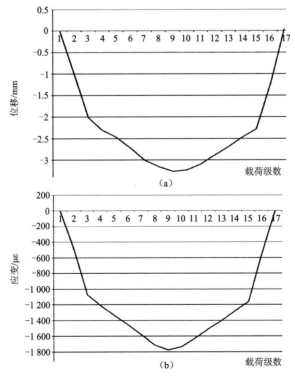

图 16-24　整星结构静力试验中典型的载荷位移曲线和载荷应变曲线
(a) 载荷位移曲线；(b) 载荷应变曲线

根据静力分析和试验结果,可判断卫星结构强度、刚度有适当的安全裕度。

16.12.2 动力学分析与试验验证

1. 动力仿真分析结果

动力学分析及试验验证的主要目的是检验卫星构型和设备布局是否能满足运载对卫星固有频率的要求,以及有关重点部位局部刚度、大型载荷刚度和整星刚度之间,以及与发射载荷环境等方面的匹配性,并为优化构型布局方案和大型载荷的载荷条件提供依据。通过试验对构型布局设计及分析模型的正确性进行验证,并为修正模型提供依据。

动力学分析通常采用有限元方法,主要内容包括整星的模态分析(固有频率和对应的振型)、大型设备(包括主载荷等)的局部模态及振型,典型计算结果见表 16-8,主要模态振型如图 16-25 所示。

表 16-8 设计状态典型模态计算结果

振型描述	固有频率/Hz
整星 X 向一阶弯曲	15.7
整星 Y 向一阶弯曲	16.7
整星纵向振动一阶	45.8
整星 X 向二阶弯曲	38.9
整星 Y 向二阶弯曲	31.7
整星一阶扭转	41.0
相机局部 X 向一阶弯曲	29.2
相机局部 Y 向一阶弯曲	31.3

针对整星根部正弦输入工况进行动力学响应分析,输入条件见表 16-9 所示,获取了大型相机载荷、关键设备及部位的响应(位移、加速度、应变等)预示结果,其中典型的加速度响应曲线如图 16-26 所示。

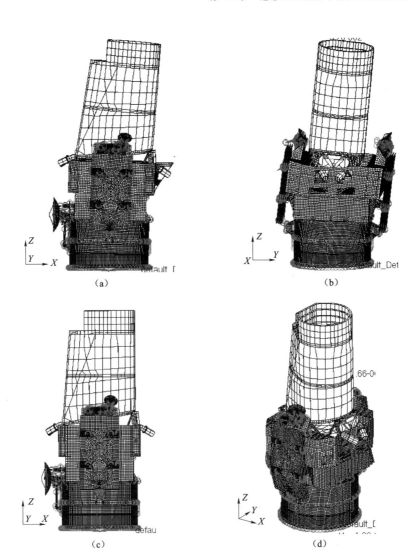

图 16-25 整星主要模态振型示意

(a) 整星 X 向一阶弯曲；(b) 整星 Y 向一阶弯曲

(c) 整星一阶纵向；(d) 整星一阶扭转

表 16-9 频率响应分析工况（鉴定级载荷）

工况	激励方向	频率/Hz	载荷条件/g	备注
工况 1	X	5～100	0.9	
工况 2	Y	5～100	0.9	
工况 3	Z	5～100	0.9	

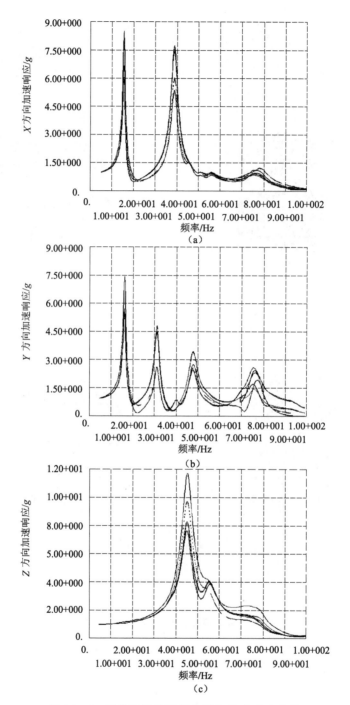

图 16-26 相机安装位置的典型加速度响应曲线

(a) X 向激励；(b) Y 向激励；(c) Z 向激励

2. 动力学试验结果分析

卫星动力学试验验证内容主要包括模态测试、整星噪声试验、正弦振动试验，保证了验证的完整性和有效性，并为后续状态的更改提供了充分的依据，典型的加速度响应曲线如图16-27所示。

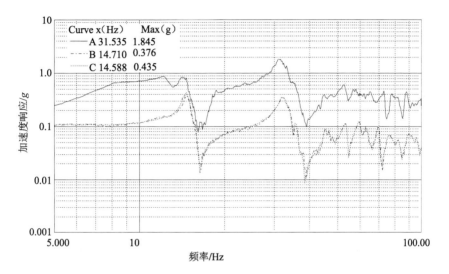

图16-27　整星正弦振动试验中典型的加速度响应曲线

试验结果表明，在根部固支状态整星横向一阶固有频率为15.2 Hz，纵向一阶固有频率为45.0 Hz，与计算结果基本一致。整星结构动力强度、刚度较好，且动力学响应特性较小，可为其上安装的各种设备提供较好的力学环境条件。

根据动力学分析和试验结果，可判断卫星结构强度、刚度有适当的裕度，为扩展应用提供了一定的空间。

16.12.3　主结构精度保持性分析与试验验证

主结构精度分析的主要目的是提出主结构的几何精度要求，通过分析方法识别和判断重力、温度、装配量等因素对主结构精度的影响，通过结构和构型布局优化及热控设计将在轨变形降低至可接受的范围内。

主结构精度分析主要包括主结构需要满足的几何加工精度指标、地面环境下由重力和装配引起的变形、在轨环境下由温变以及应力释放引起的变形等。

根据分析计算结果，调整敏感设备布局的位置、提高关键结构的刚度和加工精度、改进热控设计,可保证各项精度满足相机高精度安装要求。根据结构变形分析和结构部装、总装及精测结果,符合大型相机高精度要求。

16.12.4　太阳翼仿真分析

高分辨率遥感卫星太阳翼仿真分析包括收拢状态和展开状态模态分析、发射准静态载荷下的静力分析、发射过程中的结构动力学仿真分析、展开锁定冲击载荷下的结构强度分析及其他载荷作用下的局部结构强度分析。太阳翼收拢状态一阶振型如图16-28所示,展开状态一阶振型如图16-29所示,根部展开锁定冲击力矩如图16-30所示。

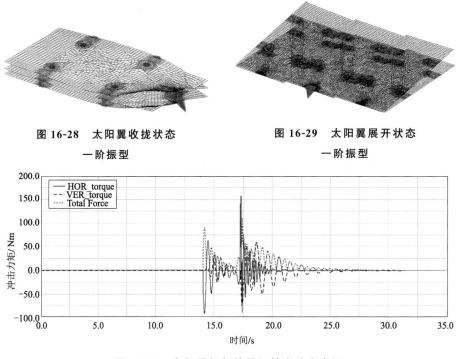

图16-28　太阳翼收拢状态　　　　图16-29　太阳翼展开状态
　　　　一阶振型　　　　　　　　　　　　一阶振型

图16-30　太阳翼根部的展开锁定冲击力矩

太阳翼的试验验证,包括单板静力试验、单机力学环境试验和地面展开试验等。

16.12.5　太阳翼展开试验验证

为了保证太阳翼能够可靠实现其展开功能和性能,需要在地面模拟太空中的零重力环境进行展开试验,一般可采用吊挂法或气浮支撑法来抵消地面重力的影响。三块基板并联构型的太阳翼,展开过程中各板运动复杂,适合采用单摇臂吊挂式二维翻转试验方案,二维翻转原理如图 16-31 所示,图中两块侧板的吊点位于侧板转轴的对侧边,也可以选在侧板质心上。

某三块基板并联的高刚度太阳翼采用了上述展开试验方案成功进行了地面展开试验,试验状态如图 16-32 所示。通过地面展开试验,验证了该太阳翼的各项展开功能均达到了设计预期,同时也验证了各项展开性能,包括展开精度、机构锁紧性能、地面展开时间等均达到设计目标。

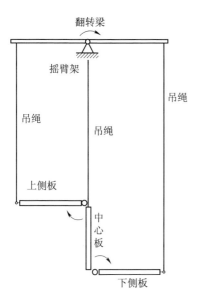

图 16-31 二维翻转展开原理图

图 16-32 太阳翼地面展开试验状态

结构与机构是遥感卫星的重要分系统,承担着维持整星构型和设备安装的重要任务,并实现连接解锁等功能,其设计方案对整星性能有重要影响。随着遥感卫星分辨率的不断提高,对卫星结构与机构分系统的设计提出了更高的要求,主要体现在结构要具有更大的承载能力,结构与机构系统重量更轻、精度更高、热稳定性更好等方面。为此,未来需要加快发展新的技术,包括更高效传力结构(如桁架式短路径传力结构)、高比强度/高比刚度/高热稳定性/高热导率的结构材料(如高性能碳纤维复合材料等)、大承载/低冲击/高可靠的连接解锁装置(如记忆合金解锁装置等)、高精度复杂结构制造(如 3D 打印技术、喷射成形技术等)等。

参 考 文 献

[1] 马型瑞. 卫星与运载火箭力学环境分析方法及试验技术 [M]. 北京：中国科学技术出版社，2004.

[2] 褚桂柏. 空间飞行器设计 [M]. 北京：航空工业出版社，1996.

[3] 陈烈民. 复合材料力学和复合材料结构力学 [M]. 北京：中国科学技术出版社，2001.

[4] 雅各布·约布·维科尔. 航天器结构 [M]. 董瑶海，等，译. 北京：国防工业出版社，2017.

[5] 彭成荣. 航天器总体设计 [M]. 北京：中国科学技术出版社，2011.

[6] 谭维炽. 航天器系统工程 [M]. 北京：中国科学技术出版社，2009.

[7] 于登云. 航天器机构技术 [M]. 北京：中国科学技术出版社，2011.

[8] 陈烈民. 航天器结构与机构 [M]. 北京：中国科学技术出版社，2005.

[9] 张少实. 复合材料与黏弹性力学 [M]. 北京：机械工业出版社，2011.

第 17 章

遥感卫星热控系统设计与分析

卫星遥感技术

17.1 概　　述

卫星在轨运行时，受到太阳直接辐射热流、地球红外辐射热流及地球反照热流等外部热流影响，同时星上各设备的工作模式也在不断变化。由于星体内外热源的综合作用，导致星上各部件之间存在较大温差，部分区域的温度可能超出设备或结构的工作温度范围，从而导致设备损坏或功能降低，必须采取措施，对整星温度场进行控制。

随着遥感卫星功能、性能的不断增强，对热控系统设计提出了越来越高的要求，主要存在三个方面的挑战：大型成像载荷在恶劣的空间环境下高精度、高稳定度热控设计，特别是大型空间相机光学系统和大型雷达天线；大型遥感卫星热功耗巨大，特别是大型空间相机焦平面和大型微波雷达组件；大型高分辨率红外相机探测器需要深低温制冷。

本章结合我国高分辨率遥感卫星研制经验和航天热控制技术进展，重点介绍遥感卫星热控系统总体设计方法。

17.2 需求分析和技术特点

17.2.1 需求分析

虽然光学遥感卫星、微波遥感卫星的有效载荷不同，卫星构型也存在较大差异，但是对热控系统的散热和热控需求，都随着卫星分辨率的提高而不断增加。

(1) 短期大功率散热需求：卫星平台各分系统设备一般为长期工作模式，发热情况比较稳定。然而，当光学相机、SAR 载荷开机后，或者数传系统工作时，卫星功耗急剧上升，进而产生大量废热，导致热控系统热排散难度极大，而载荷不工作时，卫星热耗大幅度减少，还需保证卫星温度要求和载荷高精度控温要求。

(2) 卫星姿态机动需求：高分辨率遥感卫星通常装有大功率控制力矩陀螺等姿态控制设备，具备大范围姿态机动能力，使得卫星能够通过姿态机动扩大视场范围或减少对同一目标进行重访的时间。姿态机动模式下，卫星需要进行滚动、俯仰、偏航三个方向的大范围、快速姿态机动，并且最大机动角度可达±60°。姿态机动使得卫星各表面与太阳、地球的相对位置发生变化，引起卫星表面的外热流急剧增加或减少，进而导致整星散热能力恶化。热控设计需综合考虑卫星频繁大角度姿态机动的影响。

（3）光学、微波载荷的高精度控温需求：光学相机、星敏感器等设备对温度较为敏感，主要体现在温度水平、温度稳定性和温度梯度方面。设备在轨温度水平应接近实验室装调温度环境，否则会导致探测器暗电流变化，造成成像质量的下降。同时，随着 TDICCD 器件性能的不断提升，其功耗也不断增加，并且 TDICCD 器件热容量较小，短期热耗导致的器件工作温度升高情况将十分明显，热控系统设计必须采取措施提高温度稳定性。此外，温度梯度也会导致光学结构变形，并引起镜头光路畸变从而造成成像质量下降。

微波遥感卫星的 SAR 载荷是利用小天线沿长线阵的轨迹等速移动并辐射相参信号，把在不同位置接收的回波进行相干处理，从而获得较高分辨率的图像。由于 SAR 载荷的 T/R 组件、二次电源等器件为分散布置，所处热环境均有不同，各自温度可能存在较大差异，造成回波数据的线性调频信号无法相关叠加，导致卫星分辨率下降。针对等温性要求，热控分系统需采取特殊的热控措施。例如通过布置热管或流体回路等措施，可减少各单机之间的温差，满足等温性要求。

（4）紧急工况设计需求：高分辨率遥感卫星是非常复杂的系统，在轨飞行受空间粒子、太阳辐射等空间环境影响，可能出现各种故障。出现故障情况后，卫星会自动调整到紧急姿态，使得太阳电池片正对太阳，以具有最大的发电能力。相对于正常对地姿态，紧急姿态的外热流情况有显著变化，除卫星 $-Z$ 面外，其他表面几乎无太阳直接辐射热流。并且，在紧急姿态下，卫星载荷全处于关机状态，因此卫星处于低温模式，热设计需兼顾这一状态。

17.2.2 主要技术特点

高分辨率遥感卫星系统复杂、工作环境恶劣，热控系统需适应星上设备的复杂工作模式及高精度控温需求，同时为满足卫星的姿态机动成像需求，其主要技术特点如下：

（1）大通量散热通道构建。高分辨率遥感卫星瞬时超过 5 000 W 的散热需求，对热控分系统散热能力提出了极高要求，如果采用传统低分辨率遥感卫星分散布置散热面，主动控温回路补偿的散热方案，则可能带来控温资源需求的显著增加。高分辨率遥感卫星热控系统基于一体化热控设计方法，通过热管、低吸收/辐射比热控涂层、合理布置热控多层隔热组件等措施，构建大通量散热通道。卫星热量经综合利用后，通过各个散热通道受控排散。避免载荷工作时，集中散热，温度偏高；载荷不工作时，温度偏低，需要大功率主动热控补偿的问题。

(2)快速机动适应性设计。卫星采用偏低温设计,在短期载荷不开机情况下,卫星温度普遍控制在 0 ℃~15 ℃,提高卫星温度上限余量。各散热通道内部强耦合、等温化设计,提高热容量,抑制姿态机动时内外热源集中变化导致的温升。精细化热分析及校核,通过对各种机动情况进行分析验证,确保设计包络能够覆盖包括紧急姿态在内的卫星在轨所有姿态。

(3)整星机-电-热一体化设计。热控系统设计与卫星构型和布局设计相结合,除自身有特殊安装需求的设备外,其他设备布置、卫星内外表面热控涂层状态、热管等热控措施布置,均服务于整星各散热通道构建需要。整星热量通过一体化设计措施合理调配,进行能量的综合利用,以减少重量、功率等热控资源需求。

(4)高精度、高稳定度控温设计。相机光机系统、焦面组件、CCD 器件、星敏感器、T/R 组件等部件需要高精度、高稳定度热控,以提高其成像质量和几何定位精度。

17.3 空间外热流特性

由于光学成像卫星受地面光照条件影响,一般采用降交点地方时10:30或13:30的太阳同步轨道。微波遥感卫星对地面光照条件无要求,但是因整星功耗大,为获得更好能源供给,普遍采用6:00或18:00的太阳同步轨道。卫星在轨飞行受太阳辐射、地球红外和地球反照等空间外热流的影响,均与卫星轨道特性相关。

17.3.1 太阳辐射强度

对于近地轨道卫星,太阳辐射强度S与卫星轨道无关,通常认为与日地距离r的平方成反比,可以通过式(17-1)的简化方程计算,其计算误差对于热控设计可接受。

$$S = 1\,366.84 \times a^2 \times \frac{1}{r^2} \tag{17-1}$$

式中,日地距离r可根据椭圆轨道方程(开普勒第一定律)确定。

$$r = \frac{a(1-e^2)}{1+e\cos\nu} \tag{17-2}$$

式中,a为地球轨道椭圆半长轴,取值为149 597 870 km;e为地球轨道的偏心率,取值为0.016 817 621;ν为真近点角。太阳辐射强度最小值为1 322 W/m²,

最大值为 1 414 W/m²，通常分别作为低温工况、高温工况的取值。

17.3.2　阳光对轨道面的入射角的确定

卫星受照情况主要取决于阳光或者太阳矢量与卫星轨道面的夹角，定义为轨道 β 角，变化范围为 $-90°\sim+90°$。阳光与轨道面夹角对热控系统设计具有重要作用，它直接反映了卫星在轨道上受照情况，决定轨道阴影时间。β 角由式（17-3）确定：

$$\sin\beta = \cos i \sin\delta_\theta + \sin i \cos\delta_\theta \sin(\alpha_\Omega - \alpha_\theta) \tag{17-3}$$

式中，i 为卫星轨道倾角，α_θ 和 δ_θ 分别为太阳的赤经和赤纬，α_Ω 为卫星升交点赤经。α_θ 和 δ_θ 可以根据给定的日期从天文年历表中查询。

17.3.3　轨道阴影时间及其影响

近地轨道可能出现卫星进入地影的情况，卫星进入阴影后，除地球红外辐射热流外，太阳直接辐射和地球反照热流均为 0。卫星轨道阴影出现与否，或者阴影时长与轨道 β 角相关。

定义临界阳光与轨道面夹角 β_0，当 $-\beta_0 \leqslant \beta < \beta_0$ 时，卫星会进入阴影：

$$\cos\beta_0 = \sqrt{1 - \frac{(1 - e \cdot \cos\Lambda)^2}{\lambda}} \tag{17-4}$$

式中，

$$\lambda = \frac{a^2(1-e^2)^2}{R_e^2}, \quad \lambda > 1$$

式中，a 为卫星轨道半长轴；e 为卫星轨道偏心率；R_e 为地球半径，取值为 6 378.14 km；Λ 为近地点到会日点的地心角距，可以通过日地连线在卫星轨道面上进行投影，由投影线与卫星近地点-地心连线之间的夹角确定。对于圆轨道，用卫星对地球半视角 θ_0 进行判定：

$$|\beta| < \theta_0 = \arcsin\left(\frac{R_e}{R_e + h}\right) \tag{17-5}$$

式中，h 为轨道高度。对于 500 km 的太阳同步圆轨道，轨道 $\beta < 68°$ 时，才会出现轨道地影；对于降交点地方时 10:30 am 的卫星，其最大轨道 β 角仅为 26.2°，则存在较长时间的轨道地影，最长地影持续时间约为 35 min。

17.4 空间外热流分析

高分辨率遥感卫星通常采用三轴稳定控制，典型卫星结构和姿态定义如下：卫星坐标系定义遵守右手定则。卫星飞行时 $+X$ 轴指向飞行方向，$+Z$ 面指向地心，$+Y$ 面垂直于卫星轨道面，如图 17-1 所示。对于降交点地方时为上午的轨道，卫星 $-Y$ 面受太阳光照射。

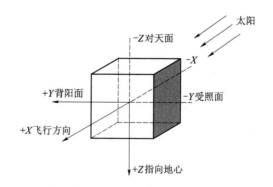

图 17-1　空间外热流分析卫星模型

17.4.1　圆轨道太阳直接辐射热流

根据前面章节对卫星轨道的分析以及典型卫星的定义，卫星各表面平均太阳辐射可用式（17-6）表达。

（1）对于卫星对天面——$-Z$ 表面的太阳直接入射轨道平均热流：

$$S_{-z} = S\frac{\cos\beta}{\pi} \tag{17-6}$$

（2）对于卫星对地面——$+Z$ 表面的太阳直接入射轨道平均热流：

$$S_{+z} = \frac{S}{\pi}\cos\beta(1-\sin\eta) \tag{17-7}$$

式中，η 为阴影区半角：

$$\cos\eta = \frac{\cos\theta_0}{\cos\beta}$$

（3）对于卫星飞行方向/反向——$\pm X$ 面的太阳直接入射轨道平均热流：

$$S_{+x} = S\frac{1+\cos\eta}{2\pi}\cos\beta \tag{17-8}$$

（4）对于卫星 $\pm Y$ 面，需根据轨道 β 角进行判定。若 $\beta>0$，表示 $-Y$ 面受照，否则，表示 $+Y$ 面受照。不受照的表面，太阳直接辐射为 0。对于受照面太阳直接入射轨道平均热流：

$$S_{Y1} = S\left(1-\frac{\eta}{\pi}\right)\sin\beta \tag{17-9}$$

式中，Y1 表示受照面。

17.4.2　圆轨道地球红外热流

热控设计中，通常认为地球红外辐射是恒定值，故卫星在轨任意位置，各表面的地球红外辐射均一致，也等同于周期平均红外辐射。

（1）对于卫星 $\pm X$ 面、$\pm Y$ 面的各个侧面，地球红外热流可由式（17-10）确定。

$$q_{e+X} = q_{e-X} = q_{e+Y} = q_{e-Y} = \frac{1-\rho}{4} \cdot S \cdot \frac{\arcsin k - k\sqrt{1-k^2}}{\pi} \tag{17-10}$$

式中，$k = \dfrac{R_e}{R_e+h}$。

（2）对于卫星对天面——$-Z$ 面因背对地球，红外热流为 0。

（3）对于卫星对地面——$+Z$ 面的红外热流可用式（17-11）来确定。

$$q_{e+Z} = \frac{1-\rho}{4} \cdot S \cdot \left(\frac{R_e}{R_e+h}\right)^2 \tag{17-11}$$

17.4.3 圆轨道地球反照热流

地球反照热流非常复杂，为了便于分析，首先引入地球反照通量 E 物理量，之后再描述卫星各表面的反照热流简化计算方法。

（1）对于 $\pm X$ 面，地球反照通量 $E_{\pm X}$：

$$E_{\pm X} = \frac{\rho \cdot S}{\pi(\pi - 2\theta_0)}\left[\sin(|\beta|+b) - \sin\left(|\beta|+\theta_0-\frac{\pi}{2}\right)\right] \quad (17\text{-}12)$$

式中，ρ 为平均反照率，一般取值为 0.3；$b = \min\left(\frac{\pi}{2}-\theta_0, \frac{\pi}{2}-|\beta|\right)$。

$\pm X$ 面地球反照热流为：

$$q_{\text{al}+X} = q_{\text{al}-X} = E_{\pm X} \cdot \frac{\arcsin k - k\sqrt{1-k^2}}{\pi} \quad (17\text{-}13)$$

（2）对于卫星 $\pm Y$ 面，需根据轨道 β 角区分是否为受照面。对于受照面，其地球反照通量：

$$E_{Y1} = \frac{\rho \cdot S}{\pi\left(\frac{\pi}{2}-\theta_0\right)}\left[\sin|\beta| - \sin\left(|\beta|+\theta_0-\frac{\pi}{2}\right)\right] \quad (17\text{-}14)$$

受照面地球反照热流为：

$$q_{\text{al}Y1} = E_{Y1} \cdot \frac{\arcsin k - k\sqrt{1-k^2}}{\pi} \quad (17\text{-}15)$$

对于背阳面，其地球反照通量：

$$E_{Y2} = -\frac{\rho \cdot S}{\pi\left(\frac{\pi}{2}-\theta_0\right)}\left[\sin|\beta| - \sin(|\beta|+b)\right] \quad (17\text{-}16)$$

式中，$Y2$ 表示为背阳面。

$$q_{\text{al}Y2} = E_{Y2} \cdot \frac{\arcsin k - k\sqrt{1-k^2}}{\pi} \quad (17\text{-}17)$$

（3）对于卫星背阳面——$-Z$ 面因背对地球，反照热流为 0。

（4）对于卫星对地面——$+Z$ 面地球反照热流为：

$$q_{\text{al}+z} = \frac{\rho \cdot S \cdot k^2}{\pi(\pi - 2\theta_0)}\left[\sin(|\beta|+b) - \sin\left(|\beta|+\theta_0-\frac{\pi}{2}\right)\right] \quad (17\text{-}18)$$

17.5 太阳同步轨道的特性分析及计算

17.5.1 太阳同步轨道的特性分析

目前大多数遥感卫星都选择太阳同步轨道，但也有用其他轨道，如 $63°26'/116°34'$ 临界倾角轨道和小倾角等轨道。太阳同步轨道最突出的优点是太阳光与卫星轨道面夹角变化很小，基本恒定，有利于卫星电源、热控、控制等系统设计。

对于太阳同步轨道卫星总体设计，常用"降交点地方时"这一概念来描述卫星轨道特性，特别是表征太阳入射光与卫星轨道面的夹角特性，用来约束电源、热控、控制等总体设计。通常，太阳同步轨道卫星的降交点地方时变化很小，使用降交点地方时 H 表征升交点赤经随日期变化。在遥感卫星热控系统设计中，升交点赤经 α_Ω 与降交点地方时 H 的关系由式（17-19）确定。

$$\alpha_\Omega = \frac{\text{Date} - \text{Date1}}{365.25} \times 360 - 15 \times (12 - H) + 180 \tag{17-19}$$

式中，Date 和 Date1 分别表示当前日期和春分点日期按天数顺序排列的积日，1月1日为1，1月2日为2，以此类推。H 是以数字形式表示的时间，如 10:30 即为 10.5。

根据式（17-3），可以确定轨道 β 角与卫星轨道倾角、轨道降交点地方时太阳赤经和赤纬相关。太阳同步轨道倾角和轨道高度相关，对于 $500\sim1\,000\,km$ 的太阳同步圆轨道，其轨道倾角为 $97.4°\sim99.47°$，轨道 β 角随倾角变化很小。如对春秋分情形，存在：

$$\sin\beta = \sin i \sin\alpha_\Omega \approx \sin\alpha_\Omega$$

对于 6:00，则 β 角约为 $90°$，阳光垂直于轨道面；对于 12:00，则 β 角约为 $180°$，阳光平行于轨道面。可见，对于太阳同步轨道卫星，不同降交点地方时刻对阳光与卫星轨道面夹角影响很大，其对应关系如图 17-2 所示。

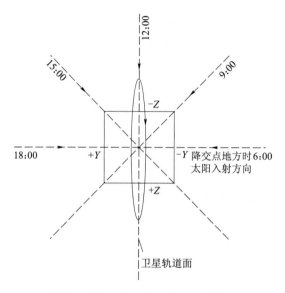

图 17-2　不同降交点地方时太阳矢量与轨道面相对位置关系

对于选定轨道的卫星，其轨道倾角、降交点地方时不再变化，因此，轨道 β 角的改变主要是太阳赤经和赤纬变化引起的。因卫星随地球绕太阳的公转运动，太阳赤经和赤纬随地球与太阳的相对位置关系改变而不断变化。如图 17-3 所示的 10:30 太阳同步轨道，最小 β 角约为 $15.8°$，最大 β 角约为 $26.2°$。

通常，β 角主要受卫星倾角、降交点地方时、太阳赤经/赤纬等因素综合影响，变化规律比较复杂。如图 17-4 是 $500\,km$ 轨道综合上述各项影响因素条件下，不同降交点地方时轨道的 β 角变化情况。

从图 17-4 中可以看出，降交点地方时越是接近正午的轨道，轨道 β 角变化越小，降交点地方时越是接近 6:00 或 18:00，轨道 β 角变化越大。正午轨道 β 角变化不超过 $10°$，晨昏轨道 β 角变化超过 $30°$，其他降交点地方时轨道 β 角变化量介于上述两种轨道变化量之间。

第 17 章 遥感卫星热控系统设计与分析

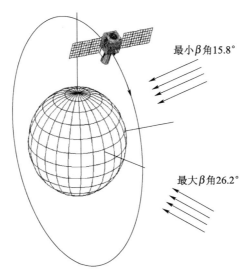

图 17-3　10:30 太阳同步圆轨道 β 角变化

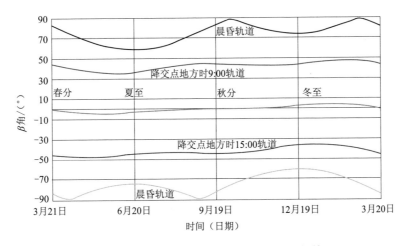

图 17-4　不同降交点地方时轨道上 β 角变化情况

17.5.2　太阳同步圆轨道外热流计算

综合轨道高度（轨道倾角）、降交点地方时、太阳赤经/赤纬、太阳辐射强度、地影等情况，对轨道高度 640 km 的太阳同步圆轨道卫星（轨道 β 角变化通过调整降交点地方时获得），其轨道平均热流情况进行分析（太阳辐射强度按照近日点数值考虑），结果如图 17-5 所示。

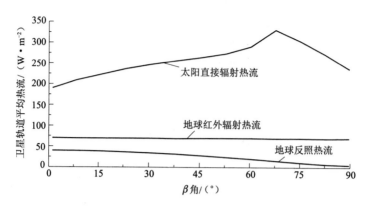

图 17-5 640 km 太阳同步轨道卫星周期平均到达热流

太阳同步轨道卫星各方向的轨道平均太阳直接辐射热流值（太阳辐射强度按照近日点最大值考虑）为 $180\sim350$ W/m², 这一数值适用于所有太阳同步轨道卫星。数值变化是由于阴影时间随 β 角的增大而减少, 太阳照射时间变长, 且卫星表面的有效受照面积增大, 因此轨道平均的太阳直接辐射热流变大。对于 640 km 的太阳同步轨道, 到 β 角 65.3°附近, 太阳直接辐射热流达到最大, 之后由于有效受照面积减小, 数值降低。β 角 65.3°对应的轨道降交点地方时为 7:30 或 16:30。640 km 太阳同步轨道上, 轨道平均地球反照热流为 $5.1\sim40$ W/m², 并且随 β 角的增大逐渐减小, 红外热流保持在约 70 W/m² 不变。

17.5.3 姿态机动外热流情况

卫星要进行俯仰（卫星绕+Y 轴旋转）和滚动（卫星绕+X 轴旋转, 即侧摆）两个姿态机动模式, 以及紧急姿态这种特殊姿态, 姿态机动的角度均按照右手定则定义。俯仰机动时卫星±Y 面外热流不变化, 滚动机动时±X 面外热流不变化。卫星姿态机动过程一般在 $10\sim60$ s, 由于卫星热容等因素影响, 姿态机动过程中, 卫星温度不会发生骤升、骤降情况。

根据式（17-6）~式（17-18）及卫星姿态机动角度, 计算各自姿态机动情况下, 卫星各表面的周期平均热流情况, 如图 17-6~图 17-8 所示。根据分析数据, 卫星姿态机动对外热流影响非常大, 对于降交点地方时 10:30 轨道, $\beta=15.8°\sim26.2°>0$, +Y 侧处于背阳面, 没有太阳直接辐射热流。然而, 卫星大角度姿态机动后, 卫星各面空间外热流变化巨大, 热控系统设计必须考虑卫星姿态机动情况, 依据最严酷姿态机动角度、姿态机动之后持续时间, 将其最严酷的姿态机动模式设置为典型热设计工况。

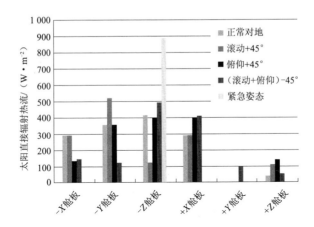

图 17-6　不同姿态条件下太阳直接辐射热流对比

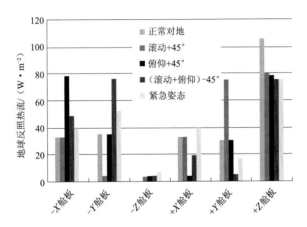

图 17-7　不同姿态条件下地球反照热流对比

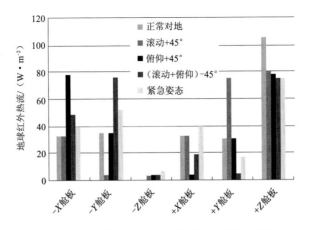

图 17-8　不同姿态条件下地球红外热流对比

从图 17-6～图 17-8 可以看出：

（1）$+Y$ 背阳面在卫星大角度姿态机动时太阳直接辐射热流和地球红外热流明显增加，但总热流水平较低，是卫星最佳散热面选择；

（2）$-Y$ 阳照面在卫星大角度姿态机动时太阳直接辐射热流大幅度增加，而且卫星正常工作模式下总热流水平最高，一般不作为散热面，特别是卫星正向滚动侧摆成像工况；

（3）$-Z$ 对天面地球红外、地球反照热流最小，但卫星在应急工况下 $-Z$ 面对日定向，太阳直接辐射热流大幅度增加，一般情况下也不宜设置散热面。

（4）对于 $\pm X$ 面，卫星大角度姿态机动时地球红外、地球反照热流增加不明显，太阳直接辐射热流变化幅度变大，$+X$ 面与 $-X$ 面存在此涨彼降特性和互补性，也是卫星散热面的最佳选择。

17.6 卫星内部热源分析及布局设计

卫星的各种发热设备组成卫星的内部热源。按照设备的工作模式,卫星内部热源可以分为长期热源和短期热源。长期工作设备一般为卫星平台系统设备,主要包括给卫星提供能源的电源设备、控制卫星正常飞行的控制设备、卫星与地面通信的测控设备、管理星上设备之间通信的数据管理设备等。短期工作设备一般为载荷系统设备,主要包括用于相机或微波探测系统设备,用于探测数据储存、传输的数据传输系统设备等。

1. 卫星平台电子系统的热源特性及其布局规划

电子舱设备以长期工作设备为主,主要包括电源、测控、数管、控制等分系统设备。电源分系统设备为电源控制器和蓄电池,电源控制器热耗为180～200 W,随卫星供母线电流不断变化。蓄电池热耗变化比较复杂,一般在放电时发热,充电时吸热,充电完成后再进行充电操作又会转成发热状态,蓄电池放电发热情况与放电电流相关。控制系统设备包括陀螺、控制力矩陀螺等,除陀螺热耗随温度变化外,其他设备热耗均不变化或者变化很小。数管、测控等系统设备热耗一般不变化,或者变化很小。

除上述的长期设备外,基于热量的综合考虑,电子舱也会布置短期工作设备,如数传分系统的行波管放大器等。电子舱由于长期工作设备多,因此,无主动控温功率补偿需求。

2. 卫星载荷电子系统的热源特性及其布局规划

主要包括光学成像载荷、微波成像载荷、数据处理与数传、中继终端等。载荷舱设备布局设计主要根据设备的功能要求和安装约束确定位置。高分辨率相机必须安装在卫星对地侧,星敏感器必须指向冷空间并且需避开太阳,通过波导、光缆与天线、探测器连接的电子设备,需就近布置在天线、探测器附近,以减少信号损耗等。

载荷的控制电源、数传系统的数据处理器、固态存储器等均为大热耗设备,开机工作时,热耗达到 $100\sim200$ W,不工作时没有热耗。载荷舱其他短期工作设备的热耗也达到十几~几十瓦,热耗变化剧烈。为保证载荷舱在设备不工作时的温度不至于过低,需布置长期工作设备。一般可以选择控制分系统的星敏感器线路、热控分系统的控温仪、数管分系统的数据管理单元等对安装位置无约束或与下游设备安装位置靠近的设备。

载荷舱由于短期工作设备多,在某些安装条件制约的情况下,需布置主动控温回路,进行功率补偿。

3. 大型光学相机和大型微波天线热源特性及其布局规划

由于控温要求与卫星主体存在差异,光学遥感卫星与微波遥感卫星的相机和天线载荷均采用独立布置方式,与卫星本体进行隔热安装。相机工作时热耗在 $300\sim500$ W,不工作时需采用主动控温回路进行热量补偿,一般为 $100\sim200$ W。卫星天线工作时热功耗上千瓦,不工作时需进行主动控温功率补偿,以避免温度超出工作范围要求。

4. 推进系统

推进舱主要布置推进剂储箱、推进剂管路、推力器等设备,除推力器工作时有一定的热耗外,其他设备均为无源设备,而且推力器热耗主要集中在卫星舱外。因此,推进舱热量全部由主动控温回路提供。

5. 卫星补偿加热系统分布

综合上述的热控功率,主要包括推进舱、载荷舱、相机载荷、天线载荷等主动热控功率分配。

17.7 卫星散热面选择与散热能力分析

17.7.1 散热能力分析

卫星的散热方法是采用低太阳吸收比、高红外发射率热控涂层作为散热面,减少太阳直接辐射,增加卫星自身辐射。最为常用的散热涂层为铈玻璃镀银二次表面镜,该涂层太阳吸收比 $\alpha_s = 0.25$（寿命末期）,发射率 $\varepsilon_h = 0.79$。

所谓散热能力,就是散热面在特定温度条件下,单位面积散热面能够排散的星内热量（图17-9）。若散热面为定温表面,则对于散热面温度 T 以及相应温度下散热能力 q_{in} 有:

$$q_{in} = \varepsilon_h \times \sigma_0 \times T^4 - q_{orbit} \qquad (17\text{-}20)$$

式中, $\sigma_0 = 5.67 \times 10^{-8} \mathrm{W/(m^2 \cdot K^4)}$; $q_{orbit} = \alpha_s \times (S_i + q_{al\_i}) + \varepsilon_h \times q_{ei}$。

对于轨道高度 500 km,降交点地方时 10:30 卫星,正常对地姿态,卫星寿命末期,最大 β 角日期,+X 方向散热面为 0 ℃时的散热能力可由式（17-20）及式（17-6）~式（17-18）,来确定,+X 面的散热面单位面积散热能力为 117.4 W。

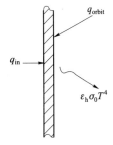

图 17-9 散热面散热能力计算示意图

17.7.2 散热面外热流特性及散热面选择

针对 10:30、500 km 太阳同步圆轨道卫星的典型应用,表 17-1 给出卫星在正常飞行姿态下各面平均外热流入射和外热流吸收情况,以及散热面温度为 0 ℃时的散热能力。

表 17-1 卫星各方向散热能力分析

$\alpha_s=0.25$,$\varepsilon_h=0.79$		$-X$	$-Y$	$-Z$	$+X$	$+Y$	$+Z$
周期平均到达/ (W·m^{-2})	太阳	287.3	357.7	411.3	291.3	0.0	35.6
	反照	32.9	34.9	0.0	32.9	30.6	105.9
	红外	68.3	65.5	0.0	64.5	67.6	212.5
周期平均吸收/ (W·m^{-2})	太阳	71.8	89.4	102.8	72.8	0.0	8.9
	反照	8.2	8.7	0.0	8.2	7.7	26.5
	红外	54.0	51.8	0.0	50.9	53.4	167.9
	总计	134.0	149.9	102.8	132.0	61.1	203.2
散热能力/ (W·m^{-2})	散热面 温度 0 ℃	115.3	99.4	146.5	117.4	188.3	46.1

可见,$+Y$ 背阳面吸收外热流最小、散热能力最强,无太阳直接照射热流,地球红外和反照热流较小,是卫星散热面最佳选择。$-Y$ 阳照面在光照区一直被阳光照射,卫星姿态正向滚动侧摆成像时外热流大幅增长,可利用卫星姿态机动时间较短特点开设散热面,用于局部辅助散热。$+Z$ 对地面散热能力最弱,主要是受地球红外热流影响,但外热流波动很小,可作为辅助散热面。然而,对于大型遥感卫星,载荷规模巨大,一般安装在 $+Z$ 对地面,无法设置散热面。$-Z$ 对天面在光照区主要接受太阳直接光照热流,无红外和反照热流,使得空间外热流波动幅度很大。此外,在应急姿态下,$-Z$ 面指向太阳,外热流很大,无散热能力,因此 $-Z$ 面不宜设置散热面。卫星 $\pm X$ 侧散热能力相当,卫星大角度姿态机动时 $+X$ 面与 $-X$ 面外热流变化存在互补性,可开设散热面。

17.8 遥感卫星热控系统设计

对于高分辨率遥感卫星，热控分系统应设计具有以下任务：适应卫星在轨姿态机动的需求，能够控制卫星对外部热流合理吸收，并按需求将星上热量向冷空间排散；控制星上热量的收集、扩散和传输，控制热量传输的路径和方向；按照需求控制卫星产品的温度范围、温度差、温度梯度、温度稳定度、温度均匀度；监测卫星在轨期间关键设备、结构的温度等。

17.8.1 系统设计约束分析

1. 任务层面设计约束

热控系统任务层面的设计约束主要包括卫星轨道高度、降交点地方时、姿态机动情况、卫星工作模式、卫星紧急情况等。遥感卫星轨道高度一般以450～800 km为主，在此高度上，比较容易实现高分辨率，并且轨道保持所需燃料也相对较低。对于光学遥感卫星，一般采用降交点地方时10:30和13:30轨道，以获得良好的地面目标光照条件，而微波遥感卫星一般采用晨昏轨道，以充分保证星上能源供给。

遥感卫星为了提高其效能，目前普遍配置控制力矩陀螺，通过姿态机动的方式增加其成像范围，以滚动和俯仰姿态机动为主，机动范围可达±60°。每个轨道周期，成像载荷工作时长一般不超过 15 min，数传系统根据获得的数据量判断，工作时长一般不超过 35 min，均为短期工作模式。

在卫星任务设计时，还要考虑到卫星故障模式等紧急情况，包括紧急情况下卫星姿态调整到对日定向，以保证卫星安全。

2. 卫星系统工程设计约束

卫星入轨前，会经历总装厂总装及测试环境、发射场测试环境、卫星与运载火箭对接后的发射塔架环境，以及发射过程中整流罩内环境及抛整流罩后的环境。热控设计过程中，必须针对这些环境情况进行分析，并提出相应要求，以控制卫星在这些环境条件下的温度情况。

3. 卫星总体设计约束

卫星总体设计约束主要包括卫星的热耗情况及卫星构型布局情况等，如某型资源卫星，其热功耗特点：卫星不成像时，正常运行功耗约为 1 500 W；成像时，峰值功耗约为 5 000 W；数传系统进行数据处理、存储和传输时，峰值功耗约为 3 000 W。

卫星采用分舱构型设计，除推进舱仅布置推进系统管路、燃料储箱等推进设备外，平台长期工作设备、载荷短期工作设备布置在电子舱和载荷舱内，按照热控需求分散布置，如图 17-10 和图 17-11 所示。

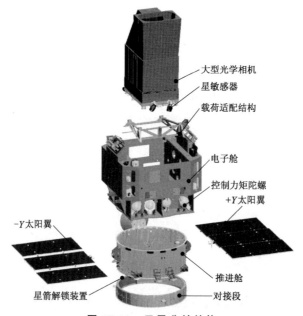

图 17-10　卫星分舱结构

第 17 章 遥感卫星热控系统设计与分析

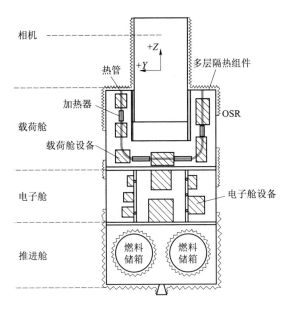

图 17-11 卫星分舱构型示意图

4. 卫星各分系统设计约束

除上述各项约束条件外，影响卫星热控设计的两个关键因素是星上各个分系统所有单机的热耗情况，以及对温度的设计要求。通常，星上各单机热耗和温度要求差异很大，如表 17-2 所示。而高分辨率相机、SAR 天线等载荷，个体差异较大，其热控要求通常十分苛刻。

表 17-2 高分辨率遥感卫星部分设备温度要求

序号	单机	温度要求/℃	备注
1	星内一般电子设备	$-15 \sim +50$	
2	测控或数传天线	$-70 \sim +70$	
3	镉镍蓄电池	$-5 \sim +15$	一般控制在 3 ℃～5 ℃
4	锂离子电池	$10 \sim 30$	一般控制在 15 ℃～18 ℃
5	陀螺组合件	$10 \sim 40$	
6	星敏感器	$-25 \sim 35$	随定位精度要求变化，通常为 20 ℃，波动不超过 1 ℃
7	推进系统	$5 \sim 60$	包括管路和推进剂贮箱
8	发动机	$120 \sim 140$	

17.8.2 总体设计思路

相比于一般分辨率卫星,高分辨率遥感卫星功耗显著增加,长期功耗增加到 1 500~2 000 W,短期功耗达到 3 000 W 以上,甚至达到 5 000 W 以上。卫星工作模式更为复杂,快速姿态机动需求也越来越高。为此,热控系统采用以下措施,以提高系统热控能力。

(1) 采用低 (α_s/ε_h) 和高稳定热控涂层,减小卫星复杂姿态机动时和卫星寿命末期外热流变化幅度。以往铈玻璃镀银二次表面镜作为散热涂层,其寿命末期 $\alpha_s=0.25$,$\varepsilon_h=0.79$,采用新型散热面热控涂层,寿命末期退化得到明显改善,$\alpha_s \leqslant 0.2$,$\varepsilon_h \geqslant 0.85$。

(2) 电子设备舱内采取等温化设计,特别是载荷舱,强化电子产品之间热耦合传热,增加短期工作设备的热容量关联性,降低其短期工作期间的温升。

(3) 对大型成像载荷或高精度控温的设备,如大型相机、大型雷达天线、蓄电池等,采取主动热控制,特别是相机、雷达相控阵天线等采取高精度、高稳定分布式热控制。

(4) 对于短期工作的载荷设备,采取瞬态热控设计方法进行热控设计,充分利用设备及其舱内设备热容量来抑制设备短期工作温升。

(5) 由于大型相机、大型雷达天线规模巨大、热控要求高,采取与卫星隔热设计思路,尽可能与卫星平台热解耦,对其采取高精度、高稳定控温,降低系统热控风险。

17.8.3 系统配置及拓扑结构

热控分系统由主动热控和被动热控产品组成。主动热控产品包括控温仪、加热器、热敏电阻等产品,被动热控产品包括星外散热涂层、星内高发射率热控漆、多层隔热材料、隔热垫片、导热填料、热管等产品。相应的热控分系统的组成及功能如图 17-12 所示。

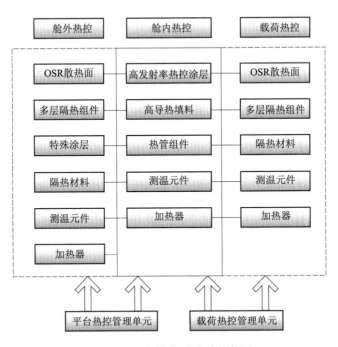

图 17-12　热控分系统功能框图

17.8.4　电子舱热控设计

电子舱主要装载控制、数管、测控、电源、热控等服务系统设备，其特点是电子设备多、功耗大，而且均为长期工作设备。以往中低分辨率遥感卫星，平台服务系统的设备热功耗较小，一般其长期热功耗为 500～700 W，而且工作模式相对简单，卫星姿态机动能力也较弱，卫星热控设计相对简单。对于高分辨率遥感卫星，整星长期功耗超过 1 500 W，短期功耗超过 3 500 W，同时卫星频繁大角度姿态机动，外热流变化剧烈，CMG 瞬态功耗也很大，导致电子设备舱热控设计难度很大。

1. 适应各种复杂工作模式的散热通道构建

如前所述，由于高分辨率遥感卫星在轨期间需要卫星频繁大角度姿态机动，导致卫星各面外热流变化很大，没有严格意义上的背阳面。从图 17-10 可看出，由于电子舱 $-Z$ 面与推进舱连接、$+Z$ 面与载荷舱连接，没有散热面可用，只有卫星 $\pm X$、$\pm Y$ 共四个方向可开设散热面，根据表 17-1 分析结果，优先选择$+Y$面、$\pm X$面作为散热面,由于$-Y$为受照面,散热能力较弱,一般不作为散热面优选位置。

卫星姿态机动一般为几分钟或十几分钟,时间较短,同时考虑到舱内各设备及结构自身热容、设备与散热面间的热阻等因素影响,对舱内温度波动起到有效的抑制作用。

2. 舱内强化换热与等温化设计

电子舱装载的电子设备多、总功耗大,而且大多数为长期工作电子设备,设备热功耗差异较大。同时因卫星姿态频繁大角度姿态机动,导致散热面外热流变化剧烈。因此,为了防止大功耗设备过热、充分利用电子舱各散热面散热,最有效方法就是舱内强化辐射和热传导换热,实现等温化设计,强化大功耗设备和小功耗设备热耦合,既防止大功耗设备过热,也防止小功耗设备低温工况时出现低温,特别是防止故障工况时的适应能力降低。等温化设计可提高系统鲁棒性。

对于大型遥感卫星,电子舱结构庞大,易造成$\pm X$、$\pm Y$设备安装板温差很大,通常需要用外贴热管进行跨区等温化设计,充分利用各区散热面进行热排散。当然,舱内等温化设计,并不等于舱内设备温度梯度就不存在,由于安装面接触热阻、热管自身温差、辐射换热热阻、结构间的相互遮挡等影响因素存在,舱内设备、结构间仍存在一定温差。

3. 舱内设备热均衡布局设计

由于电子舱各表面外热流差异较大,导致各散热面的热排散能力差异很大,而且舱内的电子设备功耗也差异巨大,因此电子舱设备布局不仅要考虑质量特性分布、电性能关联性,还要考虑设备热功耗分布与散热通道、散热面热排散能力匹配,防止局部过热或过冷。

4. 特殊设备热控设计布局设计

电子舱设备众多,存在一些有特殊热控需求的设备,如高精度三浮陀螺、大力矩CMG、蓄电池等,其中高精度三浮陀螺由于高精度的需求,内部设计了高精度控温,其热特性非常复杂,对卫星舱内环境温度十分敏感,需保证最低工作温度。大力矩控制陀螺功耗很大,特别是启动时瞬时功耗更大,而且由于机构运动导致其热传导散热困难,需要安装在具有良好的辐射散热环境的舱内。对于蓄电池,其性能和寿命对温度影响十分敏感,甚至有安全问题,对热控要求很高,因此其布局十分讲究,需将其与舱内环境进行隔热设计和独立散热。

5. 电子舱散热面确定方法

电子舱热排散方式有两种：一种是设备直接安装在散热面上，电子设备热量通过热传导直接传到散热面，再辐射到冷空间，这种方式散热能力较强，广泛应用于大容量通信卫星，如图 17-13 所示；另一种散热方式是舱内电子设备热量通过辐射传到散热面，再辐射到冷空间，这种方式散热能力较弱，但受空间外热流影响较小，广泛应用于遥感卫星，如图 17-14 所示。

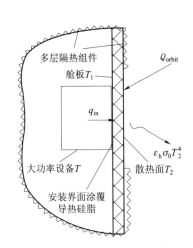

图 17-13 基本散热通道结构 1

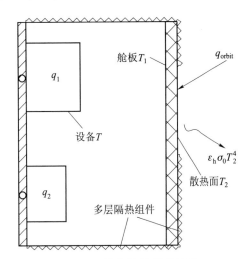

图 17-14 基本散热通道结构 2

1）电子设备直接安装在散热面方式

这种散热方式直接将设备安装到卫星散热板内表面，安装界面涂覆导热硅脂，如图 17-13 所示，主要用于大功率电子设备或有特殊温度要求的电子设备的散热。设备温度 T 可用下式估算：

$$Q_{in} = (T - T_2) \bigg/ \left(\frac{1}{h_1 A_1} + \frac{1}{k_2 A_2} \right)$$

$$Q_{in} = A_2 \varepsilon_h \sigma (T_2^4 - T_0^4) - Q_{orbit} \tag{17-21}$$

式中，A_1 表示设备安装面与舱板的实际接触面积；h_1 为安装面接触传热系数，通常取值为 1 000 W/(m²·K)；k_2 为安装舱板传热系数，对于 30 mm 铝蜂窝板取值为 51 W/(m²·K)，或者对于 15 mm 铝蜂窝板取值 104 W/(m²·K)。

2) 电子设备热量通过辐射传到散热面方式

这种散热方式将设备安装到卫星内部电子设备安装板上，通过辐射换热与散热面进行热交换，基本散热通道结构如图 17-14 所示，主要用于功率不大或短期工作设备的散热。设备温度 T 可以用式 (17-22) 估算：

$$\begin{aligned} Q_{in} &= \varepsilon_1 \sigma A \ (T^4 - T_1^4) \\ Q_{in} &= kA \ (T_1 - T_2) \\ Q_{in} &= \varepsilon_2 \sigma A \ (T_2^4 - T_0^4) - Q_{orbit} \end{aligned} \quad (17\text{-}22)$$

式中，A 为辐射散热面积，ε_1 为散热面内表面发射率，ε_2 为散热面外表面发射率。由于设备安装在内部舱板上，内部舱板对于扩大设备辐射散热面积作用比较明显。同时，考虑到辐射热阻远远大于热传导热阻，一般情况下可忽略舱板热传导热阻的影响，即 k 为无穷大，则 $T_1 = T_2$。实际上，电子舱开设多个散热面，舱内总热流排散能力可描述为：

$$\begin{aligned} Q_{in} &= \sum_i \varepsilon_{in,i} \sigma A (T^4 - T_i^4) \\ Q_{in} &= \sum_i \varepsilon_{out,i} \sigma A (T_i^4 - T_0^4) - Q_{orbit,i} \end{aligned} \quad (17\text{-}23)$$

式中，$\varepsilon_{in,i}$ 为第 i 个散热面内表面发射率，$\varepsilon_{out,i}$ 为第 i 个散热面外表面发射率，T_i 为第 i 个散热面温度，$Q_{orbit,i}$ 为第 i 个散热面空间外热流。

17.8.5 载荷舱热控设计

遥感卫星载荷舱安装在电子舱上，并支撑大型相机或大型雷达天线，该舱主要安装大型成像载荷和数传系统的电子设备，包括载荷控制单元、载荷配电单元、数据处理器、固存、行波管放大器等大功耗电子设备。由于高分辨率遥感卫星成像载荷规模庞大，通常把载荷舱分割为多个隔舱。载荷舱与电子舱的主要差别在于：载荷舱内设备以短期工作设备为主，如某资源卫星载荷舱设备短期功耗超过 2 000 W（不含相机主体功耗），而长期热耗仅为 520 W。可见，其热控设计既要考虑防止大功耗设备过热，也要防止载荷不工作时导致设备过冷，其热控方案采用舱内强化辐射、设备安装板预埋热管网络和安装界面强化传热等等温化设计，还需要对大功耗设备进行瞬态热设计和补偿电加热设计，以及采用热管进行跨区等温化设计，减小载荷舱各区温差。

1. 载荷舱散热通道构建

通常，卫星 $+Z$ 对地面安装有成像载荷或数传系统天线等设备，不适合设置散热面,载荷舱散热面只能选择在卫星±X和±Y侧舱板上。根据前面的分析,±X和±Y侧热流比较稳定,同时卫星姿态机动时,不会存在±X和±Y侧均被太阳直接辐射热流影响的情况。具体到卫星某一面,红外和反照热流最大时,太阳直接辐射热流减少,总热流增加不大,散热面对于卫星姿态机动有较强的适应性。因此,可选择载荷舱±X和±Y侧舱板布置散热面。

2. 舱内等温化设计

根据构型设计,如±X面不可用情况下,散热面只能选择在载荷舱的±Y侧舱板,如前所述,±Y侧舱板散热能力差异非常大。若散热通道内部不采用等温化设计,或者两侧分成两个独立散热通道,姿态机动至某些极端位置时,必然会出现某一散热面散热能力大幅下降的情况,尤其是阳照区的散热面。针对此情形,可采用如图17-15所示的方法,构建一个大通量散热通道,即在载荷舱±Y侧两个散热面之间布置基于预埋多根热管的导热连接板,强化+Y侧与-Y侧载荷舱内的热交换,提高系统换热能力和散热通道散热能力,这种导热板可根据需要布置多个。

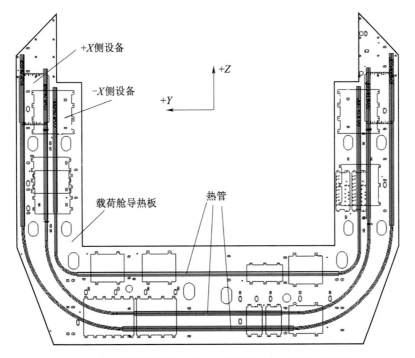

图 17-15 载荷舱散热通道内部等温化设计措施示意图

3. 设备热均衡布局设计

通常,低轨遥感卫星的轨道周期为 90～100 min,成像载荷和对地数传工作约 15 min,在布局设计中不仅要考虑供电、高速数据传输、射频通道等链路性能,以及质量特性分布和稳态功耗分布,还要考虑短期功耗均衡性,特别是相机、数传等大功耗数据处理与传输设备。

4. 载荷舱散热面确定方法

载荷舱散热面设计方法与电子舱设计相同,但载荷舱内短期工作设备的功耗采用轨道平均值来计算。如某卫星载荷舱长期热耗为 520 W,短期功耗约为 2 000 W,载荷在轨工作时间按 35 min 计,散热面选择在载荷舱的±Y 侧舱板,采用电子设备直接安装在散热面的散热方式,如图 17-13 所示,散热面温度按照 20 ℃来设计,则需要约 5.5 m² 散热面积。当载荷长时间不工作时,载荷舱热功耗为 520 W,估算散热面温度约为－14.6 ℃,预计舱内设备温度在 0 ℃～10 ℃之间。紧急姿态情况下,估算散热面温度约为－29.7 ℃,预计舱内设备温度在－10 ℃～0 ℃之间。如果采用热量通过辐射传到散热面的散热方式,如图 17-14 所示,可减少姿态机动时外热流的影响,但会增加设备与散热面之间的热阻,导致对散热面面积的需求增加。

5. 短期大功耗设备的瞬态热设计分析

$$C_i \frac{\mathrm{d}T_i}{\mathrm{d}t} = \sum_j \varepsilon \sigma B_{ij} A (T_i^4 - T_j^4) + \sum_k k_k (T_i - T_k) + Q_{\mathrm{in},i} \quad (17\text{-}24)$$

式中,T_i 为设备温度,T_j 其他辐射节点温度,T_k 为其他相关导热节点温度,$Q_{\mathrm{in},i}$ 为设备自身热耗,t 为时间,C_i 为设备热容。如果不考虑设备与周边的换热,最恶劣条件下温升为:

$$\delta T_i = (Q_{\mathrm{in},i} \cdot \delta t)/C_i$$

对于载荷舱某关键单机——数据处理器,其短期热功耗约为 260 W,轨道平均热耗为 41 W,平均热耗相对较小。其热容按 12 000 J/K 计算,则开机 15 min 后最大温升约为 19.5 ℃,温升非常明显。因此,对于短期工作大功耗设备,瞬态热控设计十分关键。在设备安装板内预埋热管,将长期工作和短期工作设备进行热耦合关联,减小设备之间温差,抑制瞬态温升,即利用设备、舱板、其他设备的热容共同抑制瞬态温升,经估算,可将温升从 19.5 ℃降低到 10 ℃以下。

6. 载荷舱补偿加热设计分析

由于载荷舱内大部分电子设备为短期工作，对于高分辨率遥感卫星来说，短期工作功耗非常大，热控设计必须保证载荷工作时设备温度满足使用要求，散热面通常很大，然而，当载荷不工作时出现舱内设备温度太低，超出设备低温储存要求，这时，需要进行电加热补偿设计。

17.8.6 推进舱热控设计

推进舱主要装载推进系统的燃料贮箱、推力器组件、管路、自锁阀/压力传感器等产品，如图 17-16 所示。为了提高卫星轨道机动能力，推进舱采用分舱结构，如图 17-17 所示。通常，推进系统属于短期工作系统，在入轨初期、卫星在轨轨道保持和应急轨道机动时工作，其他时间不工作，并且系统工作时除推力器外，其他部件热耗很小。由于目前的单组元或双组元推进剂在 2 ℃时会冻结，因此，推进舱热控设计的主要任务是保温设计；其次是因外热流分布不均的影响，舱内需要等温化设计，并进行推力器和管路分布式主动控温及其电加热回路优化设计。

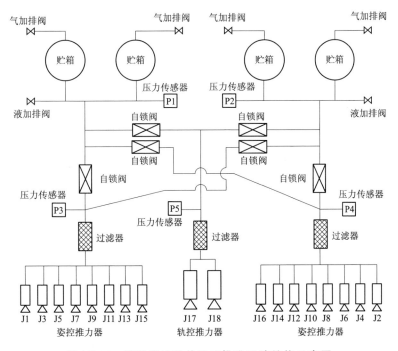

图 17-16 某遥感卫星单组元推进系统结构示意图

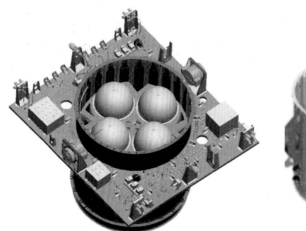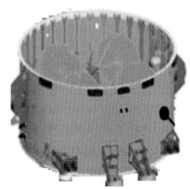

图 17-17　推进舱示意图

推进剂贮箱处于推进舱中间部位，通过大型支架安装，其温度水平主要受推进舱整体温度水平影响。管路系统通过小型支架直接安装到卫星各个舱板上，受卫星舱板温度波动影响，可能存在温度的剧烈变化。推力器喷口位置曝露于卫星之外，受空间环境影响较大，并且推力器工作时，其羽流温度可能达到 900 ℃，因此除了保温之外，还要避免推力器热回浸。

基于上述分析，按照保温需求，在结构-热控设计时，为舱内的推进系统布置了两级保温措施。首先，在推进舱面向宇宙空间的外表面设置多层隔热组件作为一级隔热措施，减少舱板漏热，提高推进舱内部整体温度水平。其次，在各个燃料贮箱、推进管路、阀门等部件上采用低热导率材料作为支架，使推进系统所有部件与星体结构件导热隔离，采用多层隔热组件包覆推进系统部件，隔离热辐射。为减少主动补偿功率，推进舱与电子舱之间导热安装，并且隔板两面均喷涂高发射率热控漆，通过电子舱的热量，提高推进舱温度水平。

在两级保温的基础上，在推进系统管路和燃料贮箱的各个部位均布置了主动控温回路，对漏热进行补偿。多层漏热可以按照式（17-25）和式（17-26）估算：

$$Q_{in} = \varepsilon_{eff} \cdot \sigma \cdot A \cdot (T^4 - T_s^4) \tag{17-25}$$

$$Q_{in} = \varepsilon_s \cdot \sigma \cdot A \cdot (T_s^4 - T_0^4) - Q_{orbit} \tag{17-26}$$

式中，ε_{eff} 表示多层的当量辐射系数，取值为 0.03～0.05；A 为多层表面积；T_s 为舱外多层表面温度；T_0 为舱外冷空间温度。

推力器的热控设计较为复杂,一般用低热导率的钛支架与星体隔热。推力器的催化床及喷口前面位置用多层隔热材料包覆,使推力器在点火前的热量损失减到最小。为防止热回浸,推力器支撑一般采用低热导率、轻量化的不锈钢管状支架。燃料要经过细长的不锈钢管路传输到相连的管路上。点火时及点火后,喷管和催化床非常热,但绝大部分热量都辐射到空间,尽可能减少热量通过导热回传到电磁阀等部件上。推力器不工作时,需进行主动加热,以避免温度过低。根据推力器高温多层漏热、导热漏热和喷口辐射散热量分析,每台推力器加热功率为 1.5 W,加热位置为催化床附近。

17.8.7　热控系统仿真分析与试验验证技术

热分析和热试验是验证卫星热控设计正确性的重要手段。卫星热控系统设计完成后,首先要进行热分析。通过数学仿真方法进行热控系统优化设计,再进行整星热平衡试验验证,确保热控系统设计的正确性,同时通过整星热平衡试验数据,可以对热分析模型进行模型和参数修正,提高模型预测精度。

1. 热分析物理模型描述及其简化原则

热分析物理模型需依据卫星的总体构型、设备布局、结构装配关系、设备外形,关联设备或结构的工作模式、发热特性、热物性等参数,结合卫星热控设计状态构建。数值分析过程中的轨道参数、卫星姿态、冷空间边界条件等信息则依据实际情况设置。工程上,通常采用差分法求解。按照卫星实际结构和设备布局情况,建立有限差分模型。由于卫星结构复杂,星上设备众多,理论建模时需要进行合理简化,如忽略卫星结构的一些小孔、螺钉等不影响分析结果的附属结构、各设备之间电缆的换热影响等。

对于高精度遥感卫星,星敏感器、相机等高精度控温部件不能简化,需与整星进行集成分析,以保证部件和卫星热仿真结果的有效性。图 17-18 是采用 Thermal Desktop 软件构建的某卫星本体及相机热分析模型。

2. 热分析模型数学描述

根据能量守恒原理,以节点表示的卫星在轨温度模型用式(17-27)的热网络方程表述:

$$m_i c_i \frac{\mathrm{d} T_i}{\mathrm{d} t} = \sum_j D_{ij}(T_j - T_i) + \sum_j E_{ij}\sigma_0(T_j^4 - T_i^4) + Q_{i,p} + Q_{i,\text{orbit}}$$

(17-27)

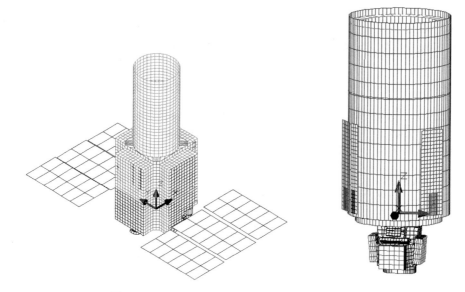

图 17-18　卫星及相机组合体热分析模型示意图

式中，D_{ij} 为节点间的热传导网络系数，E_{ij} 为节点间热辐射网络系数，$Q_{i,p}$ 为节点 i 的热功耗，$Q_{i,\text{orbit}}$ 为节点 i 吸收的空间外热流，$m_i c_i$ 为节点 i 的热容量。

对于热传导网络系数 D_{ij}，若对于在同一块材料上的两个节点热传导：

$$D_{ij} = \frac{\lambda A_\lambda}{L_{ij}}$$

式中，L_{ij} 为节点间的距离，A_λ 为垂直于导热方向上的截面面积，λ 为导热系数。

对于处于两个不同物体连接情形上的节点之间的传热：

$$D_{ij} = h A_h$$

式中，h 为两个物体之间的接触换热系数，A_h 为两个物体的接触面面积。

对于空间两节点间的热辐射网络系数 E_{ij}：

$$E_{ij} = B_{ij} \varepsilon_i A_i$$

式中，ε_i 为节点 i 发射率，A_i 为节点 i 的有效辐射面积，B_{ij} 为综合辐射交换因子。

考虑由 N 个表面组成的包壳，如图 17-19 所示。表面 k 对其余全部表面的净辐射换热量为 q_k：

$$q_k = A_k (q'_{ok} - q'_{ik})$$

式中，A_k 为表面 k 的面积，q'_{ok} 为表面 k 的有效辐射密度，q'_{ik} 为表面 k 的入射辐射密度。

$$q'_{ik} = \sum_{j=1}^{N} F_{k,j} q'_{o,j}$$

式中，$F_{k,j}$ 为表面 k 对表面 j 的角系数，$q'_{o,j}$ 为表面 j 的有效辐射密度。

$$q'_{ok} = \varepsilon_k \sigma_0 T_k^4 + (1-\varepsilon_k) q'_{ik}, \quad 1 \leq k \leq N$$

则，对于包壳中的 N 个表面，每一个表面都可以写出如式（17-27）的方程，通过求解 N 个方程组成的方程组，即可求得表面 k 对其余全部表面的净辐射换热量 q_k。以行列式方式表达：

$$q_k = \sum_{j=1}^{N} A_k B_{k,j} \sigma_0 (T_k^4 - T_j^4)$$

$$B_{k,j} = (-1)^{(k+j)} \frac{\varepsilon_k \varepsilon_j}{1-\varepsilon_k} \times \frac{|D|_{j,k}}{|D|}$$

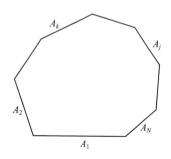

图 17-19 N 个表面组成的包壳

式中，$|D|$ 为行列式；$|D|_{j,k}$ 是将行列式 $|D|$ 中第 j 行，第 k 列去掉后得到的行列式。$|D|$ 的表达如下：

$$|D| = \begin{vmatrix} (1-\rho_1 F_{1,1}) & -\rho_1 F_{1,1} & \cdots & -\rho_1 F_{1,j} & -\rho_1 F_{1,k} & \cdots & -\rho_1 F_{1,N} \\ -\rho_2 F_{2,1} & (1-\rho_2 F_{2,2}) & \cdots & -\rho_2 F_{2,j} & -\rho_2 F_{2,k} & \cdots & -\rho_2 F_{2,N} \\ \vdots & \vdots & & \vdots & \vdots & & \vdots \\ -\rho_j F_{j,1} & -\rho_j F_{j,2} & \cdots & (1-\rho_j F_{j,j}) & -\rho_j F_{j,k} & \cdots & -\rho_j F_{j,N} \\ -\rho_k F_{k,1} & -\rho_k F_{k,2} & \cdots & -\rho_k F_{k,j} & (1-\rho_k F_{k,k}) & \cdots & -\rho_k F_{k,N} \\ \vdots & \vdots & & \vdots & \vdots & & \vdots \\ -\rho_N F_{N,1} & -\rho_N F_{N,2} & \cdots & -\rho_N F_{N,j} & -\rho_N F_{N,k} & \cdots & (1-\rho_N F_{N,N}) \end{vmatrix}$$

行列式 $|D|$ 中，$\rho = 1-\varepsilon$。热分析模型中，综合辐射交换因子 B_{ij} 的计算方法与上述包壳辐射交换因子 $B_{k,j}$ 计算过程类似。经简化可按下式计算：

$$B_{i,j} = F_{i,j} \varepsilon_j + \sum_{k=1}^{N} \rho_k F_{i,k} B_{k,j}$$

3. 热工况选择

高分辨率遥感卫星工作模式很多，涉及因素非常复杂，如前面所述，卫星的外热流和内热源是卫星温度的直接影响因素。其中，卫星内热源与星上设备的工作模式相关，到达卫星表面的外热流与卫星的轨道、姿态情况相关，卫星表面对到达外热流的吸收情况与星表涂层的热性能相关。热分析工况需根据上述的若干相关因素，综合选择。

卫星入轨初期，星表热控涂层处于最佳性能状态（α_s 最小），由于此时卫星进行在轨测试，载荷很少或者不开机，卫星处于低温状态，即卫星处于正常飞行情况下的温度最低工况。卫星寿命末期，星表热控涂层因性能退化，处于最差状态（α_s最大），此时，若卫星处于最大热耗工作模式，则整星将处于高温状态，即卫星处于正常飞行高温工况。

由于高分辨率卫星的姿态机动，可能导致外热流剧烈变化，使得卫星温度超出正常姿态下温度，需进行卫星姿态机动情况下的温度复核计算。高温校核工况除了卫星姿态根据外热流分析确定最严酷姿态外，其他条件选择均与正常姿态选择一致。

卫星需要考虑可能发生故障，特别是紧急工况，即卫星姿态调整到能源最安全姿态，以保证卫星生存，同时为进一步减少能源消耗，星内设备可能大部分处于关机状态。因此，这也可能是一个低温工况。此工况主要是考核星上设备的最低温度情况，以确认星上产品是否安全，如推进管路是否冻结、蓄电池是否严重超出安全范围等。

4．卫星热分析结果

遥感卫星通常依据低温、高温、紧急等典型工况进行卫星热控系统设计和仿真，包括极端高温的姿态机动工况。推进舱通过合理的保温设计，外热流对舱内影响小，因此燃料贮箱温度控制在 22 ℃～25 ℃之间，长期姿态机动的极端情况下，最低温度通过控温功率补偿，保持在 20.7 ℃以上。载荷舱采用偏低温设计，充分利用长期工作设备的热量对舱内进行热补偿，低温工况情况下短期工作设备温度控制在 0 ℃～5 ℃范围，长期工作设备在 5 ℃～10 ℃。高温工况条件下，最高温度保持在 35 ℃以内，保证了足够的温度上限余量，如图 17-20、图 17-21 所示。

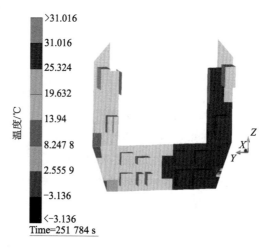

图 17-20　卫星载荷舱高温工况温度情况（$-X$ 侧）

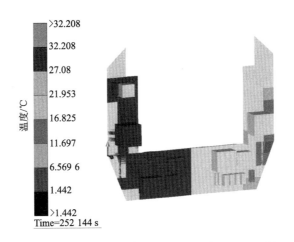

图 17-21　卫星载荷舱高温工况温度情况（+X 侧）

电子舱一般设备由于以长期工作设备为主，在高温、低温工况下，温度均维持在 10 ℃～35 ℃。而蓄电池由于采用独立散热通道和主动控温设计，几乎不受电子舱内部热源及空间外热流变化的影响。因此，在各种工况条件下，蓄电池温度均能控制在 2 ℃～3 ℃。

5．卫星热平衡试验验证

热控系统的设计验证主要通过整星热平衡试验验证，其试验目的是通过热平衡试验获得的温度数据，验证热控系统维持整星设备在其规定的工作温度范围内的能力，验证正样阶段整星热设计的正确性，以及验证热控产品的功能性能；同时，通过热平衡试验获得的数据检验和修正整星热分析模型。卫星热平衡试验的温度数据，还可以作为热真空试验的温度拉偏基准温度。

遥感卫星的高温试验工况一般采用瞬态试验方法，按照轨道圈次进行试验，以数个轨道圈次作为一个试验周期，同一个试验周期内的各个轨道圈次，卫星的工作模式不同。试验是否达到周期平衡状态，需要检查每个试验周期的对应时刻是否满足平衡试验的判据要求。低温和应急工况按照稳态试验方法执行。

低温和应急工况设置与热分析工况低温和应急工况设置一致。对于试验高温工况，由于采用瞬态试验方法，需要运行数个轨道周期，考虑到试验的经济性，通常会对热分析的高温工况进行调整，减少每个大周期内的轨道圈次，以减少试验时间。

相比热分析结果，试验结果一般偏低 2 ℃～4 ℃，主要是由于设备热耗值

与实际值偏差、试验中外热流加载偏差、导热/辐射传热系数取值偏差导致。卫星入轨后，正常工作情况下短期工作设备很少出现长期不工作的状态，因此，热分析和热试验确定的低温工况很少出现，在轨温度通常高于热试验低温工况结果，也高于热分析低温工况结果。

17.9 微波遥感卫星恒温舱设计

基于 SAR 成像体制的高分辨率微波遥感卫星平台服务系统配置和热控系统要求与光学遥感卫星基本相同,但其微波信号处理设备由于数据处理需要,提出了严格的控温要求,主要是温度梯度和温度稳定度的要求。本节重点讨论某 SAR 遥感卫星的恒温舱热控设计,介绍此类恒温舱的热设计方法。

卫星配置了 18 台中心接收机,用于对微波信号进行处理,为保证数据处理精度,设备工作温度要求为 10 ℃～40 ℃,温度稳定度要求≤±0.1 ℃/8 天。每台中心接收机热耗为 12 W,设备为长期工作模式。同时,各中心接收机温度应尽可能一致。

与蓄电池热控设计类似,由于中心接收机温度稳定性要求高,与卫星舱内其他设备工作温度要求有明显差异,因此,需构建独立的散热通道。根据设备等温性和温度稳定性需求,恒温舱热控设计的主要任务是抑制外热流波动,隔离舱内热环境和设备工作状态变化对其影响,恒温舱内部采取等温化设计,以提高舱内温度稳定性。

卫星为降交点地方时 6:00 am 的太阳同步圆轨道卫星,轨道高度为 643 km。根据计算分析,给出最小轨道 β 角、最大轨道 β 角及最大太阳常数时各个舱板表面到达的外热流情况,如表 17-3 所示。

可以看出，+Y侧外热流情况最为稳定，散热面需布置在卫星+Y侧。但是+Y侧外热流也不是完全稳定的，随轨道β角变化，有一定波动，β角最小时，地球反照热流平均值最大，为14.3 W/m²。

表17-3 到达外热流情况分析

单位：W/m²		$-X$	$-Y$	$-Z$	$+X$	$+Y$	$+Z$
12月23日（太阳常数接近最大）	太阳	116.4	1 363.8	116.2	116.4	0	116.6
	反照	20.7	17.8	0	2.9	4.6	30.9
	红外	110.4	56.2	0.2	15.6	56.3	164
6月21日（β角最小）	太阳	164	944.6	234.3	233.1	0	113.5
	反照	39.6	25.8	0.1	5.5	14.3	59
	红外	107.3	54.2	0.2	16.1	54.6	163.3
10月15日（β角最大）	太阳	2.4	1 374	2.4	2.4	0	2.4
	反照	8	13.2	0	1.3	0	11.6
	红外	108.1	53.6	0.2	15.5	55.5	159.8

散热面选择铈玻璃镀银二次表面镜，寿命末期$\alpha_s=0.25$，以β角最小时的外热流数据作为设计依据，散热面在0℃时+Y侧散热能力约为202.6 W，则散热面面积为1.07 m²，散热板基板为15 mm铝蜂窝板，取中心接收机隔舱的有效散热面积为2 m²，对应的各中心接收机平均温度约为25.6℃。

为减少周围环境温度变化对设备温度的影响，整星构型和布局设计时，将中心接收机集中布置在一个小舱内，将该小舱设置为独立隔舱，与卫星其他舱段进行隔热设计（图17-22）。为减少漏热影响，将散热面所在舱板与小隔舱

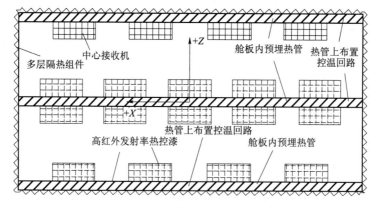

图17-22 中心接收机恒温舱热控设计示意图

其他舱板隔热安装。为控制各台中心接收机之间的温差最小，设备安装舱板内部预埋热管，舱内所有表面喷涂高发射率热控涂层，同时采取高精度主动控温，回路控温阈值为 [26.9 ℃，27.1 ℃]。

为抑制散热面外热流变化，散热面舱板内部预埋热管，并布设高精度控温回路。通过外热流瞬态分析，β 角最小时散热面上到达的地球反照热流最大值为 41 W，而控温回路功率为 20 W，控温余量大于 40%。该热控方案可将中心接收机温度波动控制在 ±0.1 ℃ 范围内，并且可在轨调整控温阈值中心温度。

17.10 大型光学相机热控设计

大型光学载荷热控设计难点在于大口径遮光罩及前镜筒保温，相机主镜、主镜安装框等光机结构的高精度温度控制，相机焦面大热耗电子设备热量排散，相机CCD器件的温升抑制问题。下面重点介绍某相机热控设计。

17.10.1 光机主体热光学特性分析

相机采用三反同轴光学系统，焦距10.8 m，口径1 070 mm，分辨率0.5 m。相机光机结构由前镜筒、承力结构及光学镜片组成，参见图17-23。光机结构主要用于固定光学镜片，并与光学镜片一起组成相机光路。光学镜片温度不均匀或者其固定结构温度不均匀，都会导致镜片因热应力变形。光学镜片变形会引起入射光线畸变，导致成像质量下降。经热光学分析，为了满足设计要求，相机光学镜片以及直接固定镜片的光机结构，工作温度需控制在19 ℃～21 ℃之间，成像期间温度波动需小于±0.3 ℃。对于组成光路的前镜筒等结构，除要求温度控制在18.5 ℃～21.5 ℃之间，温度波动小于±0.3 ℃的要求外，还对各个方向的结构温差提出了不大于0.5 ℃的要求。

相机遮光罩没有温度要求，相机光机结构无发热器件。

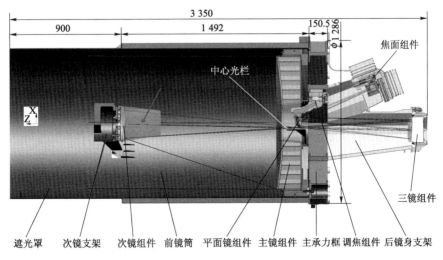

图 17-23　相机主体结构示意图

17.10.2　相机光机主体高精度、高稳定度热控设计

除前镜筒外，相机光机主体的温度水平要求均为 20 ℃±1 ℃，并且对温度均匀性、稳定性也提出了较高要求，为解决光机主体的高精度、高稳定度温度控制问题，主要热控设计思路是：保护光机结构系统的热稳定性，使其不受冷空间及外热流的影响。CCD 器件、焦面电路等发热器件与光机主体结构隔热设计，减少发热部件工作时对光机主体结构的影响。

1. 光机主体与冷空间隔热设计

前面已经介绍过，到达卫星附近的外热流在卫星各个表面有较大差异，并且不稳定，随卫星轨道和姿态运动变化。因此，对相机光机主体曝露于冷环境中的各表面，除入光口外，全部采取包覆多层隔热组件措施进行隔热设计，以减小冷空间环境对相机主体的影响，包括相机遮光罩内外表面、次镜支架、前镜筒内外表面、后镜身支架外表面、主承力框外表面等（图 17-24）。

2. 光机主体与卫星平台隔热设计

相机通过主承力框安装到卫星载荷舱支撑结构上，后镜身及焦面发热设备处于载荷舱内。为减小载荷舱对相机的热耦合影响，必须采取严格的隔热设计，主要包括在三镜框外表面、焦面电子设备外表面、焦面二拖支架内外表面

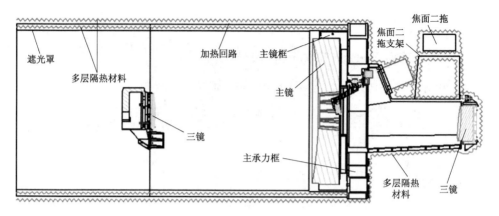

图 17-24 相机主体热控技术状态

包覆多层隔热材料，进行辐射隔热。在相机与载荷舱各个安装点处采取严格的安装隔热设计，最大限度削弱热传导影响。同时，在相机与载荷舱安装点两侧相机结构和载荷舱结构上均采取高精度主动控温，回路控温阈值接近，载荷舱一侧略低，通过降低温差方式减小安装应力的影响。

3．光机主体与焦面结构隔热设计

由于高分辨率相机焦面成像电路热功耗很大，直接安装在相机主结构上，会导致相机主体结构上产生较大温差。因此，相机光机主体与焦面成像电路必须采取严格的隔热设计，即CCD及其拼接基框与后镜身、焦面成像电路与安装支架、积分控制电路与后镜身之间均采取多层辐射隔热，所有安装点均采取热传导隔热。

4．相机内光路结构等温化设计

为提高相机光路结构之间的温度均匀性，同时满足相机光学消杂光的要求，对相机光路上的主要结构，包括次镜支架、次镜框、主镜框、遮光罩内侧、前镜筒内侧、后镜身支架、焦面组件等，进行表面发黑处理，以强化相机内部的辐射换热。

5．相机补偿加热功率确定

由于相机入光口直接对冷空间，因此相机光机主体的补偿加热功率主要取决于相机口径。根据相机入光口能量平衡方程，可确定出其基本补偿加热功率,可由式(17-28)确定。

$$Q_e = \varepsilon_e \sigma A_e (T_e^4 - T_0^4) - Q_{\text{orbit},e}$$
$$Q_{\text{orbit}} = \alpha_s (S_{+X} + q_{\text{al}\_+X}) A_e + \varepsilon_h q_{e+X} A_e \qquad (17\text{-}28)$$

式中,ε_e 为相机入光口等效发射率,取值为 1.0;A_e 为相机入光口面积;T_e 为相机入光口的等效温度;T_0 为冷空间温度;$Q_{\text{orbit},e}$ 为相机入光口吸收外热流。

如前所述,相机入光口直接对地面,入射外热流很大,特别是地球红外和反照,而且入光口的太阳、地球辐照热流几乎全部吸收,导致其吸收的空间外热流很大。卫星大角度姿态机动、卫星紧急姿态时相机入光口外热流则出现大幅度减小。因此,相机电补偿加热功率确定需要考虑卫星在轨正常工作模式和一些极端工况进行综合设计。对于正常飞行姿态下的对地定向模式,其吸收外热流约为 350 W/m²;而对于紧急情况下的对日定向模式,其吸收外热流显著降低,对于大口径相机,需要补偿加热功率巨大,而且是消耗长期电功率。

6. 高精度主动控温及其加热回路优化设计

相机前镜身及其入光口直接面对冷空间,直接受太阳直照、地球红外和反照影响,加上各种卫星姿态机动,热环境非常恶劣,导致大口径、长焦距相机实现高精度、高稳定度、小温度梯度的热控设计难度极大。因此,对相机实施高精度主动热控是必不可缺少的环节。此外,由于卫星大角度姿态机动和外热流联合作用,导致相机前镜身内部外热流分布特性变化剧烈,特别是入光口前端的光机结构和次镜及其支撑结构,而且它们的控温精度、稳定度和梯度对相机成像质量影响极大。根据相机主体构型及其结构连接关系,以及姿态机动时相机内部外热流分布特性,对控温回路设置及其加热补偿功率分配进行优化设计。

对于前镜筒,由于尺寸大,直接面向冷空间,控温回路布置时,针对外热流情况,将被控对象进行合理分区和设置加热功率,一方面抑制入光口低温和温度梯度(受冷空间影响),另一方面抑制卫星姿态机动造成外热流变化的影响,提高温度均匀性,最大限度减小卫星姿态机动对其温度稳定度的影响。对于遮光罩,虽然没有温度要求,但其热设计十分重要,通过对遮光罩主动补偿加热和控温调节,可有效抑制冷空间和外热流对相机的热影响,同时减小前镜筒对遮光罩的漏热。对于三反同轴相机,次镜及其支撑结构直接面向冷空间,其热控设计十分关键,通过主动热控,但要严格避免对敏感结构直接加热,利用辐射换热间接加热,可显著提高被控对象的温度均匀性。主镜、三镜安装在后镜身,受冷空间和外热流影响相对较小,但尺寸大、控温精度和稳定度要求高,因此,其主动控温回路设置及其功率分配需要优化设计,同样要避免对敏感结构直接加热,以提高被控对象的温度均匀性。

17.10.3 探测器及成像电路热特性分析

相机的成像质量除了与相机本身的机-电-热性能相关外,CCD 器件的温度控制也是一个关键指标,直接影响信噪比的数值。理论上 CCD 器件的温度每升高 6 ℃～9 ℃,其成像时暗电流将增大一倍。

高分辨率相机要求 CCD 器件的温度控制在常温附近,如 10 ℃～35 ℃ 范围,工作期间温升不超过 10 ℃ 等。相对敏感的相机可能要求 CCD 工作在 5 ℃ 以下,如 −15 ℃～5 ℃。空间红外 CCD 光学遥感器对 CCD 器件要求的温度一般都相对较低,多控制在 −70 ℃～−10 ℃ 范围内,甚至更低;另一方面,CCD 器件本体的温差对于拼接长度较长的焦平面组件也是一个重要因素,通常温差不超过 3 ℃。

相机主体结构如图 17-23 所示。相机共 6 片 CCD 器件,安装在焦面拼接基框上,工作时热耗为 5W/片,焦面电子设备包括 3 台焦面一拖、3 台焦面二拖及 1 台积分电路,总热耗约 285 W。要求 CCD 器件工作温度为 12 ℃～18 ℃,焦面电子设备温度<25 ℃,各片 CCD 之间温差不能大于 2 ℃。

相机采用短期工作模式,单次成像最长工作时间不超过 15 min,工作时长一般为几秒或者几十秒。

17.10.4 探测器及其焦平面热控设计

1. CCD 热控设计

CCD 安装在焦面拼接基框的两个侧面,随后镜身一起布置在载荷舱内部。CCD 器件工作时,总热耗为 30 W,最长仅工作 15 min。CCD 器件热容很小,工作时器件温升很快。载荷舱内环境温度预计可高达 30 ℃,因此,必须为 CCD 设置独立散热通道。

由于卫星构型限制,只能将散热面布置在 +X 和 +Y 侧,散热面受到来自 +X 和 +Y 方向的外热流影响。根据第 17.4 小节分析,卫星滚动 +45°时,+X 和 +Y 侧散热面外热流最大。CCD 器件总热耗为 30 W,为了适应卫星大角度姿态机动需求,在 CCD 器件不工作时,拟提供约 30 W 补偿电加热功率,保持器件温度稳定并具有较大温度余量。依据式（17-21），散热面为 -5 ℃时，散热面积约 $0.32\ m^2$。

焦面 CCD 器件热控设计见图 17-25，散热通道内部采用热管完成热传输。在 CCD 背部安装小型热管，小热管引出后安装在 CCD 大热管上，并通过 CCD 大热管引出到星外散热面，组成 CCD 器件→小热管→大热管→相机 CCD 散热面的散热通道。散热通道上，CCD 小热管与大热管组合体与焦面拼接基框隔热安装，热管表面也需与周围环境隔热设计。

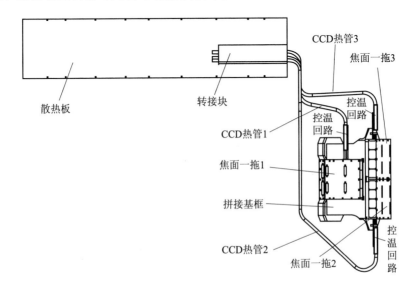

图 17-25　焦面 CCD 器件热控设计

根据传热路径的热阻分析，预计 CCD 器件温度约为 10 ℃。光照区时，散热面最大吸收外热流约为 250 W/m²，散热面平衡温度约为 0 ℃。若不考虑 CCD 器件向散热面的传热，即 CCD 工作时其全部热量用于自身的温升，CCD 工作 15 min，其最大温升为 11.3 ℃，CCD 最高温度为 21.3 ℃。当考虑 CCD 对散热面的传热时其温升不会超过 8 ℃。

2. 焦面成像电路热控设计

焦面成像电路热控设计要求与一般电子产品相同，但其功耗较大，而且安装在相机最深处，受安装位置限制，可采用的热控手段十分有限。其热控设计与 CCD 探测器热控设计类似，同样在星外选择散热面，并采用热管将热量传输到散热面，尽可能减小传热路径的热阻，提高焦面成像电路的热排散能力。但由于整星布局的限制，散热面只能选择在卫星 $+X$ 和

—Y 侧。根据分析，散热面面积约为 0.42 m²，最低温度约为 10 ℃，最高约为 23 ℃。

17.10.5 相机设计结果验证

相机主体光机结构温度如图 17-26 所示，相机光学镜头情况如图 17-27 所示。通过等温化、热隔离设计，均具有较高的温度精度，能够满足相机使用要求。

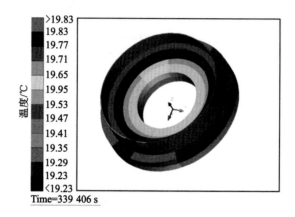

图 17-26 相机光机主体温度云图

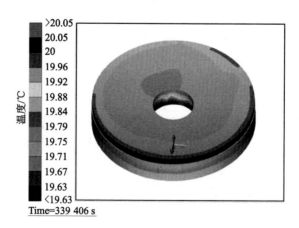

图 17-27 相机主镜温度云图

CCD 器件及相机拼接基框温度情况见图 17-28，独立散热通道设计、隔热设计等设计措施，保证了各 CCD 器件支架的等温性，并且也保证了在安装结构温度在 20 ℃时，CCD 器件能够保持在 13 ℃附近。

第 17 章 遥感卫星热控系统设计与分析

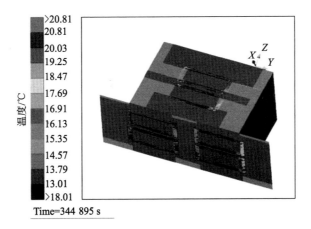

图 17-28 相机拼接基框及 CCD 器件温度

17.11 大型微波载荷热控设计

大型微波成像载荷热功耗大，空间热环境复杂，温度控制要求高，热控设计难度大。本节以某卫星 SAR 天线为重点，简要介绍大型微波载荷热控设计。SAR 天线热控设计难点在于复杂外热流环境适应性设计、大尺寸天线阵面等温性控制，以及天线上大热耗电子设备热量排散问题。

17.11.1 大型 SAR 天线热特性分析

该卫星 SAR 天线采用可折叠二维有源相控天线阵体制。天线有效电口径尺寸约为 15 m（方位向）×1.45 m（距离向），沿方位向分成独立的 4 块面板。天线展开后位于卫星的 +Z 侧，波导对地，电子设备安装在背地面，如图 17-29 所示。

SAR 天线面板包括波导、天线安装板、T/R 组件、阵面二次电源、波控单元、延时放大组件、馈电网络、框架、展开机构等，如图 17-30 所示。每块天线面板由 6 个模块组成，全阵面共有 24 个模块。

SAR 天线的工作模式，包括聚束、超精细条带、精细条带、全球观测等 12 种成像模式。其中热耗最大模式组合为：聚束模式成像 10 min，再进行 5 min 超精细条带模式。聚束模式下，单面板热耗为 2 954.1 W。超精细条带模式下，单面板热耗为 2 369 W。

第 17 章　遥感卫星热控系统设计与分析

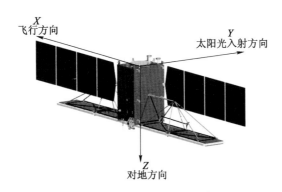

图 17-29　SAR 天线结构示意图

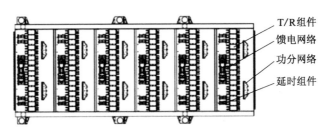

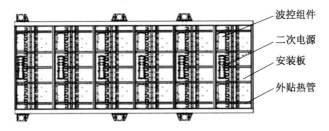

图 17-30　天线面板构型示意图

对于 SAR 载荷系统，一般电子设备的温度指标为 $-20\ ℃\sim +45\ ℃$，波导天线、电缆的温度指标为 $-50\ ℃\sim +60\ ℃$。对于大型相控阵天线，为了保证高分辨率 SAR 成像性能，对其天线阵面温度梯度有严格要求，通常频率越高对其温度梯度要求也越高，这里的热控设计要求为单模块内温度梯度 $\leqslant 7\ ℃$、全阵面内温度梯度 $\leqslant 10\ ℃$。对于这种大型展开天线，完全裸露在深冷空间，同时受各种复杂外热流作用，可用的热控设计措施受限，导致热控设计难度很大。

17.11.2 天线热控设计状态

卫星采用太阳同步圆轨道，轨道倾角 98.4°，轨道高度 756 km，降交点地方时为 6:00 am。卫星通过姿态机动实现左侧视和右侧视成像，左侧视卫星绕 $+X$ 轴转动 31.5°，右侧视卫星绕 $+X$ 轴转动 $-31.5°$。卫星长期不工作时，采用 $+Z$ 对地飞行姿态。

1. 天线阵外热流分析及散热面设计

SAR 天线采用平板有源相控阵天线形式，因天线构型限制，散热面必须设置在 $+Z$ 侧。为便于天线热控实施，散热面类型选择喷涂白色热控漆，$α_s = 0.45$（末期，与寿命和轨道相关），$ε_h = 0.87$。根据计算，到达外热流情况如表 17-4、表 17-5 所示。

表 17-4　左侧视各方向到达外热流

单位：W/m²		$-X$	$-Y$	$-Z$	$+X$	$+Y$	$+Z$
2月27日（β角最大）	太阳+反照	20.2	1 185.9	0.0	19.9	1.1	743.5
	红外	53.3	12.2	0.1	52.3	113.9	165.4
6月21日（β角最小）	太阳+反照	227.5	856.5	0.5	218.2	25.5	446.8
	红外	50.6	11.6	0.1	49.7	108.2	157.0
10月10日（β角最大）	太阳+反照	18.6	1 166.6	0.0	18.3	1.1	731.2
	红外	52.4	12.0	0.1	51.5	112.1	162.6

表 17-5　右侧视各方向到达外热流

单位：W/m²		$-X$	$-Y$	$-Z$	$+X$	$+Y$	$+Z$
2月27日（β角最大）	太阳+反照	20.0	1 201.6	725.9	20.0	0.0	5.5
	红外	54.2	112.2	0.1	52.0	12.8	163.0
6月21日（β角最小）	太阳+反照	224.1	777.0	582.3	219.4	1.5	42.9
	红外	51.5	106.5	0.1	49.4	12.2	154.8
10月10日（β角最大）	太阳+反照	18.4	1 181.5	714.2	18.4	0.0	5.4
	红外	53.3	110.4	0.1	51.2	12.6	160.4

根据外热流分析结果，卫星左侧视姿态飞行，β 角最大时，到达 $+Z$ 侧的热流最大。采用最大热耗组合工作模式时，天线平均热耗 414 W。若散热面温度设置为 30 ℃，散热能力约为 416.6 W，则单面板需散热面面积 4.5 m²，整

个天线散热面积为 18 m²。预计 T/R 组件等电子设备温度为 5 ℃～40 ℃。经复核，天线阵面能够提供足够的散热面面积。

卫星右侧视姿态飞行，β 角最大时，到达 $+Z$ 侧的热流最小。天线保持不工作状态时，每面板需补偿约 510 W 热量，预计天线上电子设备温度为 -5 ℃～5 ℃。

2. 与冷空间隔热设计

天线在轨除受外热流影响外，还受到星体及太阳翼红外辐射影响。为减少环境对天线的影响，需将天线 $-Z$ 侧与环境隔热设计。

3. 天线阵面等温化设计

SAR 天线面板上安装了 T/R 组件等大量设备，各设备因发热量不同、安装面积不同，导致温度差异较大，为减少各面板上设备之间的温差，在安装板内预埋热管构建热管网络，进行等温化设计，如图 17-31 所示。

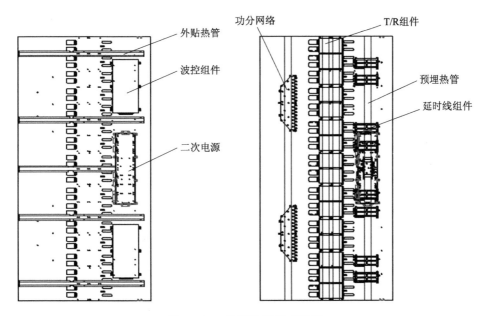

图 17-31 各模块热管布局图

4. 主动控温设计

为保证天线阵的温度在不工作时满足其温度要求，在 T/R 组件等大热耗组件的安装背面布置补偿加热回路，每个模块采取多路控温，其加热功率取决于

卫星遥感技术

散热面的大小和外热流分布,根据散热面设计和极端工况下外热流分析,每个模块采用 85 W 补偿加热可保证其温度控制在要求范围。整个天线阵面共 24 个模块,需要补偿功率 2 040 W。由于天线阵有明确的等温性需求,需采取高精度控温算法,各控温回路采取自主协同调控各加热回路加热功率,保证天线各面板、模块温度均匀性。

高精度遥感卫星的探测精度向厘米级前进的同时,伴随的是整星热耗的持续增加和对控温需求的不断提高。传统分散热控设计方式越来越难以满足卫星的控温需求,等温化设计、一体化设计等热量综合利用的热设计思路已经成为主流。与之相应的,除热管、铈玻璃镀银二次表面镜等传统热控产品之外,环路热管、流体回路系统、高效热控涂层等新型热控产品正在被广泛使用。除了设计思想和热控产品的发展外,基于各种先进控制算法的智能型的主动控温策略也正在成为研究热点。未来热控设计将主要以热量在卫星上的统一管理设计为主,并结合新型热控产品,智能型控温算法,实现热控设计的高可靠性、高精度、高稳定性。

参 考 文 献

[1] Jih-Run Tsai. Thermal Analytical Formulations in Various Satellite Development Stages [J]. AIAA 2002-3018, 2002.

[2] Tsai J R. Overview of Satellite Thermal Analytical Model [J]. Journal of Spacecraft and Rockets, 2004, 41 (1): 120-125.

[3] Collins R L. A Finite Difference Taylor Series Method Applied to Thermal Problems [J]. AIAA 88-2664.

[4] Hardgrove W R. Space Simulation Test for Thermal Control Materials, N91-19149, 1991.

[5] Rebis J J, Jeanne P. ESARAD-The European Space Agency's Relative Analyzer [C]. 21st International Conference on Environmental Systems, San Francisco, California, July 15-18, 1991; SAE paper 901373.

[6] SINDA/G USER'S GUIDE [Z]. Network Analysis Inc, 1996.

[7] 胡金刚, 潘增富, 闵桂荣. 具有周期热源变化的卫星不稳定热平衡试验方法的研究 [J]. 宇航学报, 1984, 7 (3): 8-13.

[8] 闵桂荣. 空间热流近似模拟方法研究 [J]. 宇航学报, 1981 (4): 1-10.

[9] 周培德. 计算几何——算法分析与设计 [M]. 北京: 清华大学出版社, 2000: 57-62.

[10] 宁献文, 张加迅, 江海, 赵欣. 倾斜轨道六面体卫星极端外热流解析模型 [J]. 宇航学报, 2008, 29 (3): 754-759.

第18章

遥感卫星微振动抑制与在轨监测技术

第 18 章 遥感卫星微振动抑制与在轨监测技术

18.1 概 述

航天器在轨运行期间,受到多种外力和内力的作用,这些作用力统称为航天器在轨力学环境,如图 18-1 所示。其中,一些作用力会引起航天器结构小幅度的交变应力或整体的小幅晃动,即微振动。

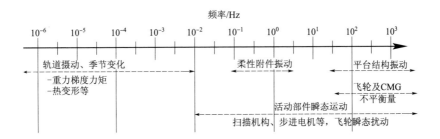

图 18-1 航天器在轨力学环境

卫星的微振动会导致空间遥感相机在成像过程中,光学系统的视轴(Line of Sight,LOS)指向发生抖动,从而造成成像质量下降。解决这一问题最直接的方法是针对振源或相机采取隔振措施,为相机创造一个"安静"的工作环境。近年来,国内在微振动领域的研究越来越丰富,在扰振源的建模与测试、星上微振动抑制方法、微振动对相机成像的影响分析、高精度高稳定控制技术等方面开展了大量的研究工作。

18.2 需求分析

对地观测卫星的地面分辨率越来越高，有效载荷对卫星平台稳定度的要求越来越高。影响卫星平台稳定度的一个主要原因是星上飞轮、制冷机、太阳翼驱动装置等含有运动部件的设备在工作时会产生频率分布很广的扰振，传递到有效载荷，即使极微小的抖动都会引起图像的模糊或扭曲。由于微振动，物像和焦面传感器存在相对运动，导致像移，进而造成图像的模糊或扭曲。微振动对成像质量的影响主要包括以下四个方面：

(1) 相机整体晃动造成视轴指向发生抖动，在焦平面形成像移；
(2) 相机内部各光学元件相对运动造成光路变化，在焦平面形成像移；
(3) 不同视场视轴晃动不一致，导致图像畸变；
(4) 相机光学元件发生微变形，造成波相差变化。

由于 TDICCD 技术的应用，成像过程中积分时间加长，曝光时间内振动引起的像移轨迹变长，更容易造成图像退化。如地面试验发现红外相机摆镜工作造成可见光相机成像质量下降（图 18-2），在轨运行发现太阳翼驱动机构工作造成可见光相机成像质量下降（图 18-3）。因此，微振动问题须在型号的方案阶段给予高度重视，并在初样和正样阶段进行全面的试验验证，否则难以保证上述各类高分辨率遥感卫星满足预定指标要求。从目前技术能力和国外发展趋势看，使用微振动减隔振技术是解决高分辨率遥感卫星微振动问题最有效的方法。

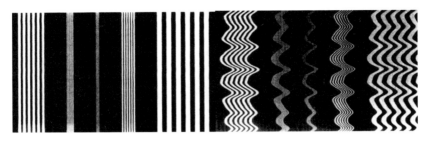

图 18-2　光学相机受扰响应前后图像对比（地面实测）

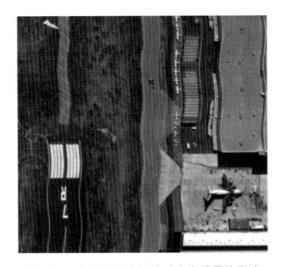

图 18-3　太阳翼驱动机构对成像质量的影响

随着遥感卫星技术的进步，微振动问题越来越突出，成为影响任务成败的关键：

（1）分辨率不断提高，遥感器对指向角度变化敏感度显著提升；

（2）卫星系统越来越复杂，星上微振动源越来越多，如控制力矩陀螺、天线驱动机构、扫摆镜等应用越来越广泛；

（3）卫星的机动性能要求高，不仅需要快速机动，还要求能够快速稳定，姿态控制执行部件的力矩输出能力不断增大，扰振幅度也越来越高；

（4）成像质量的需求不断提高，探测器的曝光时间也不断变长，TDICCD 和面阵成像器件广泛应用。

对于微振动问题，解决手段总体讲可分为两方面：一是降低振源输出能量，二是降低传递到敏感位置的能量。对高分辨率遥感卫星，第一种方法往往难度很大难以实现，或由于各方面限制导致不便改变。前者如动量轮等造成的微振动，主要是由于飞轮的质量不平衡造成。理论上如果没有质量不平衡，就

不会有动量轮造成的微振动。目前设备基本上达到了现有技术能力能实现的最小静不平衡度和动不平衡度。该指标任何一点提高都需要付出巨大代价。后者如红外相机摆镜造成的微振动。为实现足够大视场，必然采取类似措施。在各种条件约束下，红外相机摆镜设计是当时的最佳选择。因此解决高分辨率遥感卫星微振动问题的主要手段是改变能量传递，即减隔振技术。

18.3 载荷成像敏感度分析

根据载荷成像需求提出微振动环境指标要求,是开展微振动抑制设计的基础。近年来我国发射及在研光学遥感卫星角分辨率及积分时间如表 18-1 所示。

表 18-1 我国光学遥感卫星成像参数

型号	轨道高度/km	地面像元分辨率/m	角分辨率/($''$)	单级积分时间/ms
ZY-1-02C	778	2	0.58	0.351 2
GF-2	500	0.8	0.34	0.112
Superview-1	500	0.5	0.21	0.064

在振动对成像系统图像传函的影响分析方面,Holst 等人针对一些典型振动形式进行分析,形成了若干经典公式,主要包括线性运动、正弦振动、随机振动引起的 MTF 下降。

卫星微振动可以分解成 3 个方向的运动,即推扫方向(俯仰)和垂直推扫方向(滚动)以及沿光轴方向(偏航),其中偏航方向对振动的敏感度远低于俯仰和滚动方向。以相机在 N 级积分时间内微振动在焦面引起的俯仰和滚动方向像移为计算原则,分析俯仰、滚动 2 个方向微振动带来的影响,计算方法如下。

18.3.1 低频微振动对 MTF 影响分析

低频微振动对图像 MTF 的影响计算公式如下：

$$\text{MTF}(v) = \text{sinc}(\pi v d) = \text{sinc}\left(\frac{\pi}{2} d_{\max}\right) \quad (18\text{-}1)$$

式中，v 为采样频率；d 为像面上运动距离；$d_{\max}$ 为像元尺寸。由此可得不同的像移对图像传函的影响如表 18-2 所示。

表 18-2　低频微振动对图像 MTF 影响

对应像元数	0.1	0.2	0.3	0.4	0.5
MTF	0.996	0.984	0.963	0.935	0.900

综合高频、低频影响因素，要求低频微振动最大像移量 $d_{\max}$ 小于 0.2 个像元。由此可以求出滚动、俯仰方向微振动振幅要求。

以低轨 0.5 m 分辨率光学相机的需求为例，根据相机不同级数下的不同成像频率，对卫星的低频微振动在不同频段提出了幅值要求，具体要求如表 18-3 所示。

表 18-3　卫星低频微振动的振幅要求（滚动和俯仰方向）

频率范围/Hz	最大振幅（滚动、俯仰轴，角秒，P-P 值）			
	TDI 级数			
	16	32	48	96
0～1	6.528	3.264	2.176	1.088
1～2	3.264	1.632	1.088	0.544
2～10	0.652	0.326	0.218	0.11
10～30	0.218	0.11	0.074	0.038
30～81	0.082	0.042	0.03	0.021
81～100	0.066	0.036	0.026	—
100～122	0.054	0.03	0.022	—
122～163	0.042	0.024	0.021	—
163～244	0.03	0.021	—	—
244～488	0.021	—	—	—

18.3.2 高频微振动对 MTF 影响分析

卫星在某一工作级数下,当振动频率大于上表分析的取值范围时,即振动频率大于相机成像频率一半,可以认为微振动为高频微振动。高频微振动对图像 MTF 影响的计算公式如下:

$$\mathrm{MTF}(v) = J_0(2\pi v D) \tag{18-2}$$

式中,J_0 为 0 阶贝塞尔函数,v 为采样频率,D 为振幅幅值,由此可知,高频微振动对传函的影响如表 18-4 所示。

表 18-4 高频微振动对成像 MTF 影响

高频振动振幅/(″)	0.02	0.04	0.06	0.08	0.1
对应像元数	0.1	0.2	0.3	0.4	0.5
MTF 变化	0.975	0.903	0.79	0.646	0.471

针对某高分辨率资源遥感卫星的应用需求,其分辨率优于 0.5 m 的光学相机,对微振动要求为高频微振动传递至相机像面的相对幅度不大于 0.1 个像元,此时的振幅要求滚动和俯仰方向 D 小于 $0.021''$,偏航方向 D 小于 $0.684''$。

微振动的影响为 $\mathrm{MTF}_{微振动} = \mathrm{MTF}_{低频} \times \mathrm{MTF}_{高频} = 0.984 \times 0.975 = 0.959$。可见,在成像积分时间内,高频微振动相对低频稳定度,对图像 MTF 影响要大得多。因此,高分辨率光学成像卫星应针对星上振动源的频率特性、谐振特性进行系统分析和控制。

由此可见,遥感载荷的角分辨率越高,相同振动幅值造成的像移就越大,图像就越模糊;曝光时间越长,高低频划分的界限越低,成像质量对微振动的敏感程度就越高。

18.4 星上微振动源特性分析

遥感卫星的活动部件主要包括动量轮、控制力矩陀螺（CMG）、太阳帆板驱动机构（SADA）、数传天线和中继天线等。这些部件的运动形式各异，所引起的振动频率和幅值也具有明显的特征。本节基于地面和在轨实测数据，对各类振源的特性进行介绍。

18.4.1 动量轮微振动特性分析

动量轮的扰振产生主要来源于两种机理：

（1）由旋转部件产生主动扰振力，主要构成包括飞轮的动不平衡力、滚动轴承的冲击信号合成的周期力和电机扰振等；

（2）主动扰振力引起的动量轮内部结构响应，也称结构响应调制，是经结构响应调制后形成对动量轮外部的扰振力。

上述两类扰振机理的关系参见图18-4。

由于转轴系统的复杂性，扰振力的频谱成分除了转速的1倍频外，还存在多阶分数次和整数次倍频。典型的扰振力与转速、频率的关系如图18-5所示。扰振力随转速上升而增大，当结构频率与转速的倍频成分重合时，扰动力幅值被调制放大。

第 18 章　遥感卫星微振动抑制与在轨监测技术

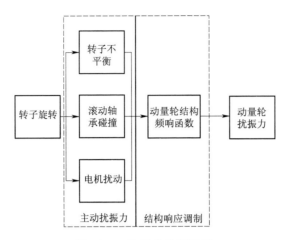

图 18-4　动量轮扰振机理

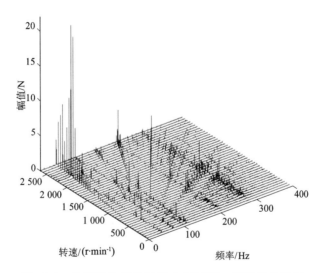

图 18-5　典型的动量轮扰振力与转速、频率的关系图

18.4.2　红外相机扫摆机构微振动特性分析

扫摆机构一般通过电机驱动摆镜进行往复运动，在摆镜运动到极限位置时，由弹簧片进行限位缓冲，并提供反向力矩。摆镜不停反向运动，对基础产生连续脉冲式反作用力矩，通过片簧和电机的共同作用，将连续脉冲载荷传递至基座，引起结构的振动，其频谱成分除包括扫摆频率对应的扰动力外，还包

括了扫摆频率的各次倍频。扰动力的幅值与扫摆镜的转动惯量以及扫摆速度正相关。图 18-6 和图 18-7 为某型号红外扫描仪扰振力时域曲线和频谱曲线。可见其扫摆频率为 5.73 Hz，扰动力矩为 0.85 Nm 的连续正负脉冲，频谱成分主要为 5.73 Hz 及其奇数次倍频。

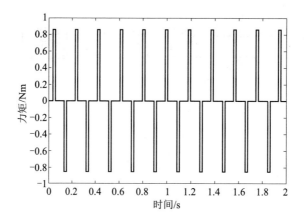

图 18-6　扰动力矩时域曲线

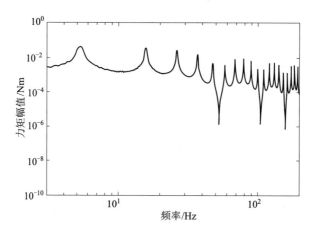

图 18-7　扰动力矩频谱

18.4.3　CMG 微振动特性分析

CMG 是姿态控制系统所采用的一类大力矩执行机构，广泛应用于各类遥感卫星。CMG 微振动主要由于本身质量分布不均匀造成的静不平衡和动不平衡引起，以及轴承和电机与理想情况存在偏差等原因，此外，高速转动的飞轮自身结构固有频率处也会共振，产生较大的微振动。与动量轮相比，CMG 的高速转子转速高，如某型 CMG 转速达到 6 000 r/min，产生的扰动力和扰动力矩较动量轮高 4～6 倍。图 18-8 和图 18-9 给出了 CMG 扰振实测数据。

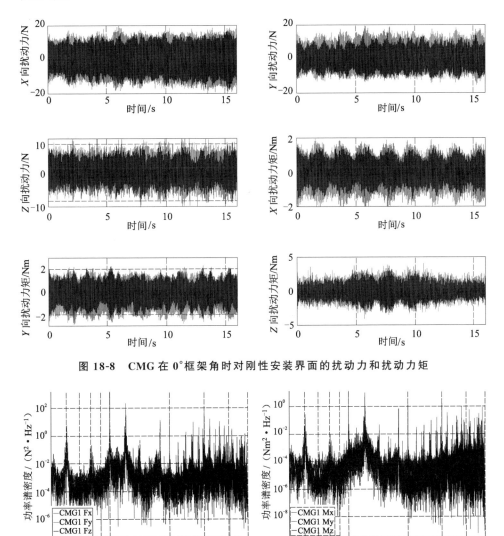

图 18-8　CMG 在 0°框架角时对刚性安装界面的扰动力和扰动力矩

图 18-9　CMG 扰动力功率谱（6 000 r/min）

18.4.4 太阳翼驱动机构（SADA）微振动特性分析

太阳翼驱动机构产生微振动的主要原因有两个：一是由于太阳翼质心不在 SADA 驱动太阳翼转动的轴上，在太阳翼转动过程中产生扰动力和扰动力矩；二是 SADA 的驱动电机为步进电机，在步进过程中引入类似脉冲的激励，激励太阳翼振动从而给整星带来影响。图 18-10 给出了某低轨卫星太阳翼 SADA 扰振分析值。

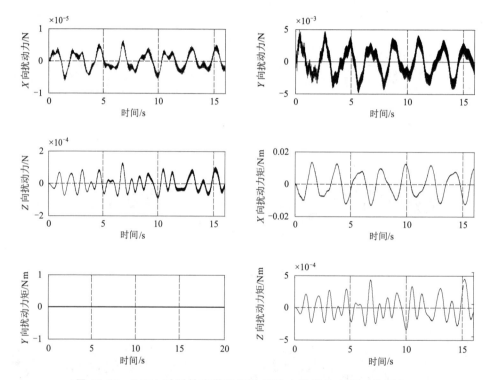

图 18-10　SADA 对刚性安装界面的扰动力和扰动力矩（仿真）

18.4.5 中继/数传点波束天线驱动组件微振动特性分析

数传天线和中继天线产生微振动的原理完全一样。但由于其具体结构不同，产生微振动的具体特性略有差别，主要体现在：SADA 是单轴单自由度的，天线是双轴双自由度的。因此，太阳翼的低频部分多，天线相对高频部分多，如图 18-11 所示。

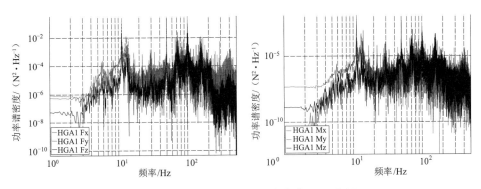

图 18-11 数传天线扰动力功率谱（0.2°/s）

18.4.6 微振动源特性综合分析

根据仿真和实测数据分析可知，卫星一些典型微振动源特性如表 18-5 所示。SADA、数传天线和中继天线等对遥感卫星成像质量的影响已通过在轨验证，其振动量级较低，图像退化不明显。而 CMG 扰动幅值较高，是微振动抑制设计需要重点考虑的因素。

表 18-5 卫星扰振源特性统计

微振动源	微振动产生机理	基频	谐振特性	对成像影响
动量轮	高速转子的质量静不平衡和动不平衡，以及电机控制误差、轴承偏差等引起的与转速成比例的谐波	与转速对应	0.4 倍频、2 倍频、5.7 倍频等	基频及谐振频率对 MTF 均有显著影响
扫摆镜	摆镜周期性运动产生反向力矩脉冲	与扫摆频率一致	奇数次倍频	主要能量在 1~20 Hz 之间，造成成像扭曲
CMG	高速转子的质量静不平衡和动不平衡，以及电机控制误差、轴承偏差等引起的与转速成比例的谐波	100.0 Hz	60 Hz、120 Hz、180 Hz 和 200 Hz 等	100 Hz 基频幅值较大，引起较大像移。谐振频率包含低频、高频分量，对 MTF 影响显著

续表

微振动源	微振动产生机理	基频	谐振特性	对成像影响
SADA	SADA驱动太阳翼时由于太阳翼振动而引起的较大扰动，此外还会由于润滑等非线性因素引起一些谐波	0.4 Hz、1.0 Hz	0.2~20.0 Hz	主要能量在0.2~20 Hz之间，高频分量很小，相对相机的积分时间表现为类似线性运动、幅值较小，对MTF影响较小
天线	驱动天线时由于天线振动而引起较大的扰动	8.0 Hz	4.0~40.0 Hz	主要能量在4~40 Hz之间，高频分量很小，并且由于天线惯量小，其扰动的能量远小于太阳翼和CMG，对MTF影响较小

第 18 章　遥感卫星微振动抑制与在轨监测技术

18.5　微振动抑制设计

从微振动传递路径看，能够采取微振动抑制措施的大体上有三个：降低微振动源对成像质量有影响的扰动力和扰动力矩、利用微振动传递路径抑制传递到相机上敏感部位的微振动响应和降低光学系统对微振动的敏感程度。其中，降低光学系统对微振动的敏感程度与光学系统成像质量（分辨率、焦距等性能指标）冲突，提高 CMG 的不平衡度指标的方法难度大、成本高。因此，利用传递路径抑制微振动方法，即 CMG 隔振（针对微振动源隔振）和相机隔振（针对有效载荷隔振），是工程实践中较为可行的微振动抑制方案。

18.5.1　CMG 隔振设计

CMG 产生的扰振力与扰振力矩较大，是主要的扰振源之一，也是首先考虑采取隔振措施的设备。一般而言，CMG 隔振装置应同时考虑发射过程抗力学和在轨隔离微振动两方面的设计约束：在发射段大幅振动下应具备频率高、阻尼大的特性，可以降低 CMG 承担的高频段力学载荷；在轨段频率低、阻尼小，隔离 CMG 产生的微振动。CMG 隔振装置根据安装角度的需求，可采用直装和斜装两种构型，一类典型的 CMG 隔振装置如图 18-12、图 18-13 所示。

隔振频率的选择，主要考虑在保证 CMG 自身控制系统性能、功能要求的前提下，针对其转速对应的特征频率进行针对性设计，重点保证特征频率处的振动能够得到有效抑制。

图 18-12　斜装式 CMG
隔振装置示意图

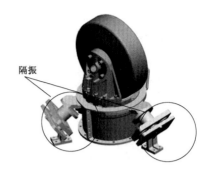

图 18-13　直装式 CMG
隔振装置示意图

图 18-14 是针对某型号 CMG 完成的隔振装置试验结果，从图中可知，经过隔振措施，CMG 的微振动得到明显抑制。

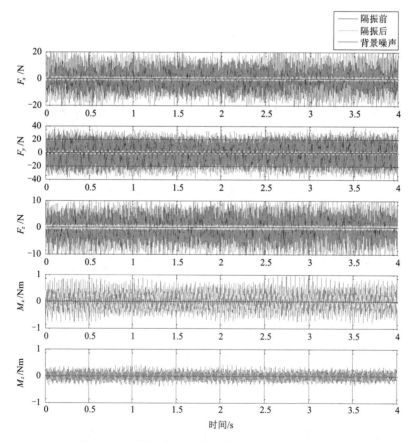

图 18-14　隔振前后时域扰动力和扰动力矩对比

18.5.2 传递路径的阻尼措施

有效载荷安装面的动响应与星体结构的动力学特性密切相关。对振动传递路径的动力学特性进行参数化设计，可以使从振源传递至有效载荷的振动得到有效衰减。根据整星结构的模态振型，为振源设备和成像设备选取适当的安装位置，避开振型波腹，尽量接近振型节点，是降低振动传递的一条有效途径。

卫星主结构一般选用了蜂窝夹层结构，可起到有效的减振隔振作用；同时 CMG 安装平台服务舱上，远离相机，或安装在整星的主承力结构位置，可有效避免振动传递和放大。

18.5.3 相机端隔振设计

通过在相机与平台之间安装隔振装置，或者在敏感光学元件与支撑结构之间采用柔性安装形式，能够降低敏感元件微振动响应，进而降低视轴的抖动量，改善成像质量。对于相机隔振，除应考虑空间环境适应能力外，其抗力学环境的能力也是关键的设计因素之一。光学元件一般对于高频振动、冲击等都十分敏感，相机隔振装置在具备隔离在轨微振动的能力之外，至少不应恶化相机的力学环境。当星载减振装置刚度较低时，在发射段载荷条件下变形量较大，可能超出减振装置的安全行程，因此，需要采取防护措施进行保护，发射锁是一种可行的防护措施。

随着我国遥感卫星分辨率进入亚米级，微振动抑制方法的研究和微振动抑制装置的研制也取得了长足的进步。多种被动式的有效载荷隔振装置进入了工程应用阶段，并取得了良好的在轨减隔振效果。

面向相机的被动减隔振装置已较为成熟。如资源一号卫星所采用的相机隔振装置能够将扰动响应衰减 90% 以上。高分辨率遥感卫星中成功实现工程应用的典型相机隔振装置如表 18-6 及图 18-15 所示。

表 18-6 遥感卫星中应用的典型相机隔振装置

产品名称	减振机理	减振性能
红外相机隔振器	动式隔振，开槽弹簧与涡流阻尼器并联，配置 4 个发射锁	5 Hz 以上衰减 90%
全金属相机隔振器	窄槽式 Bipod	插入损失 60%
黏弹性相机隔振器	黏弹性阻尼材料隔振垫	插入损失 50%
阻尼桁架式相机隔振器	三明治型黏弹性阻尼撑杆	插入损失 50%
包络型涡流隔振器	被动隔振，柱形开槽弹簧与涡流阻尼器并联	插入损失 85%

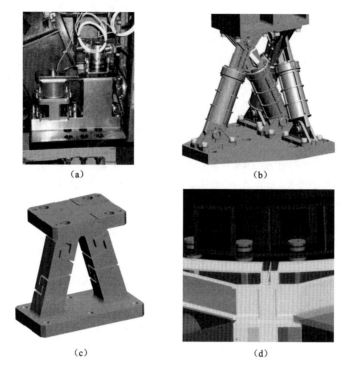

图 18-15　隔振器典型应用

（a）红外相机隔振器；（b）相机阻尼桁架式隔振器；（c）相机全金属隔振器；（d）相机黏弹性隔振器

一种典型的相机安装方式如图 18-16 所示，为 6＋3 形式，其中 6 个刚性支撑为适应卫星发射阶段振动影响，在卫星入轨后与星体解锁；3 个柔性支撑一直保持与星体连接。

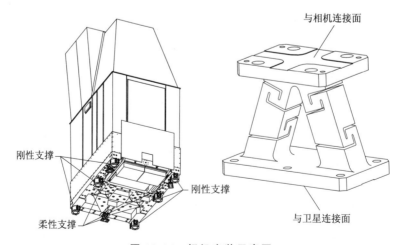

图 18-16　相机安装示意图

分析相机挠性支撑上下界面的响应对比如图 18-17 所示。

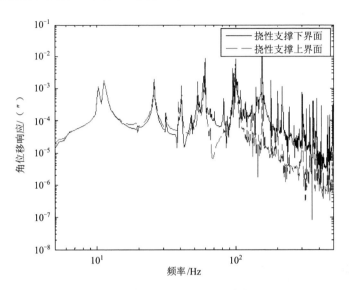

图 18-17　挠性支撑上下界面响应对比

相机支撑的 3 个柔性支座设计，既可以起到在轨吸收应力变形的作用，同时还可以起到隔振减振作用。根据挠性支撑上下界面的响应分析可知，挠性支撑在 100 Hz 以上具有隔振效果，对微振动响应有一定的抑制作用。

18.6 微振动在轨监测技术

18.6.1 微振动测量方法

目前具备实用条件的微振动测量方法如表18-7所示，针对扰动源和结构传递的测量手段应用广泛，而针对有效载荷的测量技术成熟度较低。采用传统的加速度测量无法直接建立与成像质量的关系，中间解算环节会引入较大的误差，无法为成像质量评估和校正提供可靠的依据。开展角振动测量，获取关键部件的角振动信息，是建立机械振动与成像质量直接联系的必要手段，是开展成像质量评估与图像修正的基础。测量角位移的方法有多种，其中差分式加速度计组精度较低，高精度光纤陀螺体积庞大。激光陀螺和磁流体传感器是较为适用的高精度角振动传感器，其中激光陀螺的成熟度更高。

表 18-7 微振动测量方法

测量方法	敏感量	敏感原理	测量精度	测量频段/Hz
加速度计	加速度	压电式/电容式	10^{-5} g	0.1~5 000
六分量测力平台	力	压电式/应变式	10^{-3} N/10^{-3} Nm	0.1~5 000
膜片式力传感器	力	压电式	10^{-3} N/10^{-3} Nm	3~5 000
差分加速度计组	角加速度	压电式/电容式	10^{-1}″	3~500

续表

测量方法	敏感量	敏感原理	测量精度	测量频段/Hz
直线式激光位移计	位移	频率裂变	10^{-9} m	0~5 000
干涉式激光位移计	位移	多普勒效应	10^{-9} m	0~5 000
激光陀螺	角速率	Sagnac效应	$10^{-3}''$	0~1 000
永磁敏感器	角位移	磁场矢量	$10^{-5}''$	0~5 000
光纤陀螺	角速率	Sagnac效应	$10^{-1}''$	0~5 000
磁流体传感器	角速率	磁流体	$10^{-5}''$	0~5 000

18.6.2 微振动监测系统组成

微振动监测系统主要用于采集、处理和传输卫星在轨运行期间的微振动情况，获取卫星各位置的振动特性和光学载荷的角增量变化，以此来对卫星结构特性进行分析，为卫星成像期间定姿提供数据参考，辅助相机图像的地面几何处理。其主要组成包括振动测量单元、角位移传感器组件、微振动加速度计和电缆网。图18-18为其组成框图。

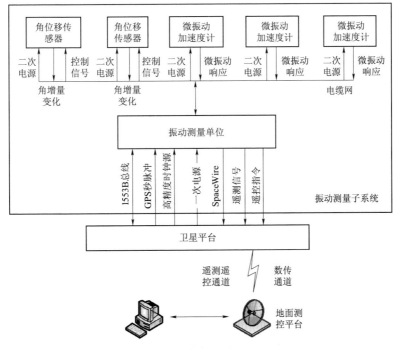

图18-18 微振动监测系统组成框图

遥感卫星扰动源主要包括动量轮、控制力矩陀螺（CMG）、太阳翼驱动机构（SADA）、天线驱动机构等。对微振动较为敏感的载荷为 2 台光学相机，为可见光相机和红外相机。在轨测量系统在上述振源和敏感载荷安装点附近均布置了三向高灵敏度加速度计。在轨微振动监测主要针对两种工况进行，如表 18-8 所示。

表 18-8　在轨微振动测试工况

工况编号	工况描述
I	CMG、动量轮、SADA、双轴天线稳定运行，可见光相机成像
II	红外相机成像，活动部件仅双轴天线、动量轮和 SADA 运行

18.6.3　微振动飞行数据分析

1. 加速度响应分析

对比工况 I 和工况 II 的加速度信号功率谱，如图 18-19 和图 18-20 所示，可见在 CMG 开启前，传递至两台相机安装面的扰动主要峰值频率为 53.6 Hz，107.2 Hz，160.8 Hz，即双轴天线驱动结构引起的扰动。CMG 开启后，双轴天线引起的扰动不变，功率谱中在 60 Hz，100 Hz，120 Hz，180 Hz，200 Hz 处增加了 5 个峰。其中红外相机安装点在 120 Hz 处的峰值较为明显，而可见光相机在 120 Hz 处的峰值较小。由频域分析结果可见，传递至有效载荷的扰动主要由双轴天线驱动机构和 CMG 引起，动量轮和 SADA 传递至有效载荷处的扰动较低，其信号特征被淹没。

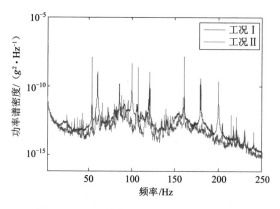

图 18-19　红外相机 Z 向加速度功率谱

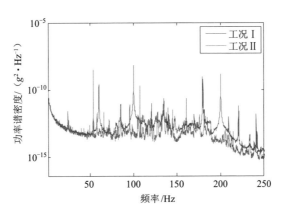

图 18-20　可见光相机 Z 向加速度功率谱

2．角振动响应分析

对于遥感卫星而言，与有效载荷成像质量直接相关的是传递至光学系统的微振动。某遥感卫星配备的角位移传感器测量到的光学相机主承力框架指向抖动信号如图 18-21、图 18-22 所示。由角振动频谱可见，其主要成分为 100 Hz、120 Hz 及其倍频，与 CMG 扰动频率一致，说明对光学相机指向抖动影响最大的为 CMG。其扰动幅值不超过 $0.01''$，说明微振动得到了有效抑制。

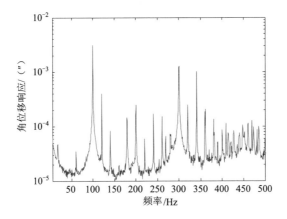

图 18-21　可见光相机角振动频谱

3．微振动传递特性

通过对整星构型和有效载荷安装方式进行分析可知，红外相机与双轴天线和 CMG 之间的连接主要为刚架和舱板的组合结构，连接刚度更高，阻尼较低。

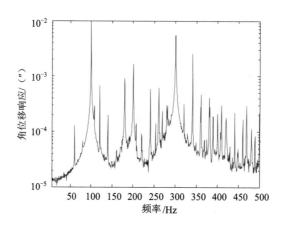

图 18-22　红外相机角振动频谱

而可见光相机与两个主要扰动载荷之间主要通过铝蒙皮蜂窝板和碳纤维蒙皮蜂窝板连接，连接刚度较低，阻尼较高。由测量数据对比可见，蜂窝夹层板结构对微振动有良好的衰减作用。通过合理布置设备（表18-9），优化结构设计，最大限度地发挥星体结构对微振动的衰减作用，是降低微振动对成像质量影响的有效手段之一。

表 18-9　有效载荷安装点响应统计

测点位置	测量方向	工况 I	工况 II
		峰-峰值/mg	峰-峰值/mg
红外相机	X 向	16.1	6.2
	Y 向	18.6	7.5
	Z 向	26.4	9.8
可见光相机	X 向	9.0	3.6
	Y 向	4.6	1.9
	Z 向	11.2	3.0

图 18-23 和图 18-24 将两种工况下各测点的加速度功率谱进行了对照。工况 II 中，主要的扰动源为双轴天线驱动机构，各测点功率谱基本遵循离振源越远，幅值越小的规律。但离双轴天线较近的红外相机安装点处，在二倍频处出现小幅放大。在工况 I 中，扰动最大的设备为 CMG，各测点功率谱的衰减程度也基本与其到振源的距离正相关，高频段的衰减明显大于低频段。但离 CMG 较近的动量轮安装点，在 100 Hz 处出现了小幅放大。

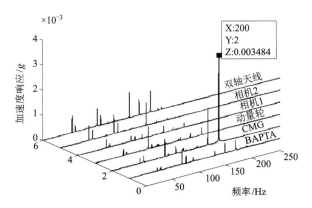

图 18-23 工况 I X 向加速度功率谱对照

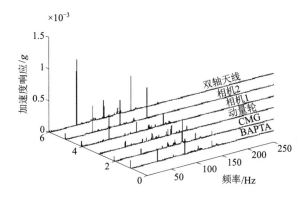

图 18-24 工况 II X 向加速度功率谱对照

综上，遥感卫星搭载的力学环境测量系统在轨运行后，进行了多次在轨微振动测量，为扰动源特征分析、微振动结构传递特性分析提供了大量的宝贵数据，是开展微振动对成像质量影响评估、微振动抑制设计的依据。通过对测试数据进行分析发现：

（1）星上活动部件不开机时，未观测到任何外部扰动，活动部件的运动是引起卫星微振动的主要原因；

（2）CMG 和动量轮引起的局部扰动较大，双轴天线引起的扰动能量主要集中在 3 个频点，传递至有效载荷处的扰动主要是由 CMG 和双轴天线引起，动量轮引起的扰动衰减明显，SADA 引起的扰动幅值较小；

（3）星体结构对微振动有良好的衰减作用，距离扰动源越远，振动幅值越小。有效载荷安装面的响应相对于振源得到了大幅衰减。

18.7 微振动仿真分析与试验验证

18.7.1 理论建模与集成仿真分析

为了保证高分辨率卫星在轨运行阶段能够达到预期的设计指标，需要在研制阶段对扰振产生影响的严重程度进行评估，以确定是否应采取必要的扰振抑制措施。虽然这种评估可以通过整星联合测试来完成，但这种大型试验成本高、代价大，并且在整星测试阶段发现问题往往为时已晚。因此，对这一问题进行建模与仿真是十分必要的。

1. 理论建模与分析方法

空间相机工作的理想条件是，航天器平台的姿态指向准确且十分稳定，相机结构不发生任何由于外界干扰因素导致的静态或动态变形。然而，实际空间相机工作的环境并非如此理想。星上扰振源产生的扰振载荷一方面会使卫星姿态发生低频晃动，另一方面会激发卫星及相机结构的高频振动。这两种形式的运动均会导致相机视线与标称指向发生动态偏移，从而造成成像质量下降。在这个过程中，扰振源、卫星结构、控制系统以及相机光学系统均参与其中且相互影响。因此，为了进行扰振对成像质量影响的评估，需要建立一体化的分析模型，将各环节的贡献考虑在内。

一体化建模与分析的框图见图 18-25。一体化模型中包含了扰振源模型、控制系统模型、结构动力学模型、光学灵敏度矩阵以及光学评价指标等环节。其中，控制系统模型的输入量为敏感器测得的姿态误差，输出量为控制力矩；结构动力学模型的输入量为控制力矩及扰振载荷，输出量为姿态敏感器安装位置及空间相机光学元件位置的动力学响应；光学灵敏度矩阵将相机光学元件的动力学响应转换为探测器处的像移情况；曝光时间内像移量、调制传递函数（MTF）等光学评价指标作为一体化分析的最后一个环节，用于评估分析得到的航天器扰振响应对相机图像造成的影响。

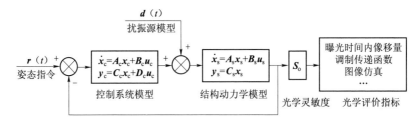

图 18-25　一体化分析框图

2．典型应用

某高分辨率遥感卫星搭载相机对微振动比较敏感，需要考虑卫星结构传递对微振动的影响。以往使用的中心刚体加柔性附件的传递模型将微振动传递路径简化为刚体，已不能适应目前卫星系统分析的要求。因此整星结构采用有限元建模，尽可能准确地反映微振动从微振动源传递到光学敏感部件的动态特性。整星有限元模型如图 18-26 所示。

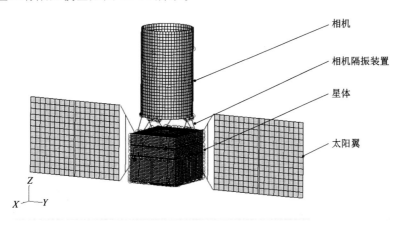

图 18-26　卫星微振动分析有限元模型

为了对模型进行修正，需要对卫星结构进行部件、组件、整星等不同级别的微振动测试，并对相应的有限元模型进行调整，使模型的模态参数、阻尼参数尽可能与微振动条件下的真实结构相吻合，以提高后续扰振响应分析结果的可信度。针对数学模型进行仿真计算分析，获得整星微振动与相机焦面像移量的时域与频域响应对应关系，指导后续隔振方案设计，为后续扰振抑制措施研制提供依据。

采用基于模态叠加的时域响应分析方法进行计算，模态截断至 300 Hz。计算得到关键节点的时程响应曲线。主镜和次镜在俯仰和滚转方向的角振动如图 18-27 所示。主镜角振动幅值约为 0.033″，次镜角振动幅值约为 0.026″。

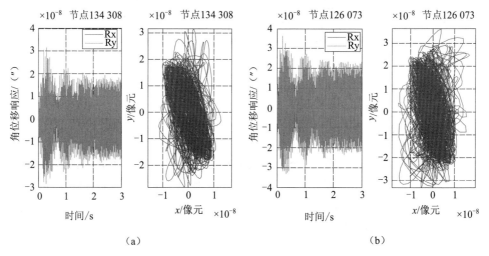

图 18-27 微振动响应分析结果
(a) 主镜；(b) 次镜

像移分析采用光学灵敏度方法进行，由光学系统模型得到光学灵敏度矩阵，然后根据有限元响应分析得到的各光学元件 6 自由度时域响应曲线计算像移时程曲线。参见图 18-28。

计算结果表明，按照 TDI 级数 48 级，积分时间 200 μs 计算，像移量最大为 0.086 像元。按照 TDI 级数 48 级，积分时间 60 μs 计算，像移量最大为 0.043 像元。

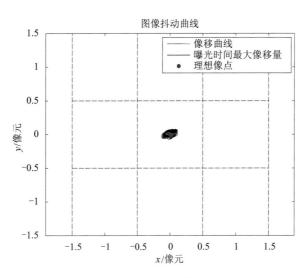

图 18-28 像移曲线

18.7.2 微振动试验验证

为验证微振动对成像质量影响,开展了整星微振动试验,其统计结果见图 18-29,试验方法详见 19.3.1 节。

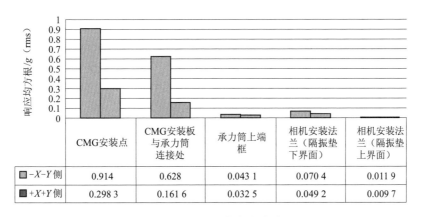

图 18-29 微振动响应统计

通过对测试结果进行分析,从 CMG 安装点至承力筒,振动衰减约 30%;经承力筒传递至上端框后,振动衰减约 90%;经相机隔振垫,振动衰减约 80%。

可见星体结构和相机隔振垫对微振动有显著的衰减作用，传递至相机的振动降低为安装点的5%以下，得到了有效抑制。

利用试验数据对有限元的传递函数矩阵进行修正，采用修正得到的试验状态分析模型，与太阳翼有限元模型、数传天线有限元模型、中继天线有限元模型、推进剂模型组装，并删除支撑装置模型，建立在轨状态有限元模型，进行整星微振动响应分析，预示卫星入轨后的微振动。6台CMG同时开机时相机各光学元件角位移响应量级如表18-10。

表18-10 48级/96级积分时间内角位移极值统计

量级	$T_X/\mu m$	$T_Y/\mu m$	$T_Z/\mu m$	$R_X/('')$	$R_Y/('')$	$R_Z/('')$	像元数
48级	6.81E-02	3.55E-02	1.21E-01	1.05E-02	1.02E-02	1.31E-02	5.59E-02
96级	8.82E-02	4.16E-02	2.04E-01	1.24E-02	1.51E-02	1.48E-02	8.07E-02

将测试得到的角位移代入光学系统模型，进行光学追迹分析，得微振动造成的像移约0.08像元，满足成像质量要求。

随着遥感卫星地面分辨率的不断提高，采取适当的微振动抑制措施改善有效载荷的在轨动力学环境，是保证成像质量的关键技术之一。本章针对高分辨率遥感卫星面临的主要技术问题展开讨论，结合应用实例介绍了微振动抑制技术的研究进展。

对于高分辨率遥感卫星，首先应当确定在轨扰动振源，通过振源分析和测试确定扰动振幅和频谱分布，并以此作为微振动抑制设计的依据。合理的卫星结构设计能够使微振动在传递路径中被大幅衰减，对于微振动抑制能够起到事半功倍的效果；作为在轨长期服役的部件，微振动抑制装置的设计要求也具有一定的特殊性，材料和阻尼机理的选择应当充分考虑在轨环境的适应能力；被动隔振技术是成熟度、可靠度较高的微振动抑制手段，在工程应用中取得了良好的效果，能够将微振动衰减1个量级以上。

参 考 文 献

[1] L P Davis, J F Wilson, R E Jewell, et al. Hubble Space Telescope Reaction Wheel Assembly Vibration Isolation System [R]. George C, USA: NASA Marshall Space Flight Center, 1986.

[2] A J Bronowicki. Forensic Investigation of Reaction Wheel Nutation on Isolator [C]. 49th AIAA/ASME/ASCE/AHS/ASC Structures, Structural Dynamics, and Materials Conference, USA, April 7 - 10, 2008.

[3] M B McMickell, T Kreider, E Hansen, et al. Optical Payload Isolation using the Miniature Vibration Isolation System [J]. Proceedings of SPIE, 2007, 6527.

[4] 赵煜, 张鹏飞, 程伟. 反作用轮扰动特性测量及研究 [J]. 实验力学, 24(6), 2009: 532 - 538.

[5] 蔺宇辉, 李玲, 王春辉, 等. 某空间光学遥感器的振动抑制及装星应力卸载技术应用 [C] // 高分辨率遥感卫星结构振动及控制技术研讨会论文集. 长沙: 中国宇航学会, 2011: 87 - 94.

[6] 郑钢铁, 梁鲁, 王光远, 等. 遥感卫星动力学问题系统解决方法和装置 [C] // 高分辨率遥感卫星结构振动及控制技术研讨会论文集. 长沙: 中国宇航学会, 2011: 349 - 356.

[7] 庞世伟, 杨雷, 曲广吉. 基于集成建模的航天器微振动扰动性能评估技术 [C] // 2007 年全国结构动力学学术研讨会论文集. 南昌: 中国振动工程学会, 2007: 245 - 253.

第 19 章
遥感卫星总装集成、测试与验证技术

第19章 遥感卫星总装集成、测试与验证技术

19.1 系统总装集成方案设计

  航天器系统总装集成是从分系统总装集成开始直至完成产品总装集成，并将合格航天器交付发射为止的全过程，一般也称为航天器总装。航天器系统总装集成应满足总体设计、总装设计以及分系统设计的各项功能和性能指标要求，是研制过程中的重要阶段，也是保障整体性能的最终环节之一。航天器系统总装集成涉及多专业、多系统，主要工作项目包括仪器装配、电缆装配、管路装配、控温组件装配等。广义上，航天器的吊装、转运及运输也属于系统总装集成范畴。

  系统总装集成方案设计主要通过分析卫星构型、设备布局、管路走向、电缆布线、设备安装等方面的特点，充分了解各阶段的测试状态、大型试验状态，从实施角度对卫星装配提出总体规划，确定关键技术环节和解决途径，制定总装技术状态及流程，针对卫星及舱段装配、停放、吊装、翻转、运输等提出地面机械支持设备需求。高分辨率遥感卫星具有主载荷规模大、敏感器多、活动部件多且装配精度要求高等特点，这些都需要在地面系统总装集成时充分考虑、分析和解决。

  本章节结合高分辨率遥感卫星系统总装集成的技术特点，描述了卫星系统总装集成方案和技术流程，同时对推进系统装配，设备装配，电缆装配，卫星起吊、翻转、转运及运输等电性系统总装集成技术进行阐述。

19.1.1 主要设计要素

系统总装集成方案设计是对卫星构型布局设计基于实施层面的工作细化，主要包含以下内容：

（1）确定卫星 AIT 过程中的主要工作项目及主要技术状态；

（2）根据卫星的研制技术流程和电测技术流程等，确定总装过程中的主要工作项目、主要阶段、各阶段的主要技术状态等内容，并据此进行总装设计的规划；

（3）从总装、测试、试验、运输等对总装的过程、阶段进行规划，包括卫星及舱段总装、测试等状态。在此基础上，制定初步总装技术流程，提出保障条件要求；

（4）通过分析卫星构型、设备布局、关键设备安装的特殊要求等方面特点，充分了解各阶段的测试状态、大型试验状态，识别总装过程中对卫星的性能和安全性有重要影响的关键环节和验证项目，确定解决方案，必要时作 FMEA 分析；

（5）考虑整星及舱段装配、停放、吊装、翻转、运输等需求，通过与工艺人员的初步协调，确定 MGSE 需求；

（6）明确重要的输出文件/图纸/模型配套。

19.1.2 系统总装集成技术流程设计

遥感卫星总装技术流程的规划和制定，应充分考虑卫星在研制过程中所开展的各类专项测试，重点关注各类测试项目对总装流程和总装状态的要求，最终在总装技术流程中应予以体现。当前高分辨率遥感卫星总装流程按先后顺序一般分为部装、舱段总装、整星总装、力学试验总装、热试验总装以及发射场总装等阶段。

（1）部装阶段：部装阶段主要工作是完成卫星主骨架——主结构的装配，期间为配合实现部分结构的加工精度，需要完成部分总装工作，如基准引出、帆板驱动机构支架安装调测（主要配合太阳翼压紧座安装面的加工和检测）、基于高精度要求的星敏接口加工和高分辨率载荷安装模板调测等。

（2）舱段总装阶段：舱段总装阶段主要指结构部装交付后，分舱段开展总装工作的阶段。主要进行各舱段中管路、电缆、设备的总装工作，对有精度要求的设备进行调测等。此阶段由于电性能测试项目较多，时间较长，需重点关注总装与电测的交接状态。

（3）整星总装阶段：主要指将各个独立的舱段模块装配集成，形成卫星的过程。主要包括舱段对接、外板安装（部分）、大型部件（如太阳翼、数传天线等）安装以及各类大型专项试验（如天线解锁展开试验、卫星质量特性测试、卫星精测等）。在确定星上各大部件总装顺序以及各大专项试验实施顺序时，应充分考虑卫星特点，合理安排流程。

（4）力学试验总装阶段：由于舱内部分的力学测量传感器均已在之前的总装阶段安装，此时的总装工作主要包括星表力学传感器的粘贴、星箭解锁装置的安装、星表设备及多层保护罩/盖的摘除、力学试验后星箭解锁装置解锁、试验后太阳翼和天线展开、试验后精测与检漏等工作。

（5）热试验总装阶段：热试验总装阶段重点是星上热控材料和外热流模拟的安装与实施，以及真空罐内地面测试电缆的走向与引出，主要有舱内热电偶粘贴与走线、特殊设备短线电缆安装与走向，星表多层及外热流安装、真空罐地面测试电缆走向与连接等。

（6）发射场总装阶段：发射场总装工作包括技术区和发射区两部分。技术区总装工作与总装厂类似，原则上不应出现新的总装项目和状态，所有工作均应在前期总装过程中实施或演练过。星箭合罩、转场运输以及塔架上工作主要为星-箭-发射场联合操作，更多是卫星配合运载方工作，过程中应重点关注运载操作口附近星表突出设备的安全。

19.1.3 结构与机构装配设计

结构与机构装配设计与卫星总装流程、测试状态的需求密切相关。对于高分辨率遥感卫星而言，涉及整星结构高精度保证和零重力条件下高精度要求的项目也在结构部装期间进行，如星敏安装面的机加、大型载荷模板配打等。在 AIT 过程中，为满足总装和测试需求，需将部分结构外板拆除，待舱内总装完成后再重新装配到位。

机构装配主要指太阳翼的装配和星箭解锁装置的装配。太阳翼装配采用展开架悬挂方式来实现零重力环境的模拟，利用两轴转台进行卫星姿态的调整并通过测量手段实时监测，以保证卫星与太阳翼之间的装配关系和精度要求，见图 19-1。星箭解锁装置装配的关键在于预紧力的加载，

图 19-1 某高分辨率遥感卫星太阳翼装配

一般通过专用的设备实施加载并通过粘贴的应变片对各段包带的预紧力进行实时监测，以确保预紧力的均匀性。

19.1.4 推进系统装配设计

依据推进分系统对总装的要求，在构型阶段完成管路系统主要部件和阀体布局后开始管路走向设计，待布局最终确定后，进行管路安装设计。典型的推进系统主要为单组元和双组元推进系统，如图 19-2 和图 19-3 所示。

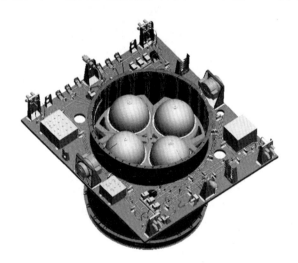

图 19-2　卫星单组元推进系统管路走向布局

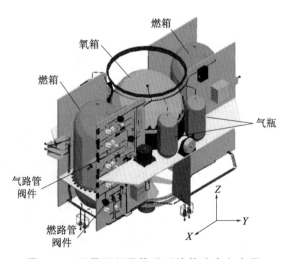

图 19-3　卫星双组元推进系统管路走向布局

管路走向设计的工作主要是根据推力器、贮箱的布局位置，首先确定推进管路布局的舱板，然后按照推进系统原理图，在构型布局基础上，将管路阀体合理布置到相应结构上。典型的管路走向布局设计方法有三维管路设计和管路模装两种，前者是使用设计工具软件完成管路的数字化装配，后者是在模拟的结构上进行管路走向布局的实物模拟装配（通常在复杂的卫星上采用）。管路装配包括推进部件、阀体及管路与结构的固定，管路的取样、焊装和拍照检漏等。

19.1.5　大型载荷装配设计

大型载荷装配是高分辨率遥感卫星总装的一个关键项目，装配设计一方面需保证大型载荷的安装操作的可行性和安全性，另一方面需确保其安装精度满足要求。目前大型载荷的安装精度保证多采用部装期间模板配打的方式，即在整星结构部装期间零重力状态下，通过与载荷标定过的模板配打卫星平台上载荷的安装接口，卫星总装期间通过定位销孔实现载荷的精度复装。

大型载荷尤其是光学相机装配过程中，通过在相机上安装导向装置来实现相机安装过程中的导向作用。图 19-4 为某遥感卫星的相机导向装置示意图，该卫星通过导向辊与导向支架上的导向槽配合来解决相机离星体结构距离近的问题，导向支架除了具有导向作用以外，还可以在相机总装过程中代替±X 侧大型支架，维持大型支架的整体刚度。大型载荷的吊装过程对于调平有较高的要求，安装面倾斜状态对接不仅有安全隐患，同时入销后会使销钉侧向受力，影响安装精度，因此对于大型光学载荷，通常采用质心自动化调节吊具进行吊装，如图 19-5 所示。

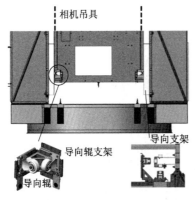

图 19-4　某遥感卫星相机导向装置示意

图 19-5　某卫星使用质心自动化调节吊具安装大型载荷

19.1.6 设备装配设计

仪器设备装配涉及的任务是依据卫星构型布局设计、设备接口数据单及特殊的安装要求（如精度、热控要求等），确定设备连接、调整和固定方式，完成设备安装设计。

一般设备安装形式可直接与主结构连接，不能直接与主结构连接的设备或有特殊要求的设备，如大型载荷设备、有指向精度要求设备、有运动要求等设备，需考虑其支撑、转接方式，提出次结构设计要求。对于典型的有精度要求的设备，如有效载荷、天线、敏感器及执行机构等，安装设计需考虑设备精度指标分配及精度保证方案，确保检测及调整的操作空间要求；对于典型的对温度有特殊要求的设备，包括蓄电池组和大功耗设备，必须在安装面上涂抹导热脂（设备底面和结构板相应位置均涂抹），部分设备还需在装星前安装扩热板，用于产品散热。设备装配时需注意装配顺序、可操作性，以避免反复。对于空间狭小、规模较大的设备，可采用机械臂等自动化装配技术辅助安装。

19.1.7 电缆网装配设计

目前，高分辨率遥感卫星电缆走向设计均采用数字化布线方法（见图 19-6）。

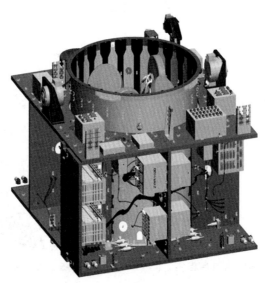

图 19-6 卫星电缆网走向模型

根据整星三维模型中设置的电缆通道,采用单束电缆单独布线的方式进行走向设计。电缆安装设计是基于实现层的电缆敷设方案设计,电缆绑扎、转弯设计选用的三维模型与卫星设计三维模型保持一致。电缆网装配时需考虑地面总装集成和测试的需求,应尽可能将功率电缆、信号电缆、火工品电缆进行分束绑扎,同时为了保证活动部件的转动安全,与之相关的电缆必须留有足够的长度余量和安全间距。

19.1.8 卫星吊装、翻转、转运与运输

卫星吊装采用多点垂直起吊,吊点位置与卫星的结构形式密切相关,一般设置在主承力结构上,通过专用的基于杠杆结构的吊具实现整星的起吊(见图19-7(a))。为了满足卫星测试、装配需求,需要将卫星进行翻转,一般通过两轴转台实现。两轴转台能够满足姿态调整的需求,同时能够适应太阳翼、天线等各个测试装配状态的位置要求(见图19-7(b))。

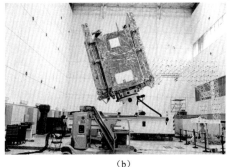

(a) (b)

图 19-7 某遥感卫星吊装与翻转

(a) 吊装;(b) 翻转

卫星在厂房内由于转运的距离较短,一般采用总装停放架车实现。对于卫星在不同厂房之间、试验场地和发射场之间的运输,采用具备温湿度控制和环境数据采集的专用包装箱实现,运输方式主要有公路运输、铁路运输、空运和海运。

为适应高分辨率遥感卫星系统设计一体化、通用化发展趋势,数字化并行设计和先进装配手段在卫星系统总装集成中广泛采用,从实施层面保证了高精度遥感载荷及相关测量设备装配精度及可测试性,同时也进一步提升了卫星研制效率。

卫星遥感技术

19.2 遥感卫星电性能综合测试技术

遥感卫星电性能综合测试是指遥感卫星系统级电性能测试。综合测试是航天器研制过程中的重要环节，是航天器系统级总装集成后的电性能测试与验证，主要包括总装厂电测、空间环境模拟试验电测和发射场电测等阶段，是从航天器系统级总装集成开始，直至发射完成为止，全面验证航天器系统电性能是否满足设计要求的工程技术。综合测试业务包括测试需求论证、测试方案设计、地面测试系统研制、测试方法设计、测试实施与测试结果评价等方面。

19.2.1 任务需求分析及特点

卫星系统级电性能综合测试主要目的是验证总体设计的正确性，同时为总体设计改进提供数据支持。通用航天器综合测试任务需求包括：验证各分系统在装星后的系统电气性能、指标与各级规范的一致性、分系统间电接口的匹配性和电磁兼容性、空间环境中的电气性能稳定性，以及卫星在轨的工作模式和工作程序的合理性、协同性，考核星载计算机软件的工作能力，形成卫星全流程的测试数据包，为卫星出厂和在轨飞行提供基础可靠性数据。

对于高分辨率遥感卫星，重点验证卫星复杂成像工作模式设计、自主任务管理与应急任务设计的正确性，以及高速图像数据处理与存储、长链路传输等关键性能指标符合性。考核卫星敏捷机动成像过程中数管、控制、相机、数传、中继、天线等系统协同响应能力和控制精度,以及多总线数据传输与处理的协同匹配性、卫星自主健康管理和故障诊断设计的合理性。其主要技术特点主要体现在以下几个方面:

(1) 测试流程复杂:航天器综合测试一般分为初样测试与正样测试两个阶段,其中正样测试除完成总装厂电性能测试、大型环境试验、发射场测试等任务外,还包括遥感载荷成像测试、微振动试验等特殊测试环节。

(2) 测试模式多样:为适应各阶段测试需求,需要设计多种测试模式。在大型试验及发射场测试期间,需要使用远程测试模式,并支持 X/Ka 频段、S 频段、L 频段等多个频段信号的远程传输。

(3) 测试新技术多:相对传统遥感卫星,当前遥感卫星具有分辨率高、智能化程度高、成像形式多样化、载荷信息流复杂、信息交互种类多的特点,包括高速图像数据的处理能力、高速总线的终端仿真测试、自主任务规划的测试、星地一体化协同控制、星间链路仿真验证、星上能源自主管理等技术。

(4) 地面测试系统复杂:高分辨率遥感卫星上信源多,数据量大,数据接口复杂,星地间信息流关系复杂,需要开发满足遥感卫星各阶段、各种工作模式下测试需求的地面测试系统,要求测试系统具备较高的自动化程度,统一调度前端设备控制和测试流程。

19.2.2 遥感卫星综合测试方案

高分辨率遥感卫星各分系统数据耦合度高、数据率高、地面数据处理量大,以及载荷专项测试复杂。综合测试方案需根据其特点进行针对性的设计和优化。

1. 测试流程设计

卫星综合测试分为初样测试和正样测试。初样测试包含总装厂电性能测试以及电磁兼容(EMC)试验测试。正样测试主要包含总装厂测试、EMC 试验测试、力学试验测试、真空热试验测试等大型试验测试和发射场测试。遥感卫星正样星综合测试流程如图 19-8 所示。

2. 可测试性设计

可测试性设计可以提高设备的故障诊断能力,有助于整个系统进行快速的故障隔离和定位,有效降低系统测试过程中异常现象发生时对流程进度的影响。增强卫星单机和分系统级的可测试性,可以简化地面测试设备设计和测试流程。系

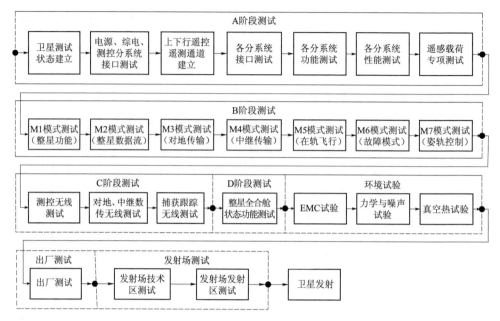

图 19-8 遥感卫星正样星综合测试流程

统级可测试性设计的任务是对系统的可测试性指标进行分析，预计航天器的测试验证覆盖率、故障隔离率等系统性指标，并将这些指标分解至分系统和重要单机。

对于遥感卫星的可测试性设计，包括卫星轨道与姿态控制的闭环测试、自主任务管理等星地闭环仿真与试验验证、光学/雷达载荷专项测试、整星各专项模式测试、大型环境试验测试，以及与大系统的对接试验等测试验证项目的可测试性设计。

3．测试覆盖性设计

为充分验证卫星的功能和性能，需要对测试项目的覆盖性进行充分设计，以确保单机、分系统、遥感卫星系统以及大系统接口满足要求。遥感卫星系统级测试覆盖性设计见表 19-1。

表 19-1 遥感卫星系统级测试覆盖性设计

测试阶段	测试项目类别			
	接口检查	分系统功能测试	系统级模式测试	整星健康状态检查
分系统详细测试阶段	√	√		
整星模式测试阶段			√	√
整星无线测试阶段			√	√
整星合舱测试阶段			√	√

第 19 章　遥感卫星总装集成、测试与验证技术

续表

测试阶段	测试项目类别			
	接口检查	分系统功能测试	系统级模式测试	整星健康状态检查
EMC 试验			√	
力学与噪声试验				√
真空热试验			√	√
发射场技术区测试		√	√	√
发射场发射区测试				√

各阶段测试需考虑卫星的主备份设备测试的覆盖性。一般测试模式编排原则为：在整星全主份状态下覆盖所有工况，以验证在轨正常工作方式；对于有备份设计的设备，备份设备应进行完备的备份功能检查，在整星模式测试中应安排备份测试；对于具有硬件交叉状态设备或分系统，应进行主份设备与备份设备的交叉组合测试；在满足测试覆盖性的条件下尽可能优化测试模式和测试流程，减少切机动作次数，提高测试效率。遥感卫星载荷模式测试设计了 10 种测试模式，覆盖了综合电子、测控、控制推进、数传和遥感载荷等各分系统的主/备份设备。

4．测试模式设计

遥感卫星测试模式可以按照分舱测试/合舱测试、有线测试/无线测试、本地测试/远程测试等多个维度进行分类。

（1）分舱测试模式：平台舱与载荷舱分离，舱间通过工艺电缆连接进行测试。在测试流程中一般首先采用分舱测试模式，完成分系统功能测试和整星模式测试阶段的测试，经分舱测试各项功能正常后方可进行合舱测试。此模式侧重于分系统级功能测试。

（2）合舱测试模式：完成分舱测试后，载荷舱与服务舱进行物理连接，形成两舱联合状态。合舱状态测试模式适用于总装厂整星模式测试阶段、无线链路测试阶段、卫星最终总装阶段测试，EMC 试验、力学试验、热试验等阶段。

（3）有线测试模式：有线测试模式中，卫星测控、数传、捕跟、GPS 等天线未安装，星上射频信号采用高频电缆与地面设备连接。有线测试方式具有如下优点：可对星地间高频信号进行定量测试，从而准确判断星上设备的工作状态；能够避免测试场地的复杂电磁环境对信号的干扰；减小电磁辐射对人体健康的影响。基于以上优点，除必须采用无线测试模式的场合外，测试状态一般采用有线测试模式。

（4）无线测试模式：无线测试模式中，星上测控、数传、捕跟、GPS 等设备连接星上天线，通过无线链路与地面设备进行信号传输。在总装厂房环境中，无

线测试模式下对于信号质量一般只做定性观察,不做定量测量。在以下情况中需要使用无线测试模式:测试目的为验证无线信道;在 EMC 试验等检查电磁兼容性的试验中;整星为合舱合板状态,无法设置有线测试状态。在无线信道测试、EMC 试验、力学试验、发射场发射区测试等阶段中,一般采用无线测试模式。

（5）本地测试模式:本地测试模式是指卫星放置位置与地面测试设备距离较近,星地间各种信号传输全部通过高频、低频电缆连接实现。本地测试模式的数据接口均采用电缆直接连接,信号质量比较理想,适合卫星在总装厂的各项功能和性能的测试项目。

（6）远程测试模式:远程测试模式中,卫星放置位置与测试间距离较远,无法直接通过电缆在卫星与地面设备之间建立连接。除供配电前端设备及少量分系统测试设备放置在星旁外,总控设备、测控数传地面设备以及测试显示计算机等均放置在测试间。网络信号和测控数传高频信号通过光纤链路传输,如图 19-9 所示。远程测试模式可以有效缩短测试准备时间,提高测试效率。远程

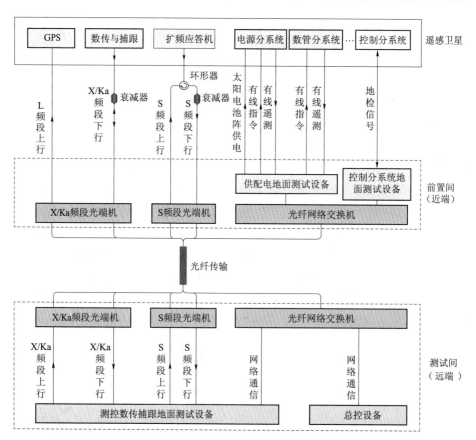

图 19-9　远程测试模式

测试模式是用数字化的手段缩短被测对象和测试人员的距离，使远距离测试或远程（异地）测试成为可能，一般应用于力学试验、热试验、载荷专项测试、太阳翼安装试验和发射场发射区等测试中。遥感卫星在不同测试阶段采用的测试模式详见表 19-2。

表 19-2 遥感卫星测试模式

测试阶段	分舱/合舱测试模式		有线/无线测试模式		本地/远程测试模式	
	分舱模式	合舱模式	有线模式	无线模式	本地模式	远程模式
分系统详细测试阶段	√		√		√	
整星模式测试阶段	√		√		√	
整星无线测试阶段		√		√	√	
整星合舱测试阶段		√		√	√	
EMC 试验		√		√		√
力学与噪声试验		√		√		√
真空热试验		√	√			√
发射场技术区测试	√		√		√	
发射场发射区测试		√		√		√

5. 自动化测试判读技术

卫星测试过程中会产生大量的测试数据，包括遥测数据、载荷业务数据、地面测试设备数据等。测试数据通道多、种类多、数据量大、相互关系复杂，需对测试数据进行充分判读和分析。

根据被测对象工作原理和技术状态特点制定完善的测试数据判读规范，详细规定判读参数、判读时机、判读方法、正常值范围、数据比对要求、判读报告格式等。在制定完善的判读规范的基础上，还需要开发测试数据自动判读系统，通过软件自主发现测试过程中的异常数据和突变数据，辅助测试人员及时发现问题。自动判读系统包含用于描述参数变化范围或变化规律的脚本语言，以及相应的数据判读引擎。该脚本语言支持复杂语法结构，提供条件判断、循环、函数等逻辑控制功能。所有的判读脚本都保存在后台判读知识库中，在测试过程中由数据判读引擎读取判读知识，并对测试数据进行推理，将判读结果分发给各综合测试监视终端，同时将其存储到数据库中。自动判读系统实现了测试数据的实时判读、复杂过程有效数据提取、多参数关联判读、历史数据统计分析等功能，提高了判读知识的可移植性、判读工具的易用性和判读结果的准确性，为卫星研制、测试提供了高效、准确的检验手段。

6. 专项测试模式设计

针对遥感卫星的特点，发展出遥感卫星独有的测试模式设计，比如遥感载荷专项测试模式、与大系统对接测试模式等。遥感载荷专项测试模式就是检测遥感载荷在整星状态下其功能、性能指标和产品稳定性，该专项测试需要借助大型的专用测试设备和苛刻的场地要求，需要单独设计其测试模式，主要包含成像、辐射定标、传递函数、光路延迟、暗电平、信噪比、不同环境下成像试验等项目。雷达遥感载荷专项测试包含雷达成像、回波模拟等测试项目。

对于大系统对接测试模式，优于卫星作为独立的系统，需要在发射前与其他大系统进行对接试验，来验证飞行、运管、数据格式等各方面接口设计的正确性和一致性。与大系统的对接试验主要包含对地/中继数传对接、任务指令格式对接、测控对接、发射场工作模式对接、飞行程序演练对接等多方面的内容。

19.2.3 地面综合测试系统设计

地面测试系统实现对卫星的供电和指令控制，实现下行数据的采集、处理、显示和判读，并能满足远程测试、联合测试的需求，采用可靠、通用、成熟的设备硬件配置和测试软件。地面测试系统的设计和开发包括供电关系设计、信息流设计、地面测试设备方案以及地面测试设备验证等几个方面。

1. 星地供电关系设计

较早的遥感卫星地面供电采用直流稳压供电方式和太阳电池阵模拟器供电方式，目前只采用太阳电池阵模拟器供电方式，经过星箭脱插电缆为整星供电，并实现对蓄电池组充电、有线指令发送及有线参数采集功能，典型遥感卫星星地供电关系如图19-10所示。

星地供电设计要考虑以下要素：安全性设计，即采取必要的隔离、保护等措施确保星上产品安全，在地面设备发生短路、控制失效等故障时，不能对星上设备发生损害。能源需求，地面供电设备应为遥感卫星工作提供足够的能源，满足探测器最大工作模式要求，能够模拟太阳电池阵工作特性，并在设计时考虑长线电缆传输带来的损耗。自动化设计，为满足自动化测试需求，测试设备应具备程控接口，通过自动化测试软件实现统一的配电控制、有线指令发送、有线参数采集和存储功能，并能够响应总控的设置命令。自检测功能，通过遥感卫星供配电等效器为地面设备提供自检功能，在完成设备转场、电缆敷设等工作后能够快速、准确地检查设备工作状态。

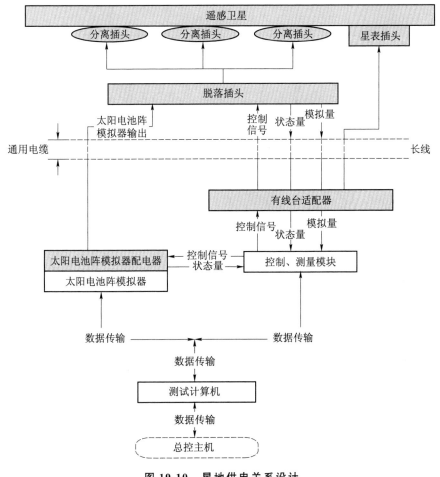

图 19-10 星地供电关系设计

2. 星地信息流设计

星地信息流和信息处理机制具有以下特点：

（1）对高分辨率遥感卫星下行测试数据流进行统一设计和规划。采用统一的测试数据处理管理系统实现整星各类遥测数据的统一归档、处理、分发和存储。遥感卫星一般包含 Ka 频段数据下行、S 频段数据下行、RS422 信号下行、Ka 频段数据上行、S 频段数据上行、L 频段数据上行以及高低速数据总线数据交互，如图 19-11 所示。

（2）对上行指令/数据进行统一设计。采用规范的命名规则对指令进行命名，确保指令的唯一性，提高测试安全性。针对结构与机构分系统复杂、数据注入

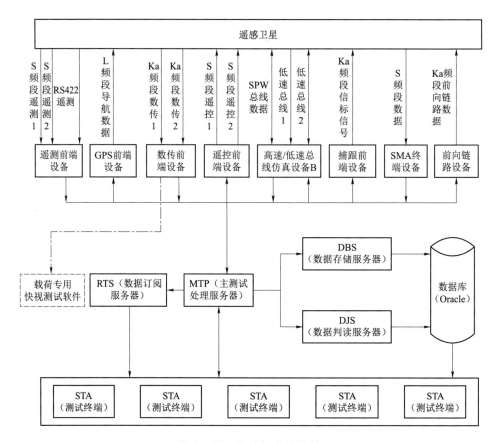

图 19-11 星地信息流设计

指令类型多、格式复杂的特点,需研制高度可配置的数据注入生成验证系统,能够灵活地根据星上指令格式生成数据注入文件,并对其正确性进行验证。该系统一方面用于生成整星测试用全部数据注入指令,另一方面用于在轨飞行控制期间的整星数据注入验证。

(3) 制定统一的数据访问接口。由于遥测及数传数据中包含工程参数测量数据和图像、有效载荷工程数据和图像,总控需要与多个分系统测试软件进行大量数据交互。为此,综合测试制定了统一的遥测、数传数据访问接口,制定了统一的遥测、数传归档文件格式,使各分系统软件能够有效获取和访问测试数据,方便对测试数据进行分析。

(4) 具备高速数据处理能力。遥感卫星的一个重要特点就是数据下传速率高、对地面处理要求高。目前遥感卫星载荷遥感数据的原始数据率已达到几十 Gb/s,对地面设备的数据高速处理能力提出了更高的要求。

3. 地面测试系统组成

地面测试系统是一个两级管理的分布式局域网络系统，由总控设备（OCOE）通过以太网与分系统专用测试设备（SCOE）连接，统一配置数据图形显示终端完成测试数据监视，统一配置判读终端完成测试数据判读，统一提供数据库存储信息提供给各分系统使用。以典型高分辨率遥感卫星地面测试系统为例，系统拓扑结构如图 19-12 所示。其中总控设备是数据处理、控制指令管理、自动化测试实施、测试数据分析、测试过程指挥监控管理中心，可完成对供配电、测控数传等前端设备的远程控制，完成遥测和数传数据的接收、处理和显示，完成遥控指令和注入数据生成，支持测试数据存储、查询和判读服务。分系统地面设备主要包括：

（1）供配电前端设备：完成遥感卫星地面供电、有线指令发送和有线参数采集功能。

（2）测控分系统测试设备与导航接收机测试设备：完成遥测信号的接收解调，遥控信号的调制发送，完成模拟导航信号的上传，并实现分系统性能的自动化测试。

（3）控制分系统测试设备：用于检测控制分系统开路、闭路测试时的各项功能、性能和控制精度。

（4）数传测试设备：完成星上高速数传数据的接收、解调、存储和分发功能。

（5）快视设备：完成对遥感载荷图像和业务数据的处理，并对数据进行判读和显示。

4. 地面测试设备验证

遥感卫星各阶段测试开始前，需要对地面设备进行校准，各分系统根据分系统地面设备联调细则对分系统地面设备进行调试，总控对主测试处理机、数据库服务器、测试操作台、数据判读服务器以及各显示终端的接口和运行情况进行检查。分系统内部联调完成后，进行分系统间、分系统与总控之间的系统级联试。具体包括总控与供配电地面设备及卫星等效器的联试，总控与遥测前端、遥控前端及数传前端的联试，总控与控制地面设备、数传与快视地面设备的联试。对于需要使用测试序列的项目，在遥感卫星加电前需要对序列发送情况进行验证。在远程测试模式下，测试开始前还要对光端机及光纤链路进行调试。

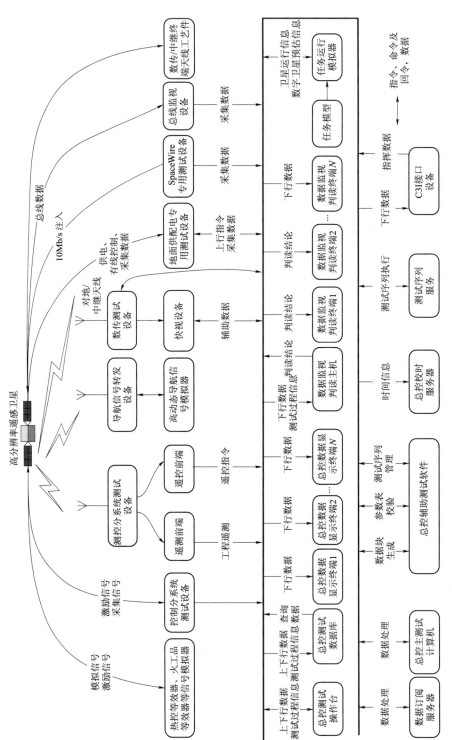

图 19-12 综合测试系统拓扑结构图

19.2.4 综合测试项目设置

遥感卫星综合测试项目包括接口测试、分系统功能和性能测试、系统级模式测试和大型环境试验等几类,如表19-3所示。其中接口测试的目的是验证星上各分系统设备之间接口的正确性和匹配性,为整星测试建立状态;分系统功能和性能测试的目的是检验分系统各项功能和性能指标的正确性,以及分系统间配合工作的协调性;系统级模式测试的目的是验证卫星能够在轨完成各项任务,并验证飞行程序和工作模式设计的合理性;整星健康状态检查的目的是通过各分系统自检测试验证整星状态良好。

表 19-3 遥感卫星综合测试项目

类别	测试项目
接口测试	电源、总体电路、数管等分系统供电接口检查;测控上行、下行信道检查;遥控指令接口检查;其他分系统供电接口检查
分系统功能和性能测试	电源、总体电路、测控、数管、控制与推进、热控、数传和遥感载荷等各分系统功能与性能测试
系统级模式测试	M1 模式测试:整星功能 M2 模式测试:星上指令、1553B总线、SpaceWire总线、高速图像数据传输等上、下行数据流测试 M3 模式测试:载荷成像、高速图像数据处理与对地传输测试 M4 模式测试:载荷成像、高速图像数据处理与中继传输测试 M5 模式测试:整星模飞试验 M6 模式测试:卫星自主安全模式测试 M7 模式测试:卫星姿态和轨道控制模式测试 M8 模式测试:卫星健康状态检查
大型环境试验	整星力学试验、整星噪声试验、整星微振动试验、整星热平衡与热真空试验、整星EMC试验、整星磁试验等
大系统对接试验	与运控系统对接试验、与应用系统对接试验、与测控系统对接试验、与中继卫星系统对接试验等

系统级模式测试主要包含整星功能模式测试(M1)、整星数据流模式测试(M2)、载荷工作模式测试(对地模式M3/中继模式M4)、全任务链模飞测试(M5)、卫星自主安全模式测试(M6)、姿轨控制模式测试(M7)以及整星健

康状态检查模式测试（M8）。

19.2.5 卫星功能模式测试

卫星功能模式测试（M1）是指卫星在 AIT 阶段达到整星级系统测试条件后，即星上产品齐套，分系统功能性能测试后，进行整星系统工作状态下的分系统工作情况验证，以串接方式进行各分系统功能测试以及部分性能测试。该项测试主要目的是为了验证分系统或单机在整星条件下的功能和性能的一致性，为其他整星系统级模式测试确定整星技术状态基线。

19.2.6 卫星数据流模式测试

卫星数据流模式测试（M2）考察整星数据流传输的正确性，重点检查卫星不同工作模式下，以综合电子系统管理单元和姿态控制计算机为中心的服务系统为载荷工作提供数据服务的能力，以及综合电子分系统进行整星数据管理的能力，测试整星所有的数据流产生、传输和执行过程；同时要通过对整星数据流的分析，模拟整星在轨工作时最大数据量工作过程，测试任务调度能力和用户数据接收、执行过程的正确性。

数据流测试主要的测试内容包括地面注入、中继高速上行、总线数据通信、积分时间、载荷工作过程记录、高速数据下传和在轨自主管理等。

19.2.7 卫星载荷工作模式测试

卫星载荷工作模式测试主要以载荷业务数据下传模式分类，包含对地传输模式测试（M3）和中继传输模式测试（M4）。载荷工作模式测试设置载荷设备和相关服务系统设备的不同硬件及软件状态，检查不同组合情况下卫星载荷对地/中继通道工作情况，包括图像数据记录、图像数据对地/中继传输、图像数据对地边记边放、极化复用对地回放，以及平台数据回放等。载荷工作模式测试主要验证卫星在轨正常工作的各种工况下各分系统协同工作能力，包括姿态机动能力、动中成像能力、载荷成像能力和数据传输能力等。

19.2.8 全任务链模飞测试

全任务链模飞测试（M5）模拟在轨飞行程序的执行过程，验证飞行程序安

第 19 章　遥感卫星总装集成、测试与验证技术

排的合理性和项目可实施性,包括卫星射前状态设置、主动段任务和入轨后正常姿态建立、有效载荷正常在轨工作任务等。卫星模飞测试重要工作内容见表 19-4。

表 19-4　模飞测试

模飞时间点	模飞测试项目	测试内容
射前 5 小时	射前状态确认	卫星各分系统健康检查,确认卫星各分系统具备发射条件
	射前状态设置	按照在轨飞行状态对星表和星上设备进行状态设置
点火、发射	遥测监视	对卫星状态进行监视
星箭分离 (第 1 圈)	入轨段程控	根据星箭分离后程序,对入轨段程控事件进行验证,包括太阳翼展开、姿态初步调整与建立等
入轨第 2 圈 … 入轨第 N 圈	入轨初期状态设置	模拟对卫星进行入轨初期状态设置,包括高精度对地姿态建立、服务分系统开机工作、天线等部件解锁展开
入轨第 N+1 圈	在轨飞行与工作	根据在轨实际情况,对卫星上注工作任务,模拟在轨正常工作模式,覆盖典型工况

19.2.9　卫星自主安全模式测试

卫星自主安全模式测试(M6)是通过地面送错误信号或上行注入数据改变星上正常状态,人为设置不同的故障情况,检查星上自主故障对策执行的正确性,重点是系统管理单元和姿态控制计算机对故障反应及时性及自主修正错误的正确性,结合部分分系统的硬件切机检查。

19.2.10　卫星姿轨控制模式测试

卫星姿轨控制模式测试(M7)以控制分系统在轨工作模式为重点,其他分系统配合验证控制各项功能,包括控制在轨所有工作模式验证,不同工作模式下故障策略验证,主要包括:正常对地姿态的建立、姿态机动能力测试、敏感执行部件备份序列切换测试、故障自主识别与切换模式测试和轨道控制能力测试。对于高分辨率遥感卫星,特别需要对卫星敏捷机动成像、动中成像等模式进行详细的验证测试。

19.2.11 卫星自主任务管理测试验证

高分辨率遥感卫星的一个重要特征就是任务多,需要具有在轨自主任务管理的能力,其测试验证成为高分辨率遥感卫星综合测试中智能化测试的重要组成部分。传统测试模式由地面上注指令序列块,卫星严格按照地面上注的指令序列,依次执行上注指令或者固化的指令序列,卫星依赖于人工确认,保障卫星在轨安全,一般用户提前一天确认指令序列的安全性,之后注入数据块并由卫星执行。

卫星自主任务管理技术要求在星上自主生成满足用户要求的指令序列。一旦星上程序错误或者模型错误,轻则测试失败,重则损坏星上设备。因此,地面测试系统配置"任务运行模拟器"和"任务模型",包括指令模型、能源模型、存储模型和传输模型等,根据用户输入的任务信息,地面实时模拟星上的任务运行过程,并自主监视卫星的实时运行状态,一旦发生运行故障,自主启动保护程序。自主管理功能综合测试方案见图 19-13。

19.2.12 光学遥感载荷专项测试

1. 整星状态下调制传递函数 MTF 测试

相机调制传递函数 MTF 已经成为光学遥感卫星相机的核心指标,被定义为在空域中的光强场为正弦分布时,相机成的像的调制度与物的调制度之比。它反映了光学系统、CCD 探测器和信号处理电子学系统综合的空间传输能力。

相机 MTF 测试可分为相机单元 MTF 测试和整星状态下 MTF 测试,前者是指在相机交付前的相机单元测试或者卫星大型环境试验后的返厂(所)测试;后者是指在整星状态下相机性能专项测试和发射场技术区的专项测试。整星状态下 MTF 专项测试的目的就是验证相机交付后在整星状态下其性能是否符合设计要求,以及卫星研制过程的稳定性。

相机 MTF 测试方法有干涉法、分辨率法、线扫描法和小光点注入法等。整星状态下 MTF 专项测试采用分辨率法,这种方法简单易行,对测试环境要求低,适用于整星 AIT 环境,便于操作实现。整星状态下 MTF 专项测试如图 19-14 所示。

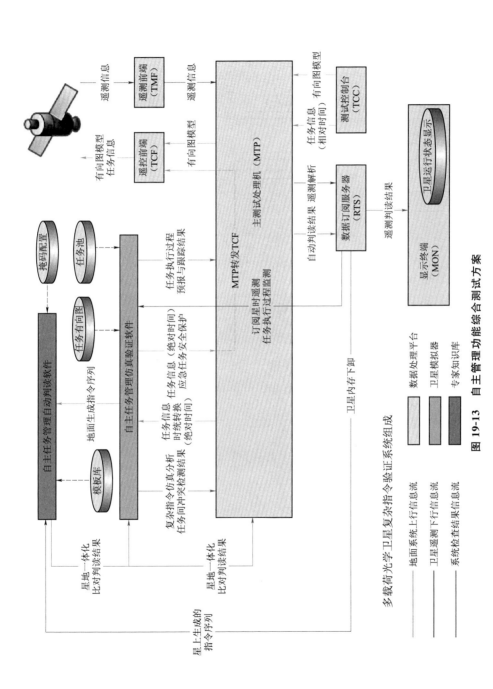

图 19-13 自主管理功能综合测试方案

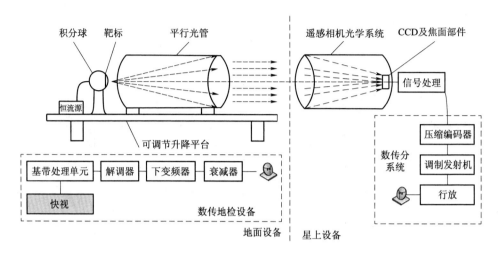

图 19-14　MTF 测试框图

2. 整星状态下相对辐射定标测试

整星级遥感相机辐射定标试验只进行相机的相对辐射定标试验。相对辐射定标主要是考核遥感相机在整星环境下，通过测量遥感相机对于相同辐射度量的输入情况下各像元之间的不同响应辐射度量的测量，并与实验室定标结果进行比对，检查遥感相机在经过长时间的测试过程中（尤其是振动试验和热真空热平衡试验）CCD 各像元 S 之间响应的一致性（在实验室定标时已经校正一致）和可靠性，参见图 19-15。

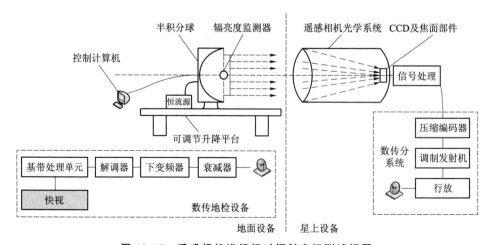

图 19-15　遥感相机进行相对辐射定标测试框图

19.2.13 雷达遥感载荷回波模拟专项测试

雷达成像遥感卫星在整星系统级测试过程中无法在地面进行真实雷达成像，需要通过地面模拟 SAR 回波来进行卫星数据的闭环验证测试。回波模拟器为整星测试地面设备，其主要任务为验证星上 SAR 载荷接口、功能及主要指标，并与数传地面设备及快视地面设备共同完成有效载荷测试。回波模拟器功能主要包括接收星上 SAR 载荷发射机发射信号，根据发射信号参数及各类控制信号模拟生成回波信号送入 SAR 载荷接收机，参见图 19-16。

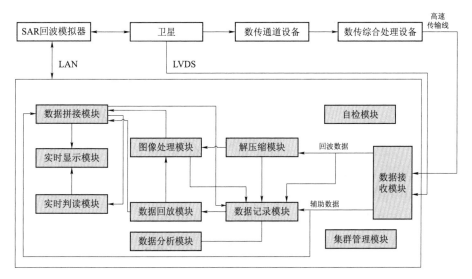

图 19-16　SAR 遥感卫星回波模拟测试框图

卫星遥感技术

19.3 遥感卫星系统级试验验证技术

结合高分辨率遥感卫星技术特点，重点介绍有特色的系统级地面试验验证方法，对于常规的系统级地面试验，如声试验、正弦振动试验、星箭对接分离试验、真空热试验、电性能综合测试、EMC试验、测控对接试验、发射场对接试验等，不再赘述，可参考航天器试验验证的相关专著。本章节重点介绍试验项目为微振动试验、卫星与运控/应用系统对接试验、热成像试验。

19.3.1 微振动试验

微振动试验是通过整星地面试验，测量星体结构对微振动的传递作用，预测有效载荷的轨微振动响应，是评估高分辨率图像受微振动影响的程度、保障在轨成像质量的关键措施。

1. 试验方法

遥感卫星微振动抑制设计主要通过结构设计降低微振动传递和增加减隔振装置来抑制卫星微振动响应，也是保障高分辨率遥感卫星成像质量的重要手段。因此，有必要在整星条件下进行微振动特性测试，对整星结构动力学特性和减隔振设计有效性进行验证，摸清星体结构微振动传递特性，获取微幅激励下星体结构动力响应特征,并以此为依据完善减隔振系统设计。整星微振动试验十分复杂,影响环节很多,通过对全试验系统误差源分析发现,提高试验有效性存在三种方法,即在轨自由边界模拟方法,最大限度降低支撑或悬吊装置对整星力学特性的影响;星上微振动与光轴抖动的物理关系建立及其测量方法;地面模拟试验与飞行状态差异分析及其补偿技术。

1) 自由边界模拟方法

为模拟整星自由边界,采用低频弹簧平衡整星自重,实现低于 2 Hz 的支撑频率,自由边界模拟方案如图 19-17 所示。由分析结果(图 19-18)可见,对于相机主镜的微振动响应,支撑装置仅对 20 Hz 以下的频段有影响,在 20 Hz 以上与理想自由边界基本一致,较好地模拟了整星在轨边界条件。

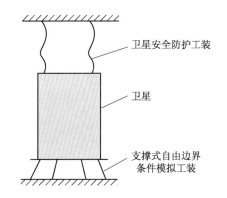
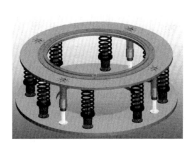

图 19-17 自由边界模拟方案示意图

2) 角振动测量方法

目前微振动测量方法中,力学量的测量(如加速度、界面力等)成熟度较高,而针对有效载荷视线抖动的高精度测量手段较少。采用传统的加速度测量无法直接建立与成像质量的关系,中间解算环节会引入较大的误差,无法为成像质量评估和校正提供可靠的依据。开展角振动测量,获取关键部件的角振动信息,是建立机械振动与成像质量直接联系的必要手段,是开展成像质量评估与图像修正的基础。测量角位移的方法有多种,其中差分式加速度计组无法满足测量精度要求,高精度光纤陀螺体积庞大,激光陀螺

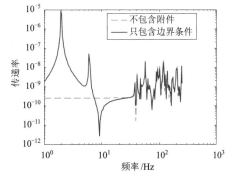

图 19-18 边界模拟装置对相机主镜微振动响应影响

和磁流体传感器是目前工程可行的高精度角振动传感器,其中激光陀螺的成熟度更高。

3) 柔性附件影响分析

地面试验中,由于重力的影响,太阳翼、天线等柔性展开部件难以采用真实产品安装至试验星,且重力的影响使柔性附件的受力状态与在轨状态有较大差异,其力学特性也会发生一定的变化。针对这一问题,基于子结构方法对柔性附件的影响进行定量分析。分析结果见图 19-19,柔性附件主要影响 30 Hz 以下的频段,而星上主要扰动源频率在 60 Hz 以上,因此柔性附件对微振动传递特性影响较小,地面试验中不包含柔性附件不会引起微振动响应明显误差。

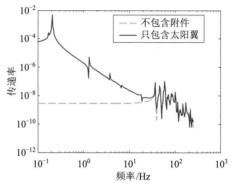

图 19-19 柔性附件对相机主镜微振动响应影响

2. 试验系统设计

1) 卫星状态设置

考虑到地面试验实施的可行性,尽量减少不可控的误差环节,卫星在试验过程中不安装在轨展开的柔性附件,如太阳翼、含展开臂的天线等,不加注推进剂。活动部件的状态设置有两种方式:一是安装结构模拟件,要求能够模拟真实产品的安装方式、重量特性、结构刚度、测量频带内的动力学特性;二是安装能够模拟真实产品扰动输出的模拟件或多自由度标准信号模拟源。

2) 测量传感器设置

为全面掌握结构的微振动传递特性、测量敏感载荷的指向抖动、监控试验环境的干扰、获取试验边界的力学特性,微振动试验过程中一般采用多种传感器进行多通道、多参量的测量。主要采用的传感器类型及性能如表 19-5 所示。

表 19-5 微振动试验传感器类型及主要性能

传感器类型	测量目的	性能指标
微振动加速度计	测量星体结构对微振动的传递特性以及关键点的加速度响应	灵敏度优于 1 000 mV/g;测量频率范围 1~1 000 Hz
角振动传感器	测量星上扰动引起的相机视轴的晃动	角分辨率优于 0.007″;测量频率范围 1~1 000 Hz

续表

传感器类型	测量目的	性能指标
激光位移传感器	测量星上扰动引起的相机整体平动	分辨率优于 1 μm；测量频率范围 1～1 000 Hz
模态加速度计	测量整星模态	灵敏度优于 10 mV/g；测量频率范围 1～1 000 Hz
环境监测加速度计	监测环境噪声	灵敏度优于 10 000 mV/g；测量频率范围 1～1 000 Hz
像移测量系统	测量焦平面像移	分辨率优于 1 μm；测量频率范围 1～1 000 Hz

3）边界模拟装置设计

边界模拟装置的边界刚度应尽可能低，边界模拟装置引起的模态频率至少应低于测量频带下限的 1/10，边界模拟装置随被试对象运动的质量应低于被试对象总质量的 5% 以下，边界模拟装置与卫星的连接方式应尽量避免对卫星结构振动产生附加约束。

3．试验结果分析

某遥感卫星在研制过程中，通过地面试验对微振动对成像质量的影响进行了预示，试验状态如图 19-20、图 19-21 所示。

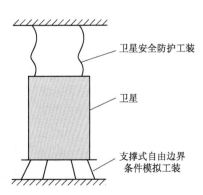

图 19-20 微振动试验状态

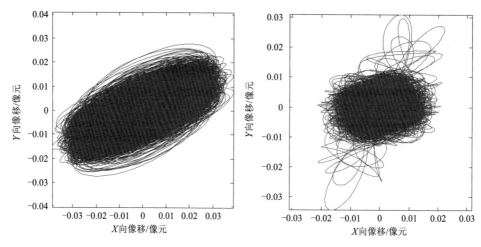

图 19-21 实测像移轨迹

对于 CMG 单机稳速、CMG 模拟在轨工况，选取 CMG 安装面-CMG 隔振器与舱板安装面-相机隔振器与载荷适配结构连接点-相机主框-相机主镜-相机次镜的典型传递路径，分析 CMG 扰动在星体结构中的传递情况。

由传递路径的加速度测点响应分析可知，CMG 隔振器与相机隔振器起到了主要的传递衰减作用。6 台 CMG 同时稳速工况下，CMG 隔振器全频带衰减率在 92% 以上，特征频点衰减率在 92% 以上，相机隔振器全频带衰减率在 98% 以上，特征频点衰减率在 92% 以上。对于单台 CMG 开机工况，相机隔振器全频带衰减率在 90% 以上，特征频点衰减率 66 Hz 衰减率在 88% 以上（主要原因是测量传感器信噪比较低），158 Hz 衰减率在 93% 以上。CMG 隔振器全频带衰减率在 94% 以上，66 Hz 衰减率在 86% 以上，158 Hz 衰减率在 83% 以上。参见表 19-6。

表 19-6 传递衰减率统计

工况	全频段衰减		66 Hz 衰减		158 Hz 衰减	
	CMG 隔振器/%	相机 隔振器/%	CMG 隔振器/%	相机 隔振器/%	CMG 隔振器/%	相机 隔振器/%
CMGa	95.59	91.26	86.74	88.50	86.51	93.90
CMGb	97.08	99.21	97.66	94.87	93.63	96.83
CMGc	96.40	95.65	95.28	95.64	95.76	96.42
CMGd	94.89	94.43	95.03	93.92	94.92	94.19
CMGe	95.46	90.97	86.70	88.49	83.06	93.97
CMGf	97.38	99.38	97.69	94.87	94.34	97.37
6 台 CMG 稳速	94.05	98.84	95.48	93.84	94.11	99.06

试验中,在相机主镜上布置了2个高精度角位移传感器及一个激光光源,在次镜、三镜、双反镜、调焦镜上布置了反光面,在焦面上布置了高精度位置敏感传感器,测量了星上活动部件开机时引起的像移轨迹。测量6台CMG同时开机时,引起的像移抖动,得到的像移轨迹如图19-22所示。对全光路像移的频谱(图19-23)进行分析,主要有158 Hz和66 Hz两个频率成分,其中158 Hz的幅值比66 Hz高一个量级以上。因此,焦平面上的像移轨迹主要表现为椭圆形,其周期约为6.33 ms。像移量最大不超过0.07像元。

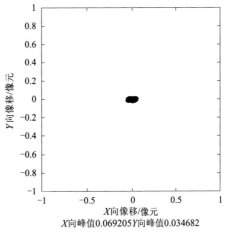

图 19-22 像移轨迹

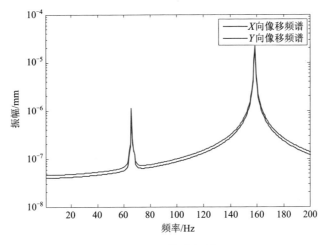

图 19-23 像移频谱

19.3.2 卫星与运控/应用系统有线对接试验

为确保星地接口的匹配性,在初样阶段和正样阶段都需要进行卫星与运控、应用系统的有线对接试验,而对星地数传设计状态变化较大的卫星系统,通常还需要在初样阶段利用电性产品开展无线对接试验。

有线连接状态下的卫星与运控/应用系统对接试验功能在于,用于检验星-地大系统数据传输和业务测控系统接口的正确性、功能和性能符合性;检验星-

地协同工作时调制解调、编译码、压缩与解压、格式编排与格式解译等处理的一致性和匹配性；检验有效载荷各种工作模式下与地面的正确性、协调性；检验辅助数据格式解析与反演处理的正确性；以及检验星地之间多路信号的电磁兼容性。

1. 试验验证项目

有线连接状态下的卫星与运控、应用系统对接试验，其试验验证项目主要包括两大方面：

（1）信道指标测试：数传信道主要接口指标测试包括载波频率、调制频谱测试、对地传输比特率测试、数传系统误码率测试；遥测信道主要接口指标测试包括遥测信道载波频率测试、遥测信道调制频谱、扩频码率和码速率测试。

（2）数传模式测试：包括有效载荷控制注入指令模板验证，成像数据记录、数据对地回放、成像对地边记边放模式测试，辅助数据格式和反演处理结果比对正确性验证，固存容量测试，有效载荷控制注入宏指令模板验证等。

2. 有线对接试验工况设置

星地有线对接主要目的是验证相机载荷、数传与地面运控、应用系统接口的正确性。极化复用模式和非极化复用模式下，卫星下传的数传信号方式不同，导致配置状态也有所区别。

1）非极化复用模式下有线对接试验

非极化复用模式下，卫星对地通道 1A 和 2A 开机工作，并通过合路/功分网络分为两路信号，一路送给卫星数传地检设备，另一路送给地面运控和应用系统（可仅将射频接收通道 1A 和 2A 开机工作）。联试框图如图 19-24 所示。

2）双频双极化复用模式下有线对接试验

该模式下，卫星 4 个对地通道（1A、1B、2A、2B）均开机工作，并通过合路/功分网络分为两路信号：一路送给卫星数传地检设备，另一路送给地面运控和应用系统（4 个射频接收通道——1A、1B、2A、2B 开机工作）。

3）星地 S 波段有线对接试验

星地 S 波段有线对接联试框图如图 19-25 所示。对上行遥控指令的发送，在运控系统与卫星方共同确认发送模板的正确性之后，由卫星方通过遥控前端上注至星上系统。对下行遥测信号，采用功分器进行分路后，一路信号送卫星方遥测处理设备进行解调、解扩等处理，另一路信号送运控系统进行解调、解扩、遥测格式解析及挑点判读等处理。

第19章 遥感卫星总装集成、测试与验证技术

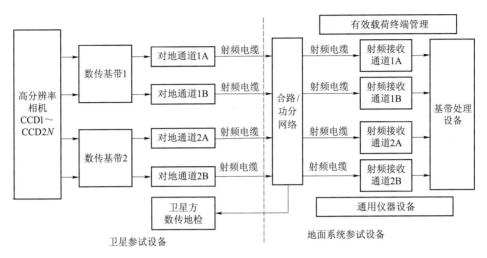

图 19-24 星地有线对接联试框图

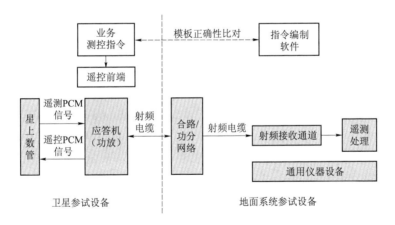

图 19-25 星地 S 波段有线对接联试框图

3. 试验结果分析

某资源卫星针对 2×450 Mb/s 高速数传系统进行了全面的有线对接试验：

在信道指标测试方面，载波频率准确度优于 1.99e-6；调制频谱符合 SQPSK 差分编码调制特性；对地传输速率为 450 Mb/s，误码率最恶劣情况下优于 8.0e-08（@102.8 dBHz），符合星-地大系统设计目标；遥测信道载波频率、调制频谱"BPSK+扩频"，扩频码率、码速率 5 Kb/s，均符合星-地大系统设计目标。

在数传模式测试方面，验证了成像数据记录、数据对地回放、成像对地边

记边放等工作模式下星-地大系统匹配性、相容性和稳定性，辅助数据格式和反演处理正确性，以及有效载荷指令操控正确性。

19.3.3 卫星与运控系统无线对接试验

无线状态下卫星与运控系统对接试验，主要用于模拟卫星在轨状态下对链路的误码性能进行测试，确保星地传输链路的正确性，同时测试星地天线指向偏差对传输接收链路性能的影响，可包含极化复用，并在卫星天线指向偏差不超出波束宽度的情况下验证地面天线对数传信号的自动跟踪情况。

1. 试验方法

对于星地数传设计状态变化较大的卫星系统（如天线形式、传输频段等），通常需要开展卫星与运控系统的无线对接试验。卫星设备选择在地面站可直视的山上，加电向地面站传输无线射频信号，在此过程中改变星地天线指向状态，并由地面站接收系统进行接收处理，确认无线链路传输是否满足卫星在轨的使用需求。

2. 无线对接试验工况设置

无线连接状态下的卫星与运控系统对接试验，其试验验证项目主要包括：地面站接收天线隔离度测试；误码率测试，包括非极化复用模式和极化复用模式；星地天线偏置影响测试，包括对星地联合隔离度影响、对误码性能影响。

无线对接联试框图如图 19-26 所示。星上设备位于地面站某方向的某山顶峰，对应地面站天线接收仰角最好不小于 5°。在山顶峰，对地数传天线组件与 S 全向天线靠近在一起放置，通过肉眼观测使它们均大致指向地面站。地面站天线首先跟踪 S 全向天线发出的 S 信标，完成粗对准后，接收对地数传天线组件发出的单载波信号，通过调整星上天线和地面天线指向，当接收信号功率最大值时则认为星地天线完成了对准。

3. 试验结果分析

某资源卫星针对 2×450 Mb/s 高速数传系统进行了全面的无线对接试验，测试结果表明：

（1）地面站接收天线对准时，左旋隔离度 27.3 dB、右旋隔离度 26.7 dB，天线拉偏 3 dB 时左旋隔离度 23.0～25.5 dB、右旋隔离度 21.1～30.5 dB。

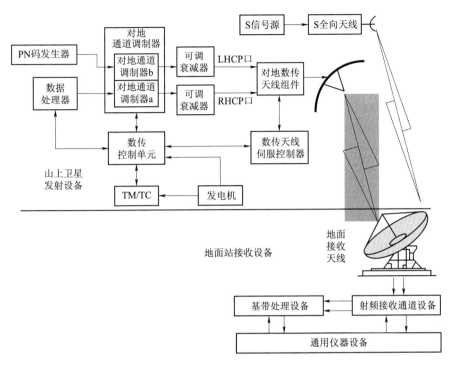

图 19-26 星地无线对接试验框图

（2）非极化复用模式下，地面天线对准后，将星上天线分别对准和偏置 2°/2.5°/3°/3.5°，误码性能曲线接近，误码率为 10^{-7} 所对应最大载噪比为 101 dBHz。星上天线对准，将地面天线分别对准和偏置 0.04°/0.06°/0.08°/0.1°/0.12°，误码性能曲线接近，误码率 10^{-7} 所对应最大载噪比为 101.3 dBHz。星、地天线偏置主要引起接收信号功率的下降。

（3）极化复用模式下，星地天线对准后，极化复用右旋、极化复用左旋、非极化复用右旋、非极化复用左旋，这 4 条误码性能曲线差别不大，误码率 10^{-7} 所对应最大载噪比为 102.2 dBHz。

（4）星地天线偏置影响测试，星上天线拉偏范围 $-2.0°\sim +2.0°$、地面天线拉偏范围 $-0.12°\sim +0.12°$，隔离度在 $13.6\sim 25.8$ dB 内变化。在同样偏置角度组合下，极化复用和非极化复用所接收到的载噪比接近，但极化复用的误码性能比非极化复用的误码性能略差。

19.3.4 相机热成像试验

相机热成像试验测试相机在刚入轨的低压常温状态下、真空热平衡环境下及特定温度条件下的成像性能、焦面位置的变化情况,从而检验产品设计、工艺的合理性,验证产品能够达到功能以及在经受各种环境时的适应能力。相机热成像试验一般包括低压常温相机稳定性成像试验、热平衡环境成像试验、温度拉偏成像试验、真空放电试验等环节。

1. 热成像试验流程

相机真空热成像试验包括低压常温条件下相机稳定性成像试验、热平衡环境成像试验和相机主体温度拉偏成像试验三部分。其中:热平衡环境成像试验包括低温瞬态工况和高温瞬态工况;稳态工况下相机主体温度拉偏成像试验包括不同温度水平下的成像试验(一般需要在覆盖相机在轨工作温度范围的基础上进行一定的温度拉偏),并开展温度梯度条件下的成像试验。

2. 相机功能测试

检查相机在不同试验工况下的工作模式及指令执行情况。对相机在不同工作模式下进行全面的功能测试,主要是焦面锁定/解锁功能、调焦功能、成像功能;在成像功能中,要进行积分时间、TDI级数、增益等参数设置检测。

1) MTF测试及焦面位置标定

在规定的试验工况下,合理选用平行光管,通过采用标定过焦曲线的方式进行 MTF 测试和最佳焦面位置标定,以确定该工况的最佳焦面位置。

(1) 调焦方法:在试验过程中,采用的调焦方式为对相机进行间接调焦的方式。即相机的焦面位置保持不动,通过改变平行光管焦面位置的方式实现调焦。根据相机和平行光管的焦面共轭关系,得到相机在不同试验条件下的最佳焦面位置。在试验前和试验中,对二者之间的关系进行试验验证。

(2) 测试选用靶标:试验所用靶标的空间频率对应相机的 Nyquist 频率。为了快速、准确测试系统 MTF,靶标设计为多组相同空间频率的靶标,其中每两组靶标的间隔折算到相机焦面为 $N+0.1$ 像元。在后面测试结果中,MTF 值为多组靶标的测试最大值。在确定相机的焦面位置时,以 MTF 测试结果为判断依据。

(3) 测试选用视场:测试将选用在常温常压环境下,该视场的系统 MTF 不低于全视场均值,且 MTF 对离焦敏感的视场区域。

2) 信噪比测试

该项测试只用于不同试验工况的比较,可与 MTF 测试同步进行。在 MTF 测试时,通过采用特定的靶标(含 Nyquist 频率和三组 100 像元宽度的亮条纹)实现 MTF 和信噪比二者同时测试。其中,Nyquist 频率靶标用于 MTF 测试,宽亮条纹的图像数据用于信噪比测试，二者均为特定视场的测试结果，且后者为指定像元位置的测试结果，以确保每个工况的测试位置一致。

3. 参试设备安装状态

相机真空热成像试验需在真空容器内进行，为了获取尽可能多的温度数据，在相机上还需布置若干测温热敏电阻与若干热电偶。试验中真空容器热控温度要求在 100 K 以下，模拟卫星在轨空间背景；罐内真空度要求优于 1.3×10^{-3} Pa，模拟卫星在轨的真空环境。在设备安装的过程中，应保证相机合理放置在平行光管前，且相机的入光口应对准平行光管的出光口。

相机试验系统安装示意图见图 19-27，相机实际试验状态见图 19-28。

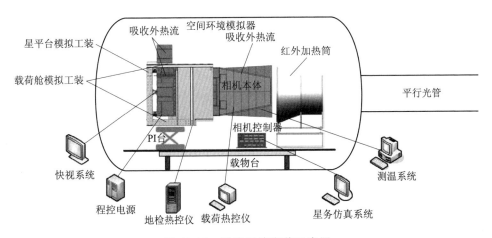

图 19-27　试验系统安装示意图

图 19-28　相机产品试验状态

4. 试验结果分析

某资源卫星针对其高分辨率可见光遥感相机在地面进行热模拟成像试验，在其热真空成像试验中开展了相机主体温度拉偏水平成像试验。在 MTF 测试时，相机通过空间环境模拟室窗口外的 30 m 平行光管，使 TDICCD 器件接收到装在平行光管上的靶标图像。经信息采集、视频处理，在快视计算机上接收输出图像，通过 Nyquist 频率处的图像调制度来判断相机系统的成像质量及最佳焦面位置。测试靶标设计为含 Nyquist 频率和三组 100 像元宽度的亮条纹，在 MTF 测试的同时对特定像元的信噪比进行了监测。

试验结果表明：热平衡条件下相机静态传函优于 0.2，温度拉偏条件全色谱段系统静态 MTF 均优于 0.18；且相机在温度水平 19 ℃温度以上的各个工况的系统 MTF 优于 0.202。

参 考 文 献

[1] 于登云,等. 月球软着陆探测器技术 [M]. 北京:国防工业出版社,2016.

[2] 孙刚,易旺民,熊涛,等. 虚拟装配技术在卫星总装过程中应用研究 [C]. 2006 年度结构强度与环境工程专委会与航天空间环境工程信息网学术研讨会. 2006,231-235.

[3] 杨润党,武殿梁,邓华林,等. 虚拟装配环境下产品装配技术的研究和实现 [J]. 计算机集成制造系统,10 (10),2004:1220-1224.

[4] 熊沸,孙刚,孟庆仪. 航天器总装中的数字化工厂技术 [J]. 软件及系统集成. 2010 (34):97-100.

[5] 熊涛,孙刚,刘孟周. 数字化技术在卫星总装中的应用 [J]. 航天器环境工程,25 (1),2008:80-83.

[6] 刘玉刚. 2011 集团公司数字化制造论坛 [C]. 2011:379-384.

[7] 谭维炽,胡金刚,航天器系统工程 [M]. 北京:中国科学技术出版社,2009.

[8] 彭成荣,航天器总体设计 [M]. 北京:中国科学技术出版社,2011.

[9] 于登云,月球软着陆探测器技术 [M]. 北京:国防工业出版社,2016.

[10] 张翰英,卫星电测技术 [M]. 北京:宇航出版社,1999.

[11] 徐福祥,卫星工程概论 [M]. 北京:宇航出版社,2003.

[12] 蒋卫国,遥感卫星导论 [M]. 北京:科学出版社,2015.

第 20 章

发展展望

卫星遥感技术的后续发展方向与各行业、各领域需求密切相关，主要体现在如下若干方面：第一方面是与"互联网+"紧密联系的卫星遥感技术体系；第二方面是充分发挥遥感卫星不同类型轨道的特点构建遥感卫星体系；第三方面是未来发展的各种新型遥感技术，等等。

20.1 未来"互联网+卫星遥感+大数据+数字地球"新体系

卫星遥感数据作为一种具有巨大应用价值的战略资源，其应用将与移动互联网、全球导航、物联网、云计算、大数据分析等战略新兴产业深度融合，服务于人类社会各个方面。随着技术和产业的发展，遥感大数据具有全球性、多视角、多维度、多尺度的特征，其全球性的气候、生态、环境变化等数据资源，具有重要的应用价值，也是未来高精度数字地球、智慧地球、智慧城市、智慧交通等不可缺少的基础数据。

卫星遥感具有多探测手段、多分辨率、多谱段、多维度、全天时、全天候等特点，见图20-1，卫星遥感服务在智慧城市建设、国情普查、环境整治、土地确权等方面发挥着越来越重要的作用，如提高土地资源的监测、生态环境的监测，并逐步向国家安全、海洋、交通、新能源等领域扩展。

"互联网+遥感"不是对遥感产业的颠覆，而是增强。"互联网+卫星遥感"，促生了遥感云服务、遥感即服务、实时中国，提高了卫星遥感服务实时性，见图20-2。互联网公司将越来越多地利用天基遥感数据服务推动现有业务升级，推动航天技术与应用产业加速融入信息服务产业，在大产业中实现大发展，如图20-3。

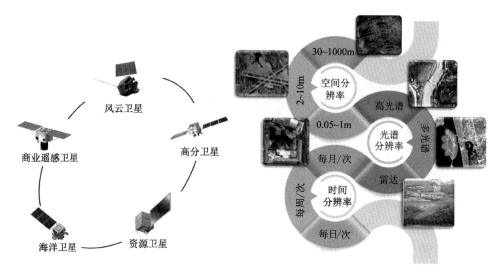

图 20-1 基于卫星遥感数据的多种遥感数据源

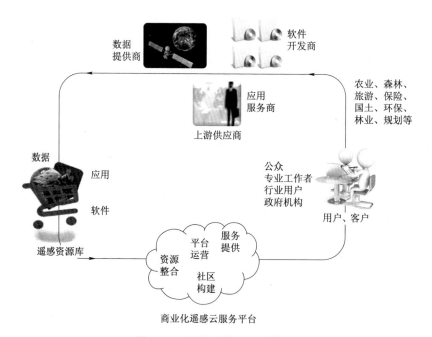

图 20-2 遥感云服务平台模式

第 20 章 发展展望

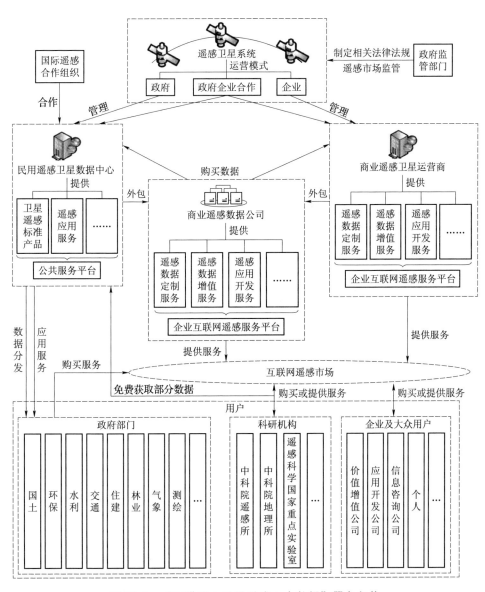

图 20-3 "互联网＋卫星遥感＋大数据"服务架构

20.2 低、中、高轨结合的高分辨对地观测卫星系统

美、法国等航天强国十分重视低轨全球覆盖、中轨区域持续监视、高轨广域监视的联合观测体系。美国最早提出由 KH-12＋长曲棍球卫星低轨系统、8X 卫星中轨系统、高轨高分辨率光学成像系统构成天基高分辨率综合侦察监视体系,其中 8X 卫星选择 2 689 km×3 132 km、倾角 63.4°轨道,可见光分辨率和 SAR 分辨率为 1 m,全天时全天候工作。美国曾提出实用型系统,如图 20-4 所示,能够在静止轨道实现 1 m 的高分辨率,视场为 10 km×10 km,成像速率可高达每秒 1 幅,实现对敌方军事目标的连续监视,将大幅提升对舰船、导弹发射车等时敏目标的动态监视能力。

法国于 2013 年 10 月提出发展低、中、高轨结合的光学成像卫星体系,低轨光学成像分辨率为 0.2～0.3 m,单星天重访,实现超高分辨率对地观测;中轨光学卫星选择 6 353 km×1 261 km,倾角 116°(远地点冻结于北半球),倾斜椭圆轨道,远地点成像分辨率为 1 m 量级、幅宽 50 km,可持续观测时间达 45 min,实现区域持续监视;高轨光学卫星具有

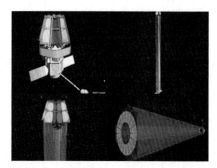

图 20-4 美国实用型静止轨道衍射成像卫星概念图

静态图像和动态视频两种能力，成像分辨率为 3 m 量级，实现广域持续监视能力，其中该系统的中轨、高轨卫星设计状态相同。目前，欧洲提出 HRGeo 静止轨道侦察监视系统卫星，其相机口径 4.1 m，分辨率 3 m，如图 20-5 所示。

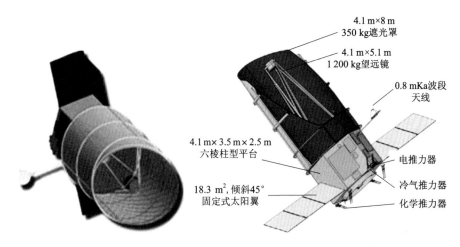

图 20-5　欧洲 HRGeo 静止轨道侦察监视系统卫星示意图

20.3 未来新型遥感技术

20.3.1 可见光-红外-微波高分辨率卫星遥感技术

从目前国外对地观测卫星发展情况来看,美国仍然保持领先,并开始升级换代,KH-12卫星("锁眼"卫星)可见光分辨率达0.1 m、红外分辨率达0.1 m,"未来成像体系-雷达"卫星分辨率达0.3 m。美国商业遥感卫星WorldView-3/4卫星可见光全色分辨率优于0.31 m、多光谱分辨率1.24 m、短波红外多光谱3.7 m。法国"太阳神-2"卫星可见光分辨率优于0.25 m、红外分辨率达2.5 m。俄罗斯于2013年连续发射"角色-2"高分辨率卫星,分辨率为0.33 m。由此可见,不远的将来,全球卫星遥感应用将进入可见光多谱段、红外短波/中波/长波多光谱、Ka波段/X波段/C波段/L波段/S波段等宽谱高分辨率成像综合遥感应用时代。

20.3.2 高分辨率SAR多方位、高时相信息获取技术

除传统的L、C、X、S频段外,P频段也将成为可用的星载微波探测频段。然而,传统SAR图像反映了在较小方位角范围内的目标散射信息,信息量的缺失从客观上造成SAR图像解译的困难。为了进一步提升雷达系统的探测性能,

要发展基于大角度波束扫描技术的星载 SAR 系统，实现多方位信息获取能力，通过获取多方位角雷达图像，更好地反映目标的散射特性和几何特征，提升 SAR 图像的解译能力。

微波时相成像技术可同时获取目标的空间和时间维度的动态变化数据，主要用于检测目标的时变特征。近年来，星载 SAR 时相成像技术是一个重要发展方向，该技术可提高中高轨 SAR 系统成像探测能力。高精度分布式 SAR 将成为未来的发展方向之一。美国、法国和德国都在积极研究，通过多孔径和长基线，实现高分辨率、大幅宽和更高的高程精度。

20.3.3 高灵敏度红外遥感技术

红外遥感手段利用其高温度分辨率可以实现诸多用途，如生态环境监测、大气污染监测、矿产勘查、地质灾害调查以及水下目标发现识别等，因此对于红外遥感手段，其温度灵敏度的提升也是主要发展方向之一。美国 2013 年发射的陆地卫星八号使用的量子阱探测器工作在 40 K，探测灵敏度提高到 30 mK。目前红外探测器灵敏度已做到 1~5 mK 量级或更低，航天红外很快进入 mK 红外遥感应用新阶段。

20.3.4 可见光-长波红外高光谱成像技术

高光谱成像对地遥感探测意义重大，对人类认知和开发利用地球具有非常重要的作用，也是当前监测大气、海洋、地球生态等环境变化，产业与生态演化等定量化遥感反演与应用的最有效手段。近年来，卫星高光谱成像技术发展迅速，光谱分辨率达到纳米级，光谱段多达 400 个，覆盖可见光-短波红外-中波红外谱段，空间分辨率也达到 4 m，可对地物目标光谱特征实现精细化探测。

随着超光谱成像、高灵敏度探测器、计算光谱成像等技术的快速发展，探测手段将更加多样；探测谱段范围将得到进一步拓展，从传统的可见光谱段，进一步向紫外、中波红外、长波红外等谱段拓展；同时空间分辨率、光谱分辨率将得到进一步提高，从而使我们可以获得更高品质的数据。

20.3.5 商业小卫星星座系统推动新应用产业发展

2013 年，美国 Planet Labs 公司和 Skybox Imaging 公司相继发射对地观测卫星。这两家公司均计划发射超大规模的对地观测微小卫星星座，可能改变全球商业卫星遥感产业格局。Skybox 公司的首颗卫星 SkySat-1 卫星，2013 年 11 月发射，卫星质量 91 kg，分辨率 0.9 m，采用 550 万像素分辨率的 CMOS 面阵传感器，并具有星上图像校正和实时压缩能力，是世界上首颗亚米级分辨率的面阵 COMS 成像卫星。星座系统由 24 颗组成，实现 8 小时全球数据更新。Planet Labs 公司在 2013 年发射了 4 颗"鸽子"（Dove）技术验证卫星，单星质量仅 6 kg 左右，分辨率 3～5 m。星座系统由 28 颗纳卫星组成，组成"羊群"（Flock-1）星座，选择高度为 400 km、倾角为 52°的轨道，可实现对人类主要活动区域的近实时覆盖。该星座卫星将采用对陆地连续开机的工作模式。

　　这些创业公司，成功地将微小卫星技术与云服务、大数据、定制服务等创新运营模式有机结合，使基于低成本、高时间、高空间分辨率地球图像应用的商业构想成为现实，构建有关全球每日活动的数据流平台，开发出新的商业应用。

参 考 文 献

[1] 李妙慈. 构建"互联网+卫星遥感"生态圈 [J]. 卫星应用, 2016 (2).

[2] 王炜, 贺仁杰. 互联网思维下卫星遥感服务模式相关思考 [J]. 科技和产业, 2015, 15 (9).

[3] 原民辉, 王余涛. 国外对地观测系统与应用的最新发展 [J]. 卫星应用, 2014 (2).

缩略词

ACM	Adaptive Coding and Modulation	自适应编码调制方式
AOS	Advanced Orbit System	高级在轨系统
APS	Active Pixel Sensor	有源像素传感器
BAQ	Block Adaptive Quantization	分块自适应量化
BD	BeiDou Navigation System	北斗导航定位系统
BDR	Battery Discharge Regulator	蓄电池组放电调节器
BOL	Beginning of Life	寿命初期
BPSK	Binary Phase Shift Keying	二进制相移键控
CCD	Charge-Coupled Device	电荷耦合器件
CCSDS	Consultative Committee for Space Data System	空间数据咨询委员会
CDMA	Code Division Multiplexing Access	码分多址
CMG	Control Moment Gyroscope	控制力矩陀螺
CMOS	Complementary Metal-Oxide-Semiconductor	互补金属氧化物半导体
CTU	Central Terminal Unit	中央单元
DCT	Discrete Cosine Transform	离散余弦变换
DET	Direct Energy Transfer	直接能量传递
DIU	Data Interface Unit	数据管理单元
DOD	Depth Of Discharge	放电深度
DPCM	Differential Pulse Code Modulation	差分脉冲调制编码
DS	Direct Sequence Spread Spectrum	直接序列扩频
DSP	Digital Signal Processor	数字信号处理器
EDAC	Error Detection and Correction	检错纠错
EIRP	Effective Isotropic Radiated Power	有效全向辐射功率
EMC	Electro-Magnetic Compatibility	电磁兼容性

续表

EOL	End of Life	寿命末期
FIFO	First In First Out	先入先出存储器
FMEA	Failure Modes and Effects Analysis	故障模式及影响分析
FPGA	Field-Programmable Gate Array	现场可编程门阵列
GEO	Geostationary Earth Orbit	地球静止轨道
GPS	Global Positioning System	全球定位系统
ITU	International Telecommunication Union	国际电信联盟
JPEG	Joint Photographic Experts Group	联合图像专家小组
KSA	Ka-band Single Access	Ka频段单址接入
LDPC	Low Density Parity Check	低密度校验
LEO	Low Earth Orbit	低轨道
LHCP	Left Hand Circular Polarization	左旋圆极化
LOS	Line of Sight	视轴
LVDS	Low Voltage Differential Signal	低电压差分信号
MEA	Main Error Amplifier	主误差放大器
MPPT	Maximum Power Point Tracking	最大功率点跟踪
MTF	Modulation Transfer Function	调制传递函数
OSR	Optical Solar Reflector	光学太阳反射镜
PCM	Pulse Code Modulation	脉冲编码调制
PID	Proportion Integration Differentiation	比例积分微分控制
PRF	Pulse Repetition Frequency	脉冲重复频率
PROM	Programmable-Read-Only-Memory	可编程只读存储器
QAM	Quadrature Amplitude Modulation	正交振幅调制
QPSK	Quadrature Phase Shift Keying	四相相移键控
RHCP	Right Hand Circular Polarization	右旋圆极化
RMS	Roof Mean Square	均方根
RTU	Remote Terminal Unit	远置单元
S3R	Sequential Switching Shunt Regulator	顺序开关分流调节器
S4R	Serial Sequential Switching Shunt Regulator	串联顺序开关分流调节器
SADA	Solar Array Drive Assembly	太阳帆板驱动机构
SAR	Synthetic Aperture Radar	合成孔径雷达

续表

SDRAM	Static Random Access Memory	静态随机访问存储器
SEB	Singer Event Burnout	单粒子烧毁
SEGR	Single Event Gate Rupture	单粒子栅击穿
SEL	Single Event Latchup	单粒子锁定
SEU	Single Event Upset	单粒子翻转
SMA	S-band Multiple Address	S波段多址
SMU	System Manage Unit	系统管理单元
SQPSK	Staggered Quadrature Phase Shift Keying	交错四相相移键控
SRU	SpaceWire Router Unit	高速路由单元
SSA	S-band Single Address	S波段单址
SSO	Sun Synchronous Orbit	太阳同步轨道
SSPC	Solid State Power Controller	固态功率控制器
T/R	Transmitter and Receiver	T/R组件
TC	Terminal Controller	遥控
TCU	Tele-Command Unit	遥控单元
TDICCD	Time Delay and Integration CCD	时间延时积分CCD
TDRSS	Tracking and Data Relay Satellite System	跟踪与数据中继卫星系统
TM	Tele-Measuring	遥测
VCDU	Virtual Channel Data Unit	虚拟信道数据单元
VCM	Variable Coding and Modulation	可变编码调制
VQ	Vector Quantization	矢量量化

《空间技术与科学研究丛书》

本 书 索 引

为方便读者查阅信息，本书编制了电子索引。读者可通过以下两种方式浏览和下载索引。

1. 登录http：//www.bitpress.com.cn/网址，在该书的信息页查找；

2. 扫描下方二维码。

内 容 简 介

本书分为上、下两册。上册包含第 1 章至第 9 章，主要介绍各种遥感卫星任务分析及技术指标论证等总体设计方法，从用户提出的任务目标与需求（使命任务、功能性能等）出发，通过任务分析与设计，转化为遥感卫星系统总体设计要求和约束，如卫星轨道、载荷配置、系统构成等；下册包含第 10 章至第 20 章，主要介绍遥感卫星系统构建、控制推进、热控、数据处理、微振动抑制等各分系统总体设计，最后通过梳理未来航天遥感技术的发展，给出了未来航天遥感系统发展趋势。

本书可作为高等院校宇航相关专业学生的教学参考书，也可供从事宇航工程、航天器总体设计及有关专业的科技人员参考。

版权专有　侵权必究

图书在版编目（CIP）数据

卫星遥感技术：全 2 册 / 李劲东等编著．—北京：北京理工大学出版社，2018.3

（空间技术与科学研究丛书 / 叶培建主编）

国家出版基金项目　"十三五"国家重点出版物出版规划项目　国之重器出版工程

ISBN 978－7－5682－5457－1

Ⅰ.①卫…　Ⅱ.①李…　Ⅲ.①卫星遥感　Ⅳ.①TP72

中国版本图书馆 CIP 数据核字（2018）第 055143 号

出版发行 / 北京理工大学出版社有限责任公司	
社　　址 / 北京市海淀区中关村南大街 5 号	
邮　　编 / 100081	
电　　话 /（010）68914775（总编室）	
（010）82562903（教材售后服务热线）	
（010）68948351（其他图书服务热线）	
网　　址 / http://www.bitpress.com.cn	
经　　销 / 全国各地新华书店	
印　　刷 / 北京地大彩印有限公司	
开　　本 / 710 毫米×1000 毫米　1/16	
印　　张 / 58.75	责任编辑 / 张慧峰
彩　　插 / 5	文案编辑 / 张慧峰
字　　数 / 1081 千字	责任校对 / 周瑞红
版　　次 / 2018 年 3 月第 1 版　2018 年 3 月第 1 次印刷	责任印制 / 王美丽
定　　价 / 268.00 元（上下册）	

图书出现印装质量问题，请拨打售后服务热线，本社负责调换

彩 插

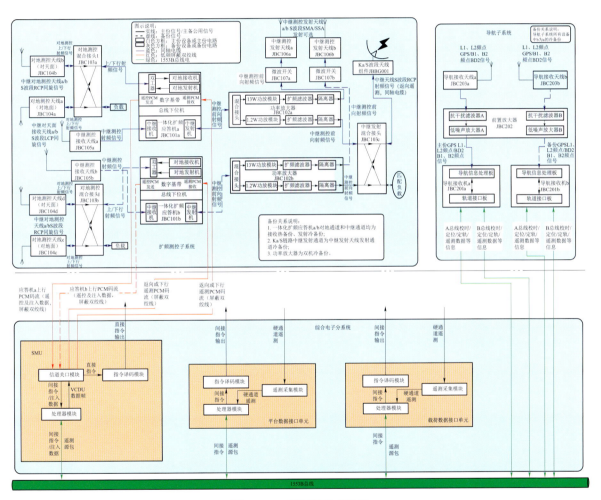

图 13-5 卫星测控信息流图

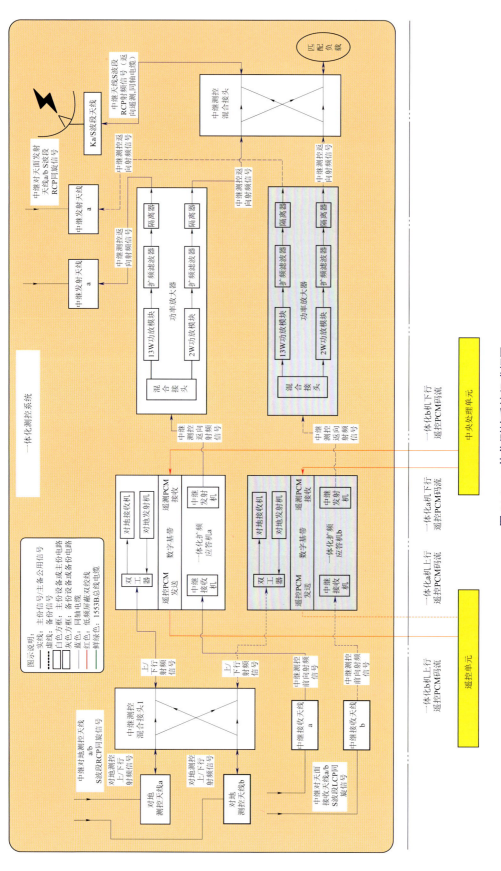

图 14-1　一体化测控系统组成框图

图 16-20 推进舱结构上的典型最大应力分布

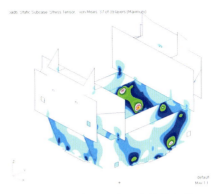

图 16-21 电子舱主承力结构上的典型最大应力分布

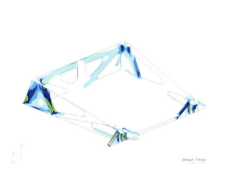

图 16-22 载荷适配结构上的典型最大应力分布

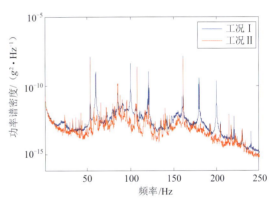

图 18-19 红外相机 Z 向加速度功率谱

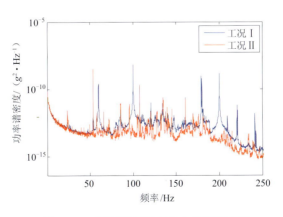

图 18-20 可见光相机 Z 向加速度功率谱

3

《国之重器出版工程》编辑委员会

主　　任：苗　圩

副主任：刘利华　辛国斌

委　　员：冯长辉　梁志峰　高东升　姜子琨　许科敏
　　　　　陈　因　郑立新　马向晖　高云虎　金　鑫
　　　　　李　巍　李　东　高延敏　何　琼　刁石京
　　　　　谢少锋　闻　库　韩　夏　赵志国　谢远生
　　　　　赵永红　韩占武　刘　多　尹丽波　赵　波
　　　　　卢　山　徐惠彬　赵长禄　周　玉　姚　郁
　　　　　张　炜　聂　宏　付梦印　季仲华